D1918520

Eid • Gollwitzer • Schmitt

Formelsammlung Statistik und Forschungsmethoden

Michael Eid • Mario Gollwitzer • Manfred Schmitt

Formelsammlung Statistik und Forschungsmethoden

Unter Mitarbeit von Louisa Hohmann, Mario Lawes und Tianqi Wang

BELTZ

Anschriften der Autoren:
Prof. Dr. Michael Eid
Freie Universität Berlin
Fachbereich Erziehungswissenschaft und Psychologie
Habelschwerdter Allee 45
14195 Berlin
E-Mail: michael.eid@fu-berlin.de

Prof. Dr. Mario Gollwitzer
Philipps-Universität Marburg
Fachbereich 04: Psychologie
Arbeitsgruppe Psychologische Methodenlehre
Gutenbergstraße 18
35032 Marburg
E-Mail: mario.gollwitzer@uni-marburg.de

Prof. Dr. Manfred Schmitt
Universität Koblenz-Landau
Fachbereich 8: Psychologie
Fortstraße 7
76829 Landau
E-Mail: schmittm@uni-landau.de

Dieses Buch ist auch als E-Book erhältlich:
ISBN 978-3-621-28354-0

Das Werk und seine Teile sind urheberrechtlich geschützt. Jede Nutzung in anderen als den gesetzlich zugelassenen Fällen bedarf der vorherigen schriftlichen Einwilligung des Verlages. Hinweis zu § 52 a UrhG: Weder das Werk noch seine Teile dürfen ohne eine solche Einwilligung eingescannt und in ein Netzwerk eingestellt werden. Dies gilt auch für Intranets von Schulen und sonstigen Bildungseinrichtungen. Haftungshinweis: Trotz sorgfältiger inhaltlicher Kontrolle übernehmen wir keine Haftung für die Inhalte externer Links. Für den Inhalt der verlinkten Seiten sind ausschließlich deren Betreiber verantwortlich.

FSC www.fsc.org MIX Papier aus verantwortungsvollen Quellen FSC® C089473

1. Auflage 2016

© Beltz Verlag, Weinheim, Basel 2016
http://www.beltz.de

Herstellung: Lelia Rehm
Umschlaggestaltung: Lelia Rehm
Umschlagbild: Shutterstock/nikkytok
Gesamtherstellung: Beltz Bad Langensalza GmbH, Bad Langensalza
Printed in Germany
ISBN 978-3-621-28126-3

Inhalt

V Zusammenhangs- und Regressionsanalyse

VI Modelle mit latenten Variablen

Vorwort und Danksagung

Die vorliegende »Formelsammlung Statistik und Forschungsmethoden« enthält die wichtigsten Formeln und Definitionen des Lehrbuchs *Statistik und Forschungsmethoden* (Eid, Gollwitzer & Schmitt, 2015). An wenigen Stellen wurde die Formelsammlung um Formeln ergänzt, die nicht im Lehrbuch zu finden sind, wenn dies aus Konsistenzgründen geraten schien. Die Formelsammlung soll Lernenden und Lehrenden sowie Anwendern, die mit dem Lehrbuch arbeiten, helfen, wichtige Sachverhalte schnell nachzuschlagen. Die einzelnen Kapitel folgen einer bestimmten Systematik: So werden beispielsweise für die verschiedenen statistischen Tests die Anwendungsgebiete, Hypothesen, Voraussetzungen und der Umgang mit den Voraussetzungsverletzungen systematisch dargestellt, um die grundlegenden Eigenschaften eines solchen Tests in kurzer Zeit gezielt erfassen zu können. Die Formelsammlung orientiert sich an dem Lehrbuch, setzt dessen Lektüre aber nicht zwingend voraus. Die einzelnen Kapitel sind so gestaltet, dass sie auch von Leserinnen und Lesern, die das Lehrbuch nicht zur Hand haben, nachvollziehbar sind. Die Formelsammlung hat allerdings nicht den Anspruch, alle statistischen Tests, die in den Sozial- und Verhaltenswissenschaften zur Anwendung kommen, systematisch darzustellen, sondern es wird bewusst eine Beschränkung auf die im Lehrbuch *Statistik und Forschungsmethoden* behandelten Verfahren vorgenommen.

Diese Formelsammlung ist mit umfassender Hilfe von Louisa Hohmann, Mario Lawes und Tianqi Wang entstanden, die in einer Vorform das Gerüst des vorliegenden Buches erstellt haben. Darüber hinaus haben Angela Coenders, Maximilian Bee, Alina Gentil und Theo Schäfer das Manuskript kritisch Korrektur gelesen und zur Bereinigung einiger Fehler beigetragen. Das Buch wurde seitens des Verlages von Frau Dr. Svenja Wahl sehr unterstützend und geduldig betreut. Ihnen allen gilt unser großer Dank.

Berlin, Marburg, Landau, im Sommer 2016
Michael Eid, Mario Gollwitzer, Manfred Schmitt

1 Was sind Methoden, und wozu sind sie gut?

Grundbegriffe

Methode	Der Begriff »Methode« stammt aus dem Griechischen (méthodos) und bedeutet wörtlich »der Weg auf ein Ziel hin«. Der wissenschaftliche Methodenbegriff umfasst alle Mittel und Wege, die dem Erkenntnisgewinn und der praktischen Anwendung wissenschaftlicher Erkenntnisse dienen.
Methoden der Datengewinnung	Methoden der Datengewinnung umfassen alle Verfahren, die es erlauben, menschliches Erleben und Verhalten zu registrieren und in Symbole zu transformieren, die einer systematischen Auswertung zugänglich sind.
Methoden der Datenauswertung	Auswertungsmethoden fassen gewonnene Daten in einer Weise zusammen und ordnen sie so, dass sie sich auf die wissenschaftliche Frage beziehen lassen und damit zur empirischen Klärung dieser Frage beitragen.
Interventionsmethoden	Die Psychologie stellt sich außer der Beschreibung, Erklärung und Vorhersage von Erleben und Verhalten auch die Aufgabe, Erleben und Verhalten zu verändern, wenn dies den betroffenen Personen oder zuständigen Institutionen wünschenswert oder geboten erscheint. Die Maßnahmen, die zu diesem Zweck durchgeführt werden, nennt man Interventionsmethoden. Beispiele sind Therapien und Trainings.

2 Struktur und Ablauf wissenschaftlicher Untersuchungen

Grundbegriffe

Wissenschaftliche Hypothese

Bei einer Aussage handelt es sich um eine wissenschaftliche Hypothese, wenn sie prinzipiell der sinnlichen Erfahrung zugänglich ist, prinzipiell widerlegbar ist, eine gewisse Allgemeingültigkeit beansprucht und theoretisch begründet ist.

Wissenschaftliche Sprachen

Die Psychologie als Erfahrungswissenschaft beschreibt psychologische Prozesse in verschiedenen Sprachen:

- Die Theoriesprache beschreibt psychologische Ereignisse in theoretischen Begriffen.
- Auf der empirischen Ebene werden Aussagen über Manifestationen der theoretisch beschriebenen Phänomene gemacht.
- Die numerische Sprache dient der Systematisierung psychologischer Beobachtungen, die zu diesem Zweck mittels geeigneter Regeln in die Symbolik der Zahlen übersetzt wurden.

Überbrückungsprobleme

Erstes Überbrückungsproblem

Das erste Überbrückungsproblem besteht darin, die Bestandteile einer theoretischen, wissenschaftlichen Aussage in konkrete, empirisch erfahrbare Aussagen zu überführen.

Zweites Überbrückungsproblem

Das zweite Überbrückungsproblem besteht darin, diejenigen Bestandteile, über deren Relation die Hypothese eine Aussage macht, zu quantifizieren, d. h. in messbare Größen (die wiederum mit Hilfe von Zahlen darstellbar sind) zu übertragen.

Ablauf wissenschaftlicher Untersuchungen

Untersuchungsschritte

Wissenschaftliche Untersuchungen laufen nach einem bestimmten Schema ab. Acht Prozessschritte können unterschieden werden:

(1) die Entstehung eines Erkenntnisinteresses in Wissenschaft oder Praxis
(2) die Sammlung verfügbaren Wissens mittels Nutzung aller verfügbaren Informationsquellen, um zu prüfen, ob sich die Frage ohne eine eigene Untersuchung klären lässt

(3) die Entwicklung einer Fragestellung oder Hypothese für den Fall, dass verfügbare Wissensbestände keine ausreichende Klärung des Problems erlauben
(4) die Planung einer Untersuchung, um die Fragestellung oder Hypothese empirisch zu klären
(5) die Durchführung der Untersuchung mittels der ausgewählten oder konstruierten Instrumente an einer geeigneten Stichprobe von Personen
(6) die Auswertung der gesammelten und gespeicherten Daten
(7) die Beantwortung der Fragestellung und die Formulierung von Schlussfolgerungen auf der Basis der Ergebnisse der Datenauswertung
(8) die Mitteilung der Ergebnisse und der Schlussfolgerung, um sie der Fachgemeinschaft und der Allgemeinheit zur Verfügung zu stellen und den dokumentierten Wissensbestand des Fachs zu erweitern

3 Methoden zur Datengewinnung

Erhebungsmethoden

Reaktive Methoden	Reaktive Methoden provozieren bestimmtes Erleben und Verhalten. Zudem wissen die Probanden, dass ihre Reaktionen zu Untersuchungszwecken registriert werden.
Nicht-reaktive Methoden	Nicht-reaktive Methoden zeichnen sich dadurch aus, dass das zu untersuchende Verhalten und Erleben unaufgefordert erfolgt. Die Daten, die in nicht-reaktiven Paradigmen erhoben werden, werden vielmehr von Personen in natürlicher Weise geliefert, ohne dass diesen Personen der sozialwissenschaftliche Verwendungszweck dieser Daten bewusst ist.
Transparente Methoden	Bei transparenten Verfahren kennt die Person den Zweck der Informationen, die sie liefert.
Intransparente Methoden	Bei intransparenten Verfahren kennt die untersuchte Person weder die psychologische Bedeutung ihres Verhaltens noch den Zweck der erhobenen Daten.

Verhaltensbeobachtung

Systematische Beobachtung	Bei der systematischen Beobachtung sind die Beobachtungsgegenstände und die Beobachtungseinheiten festgelegt. Systematische Beobachtungen erfordern die Festlegung auf ein bestimmtes Protokollsystem.
Unsystematische Beobachtung	Bei unsystematischen Beobachtungen werden keine Einschränkungen bezüglich der zu betrachtenden Beobachtungsgegenstände und Beobachtungseinheiten getroffen.

Isomorphe Aufzeichnung	Bei der isomorphen (gestaltgleichen) Aufzeichnung wird das Geschehen möglichst ohne Informationsverlust festgehalten.
Reduktive Aufzeichnung	Bei der reduktiven Aufzeichnung wird bereits während der Beobachtung ein Teil der Information ausgesondert.
Zeichensysteme	Bei Zeichensystemen wird ein bestimmtes Verhalten analog festgehalten (z. B. durch eine Strichliste). Man erhält eine Verteilung des Verhaltens über die Zeit.
Kategoriensysteme	Kategoriensysteme gliedern das beobachtete Verhalten in Einheiten und ordnen diese Verhaltenstypen zu. Als Ergebnis der Beobachtung ergibt sich ein Häufigkeitsprofil der Verhaltenstypen.
Ratingsysteme	Bei Ratingsystemen wird das Verhalten über einen definierten Zeitraum beobachtet und dann hinsichtlich bestimmter Merkmale eingeschätzt.

Gespräche

Gesprächstypen

Standardisierte Gespräche	Bei standardisierten Gesprächen liegen die Reihenfolge sowie der genaue Ablauf des Gesprächs fest.
Strukturierte Gespräche	Strukturiert ist ein Gespräch, wenn vorab festgelegt wird, welche Themen zur Sprache kommen.
Unstrukturierte Gespräche	Unstrukturiert sind Gespräche, wenn Zielsetzung und Themen vorab nicht festgelegt wurden.

Funktionsfragen

Einleitungsfragen	Einleitungsfragen dienen der Kontaktaufnahme und der Gesprächsvorbereitung; sie haben mit der Fragestellung meistens noch nichts zu tun.
Überleitungsfragen	Durch Überleitungsfragen werden Gesprächsteile miteinander verbunden.
Kontrollfragen	Kontrollfragen sollen sicherstellen, dass inhaltliche Fragen richtig verstanden wurden.
Inhaltsfragen	Inhaltsfragen zielen auf die gewünschte Information ab.
Offene Fragen	Offene Fragen sind dadurch gekennzeichnet, dass zwar die Frage vorgegeben ist, der Befragte aber die Menge der Antwortalternativen selbst bestimmt und aus dieser seine Auswahl trifft.

Geschlossene Fragen Bei geschlossenen Fragen werden auch die Antwortalternativen vorgegeben; der Befragte hat also nur begrenzte Wahlfreiheit.

Direkte Fragen Direkte Fragen zielen ohne Umschweife auf die gewünschte Information ab. Sie sind eindeutig und schränken die Menge von Antwortmöglichkeiten ein.

Indirekte Fragen Indirekte Fragen benennen nur den Themenbereich, sind eher vage und lassen die möglichen Antwortalternativen weitgehend offen.

Schriftliche Befragung und Fragebogen

Antwortformate

Offenes Antwortformat Fragebögen mit offenem Antwortformat geben der Person keine Antwortalternativen vor.

Halboffenes Antwortformat Halboffene Antwortformate geben ein begrenztes Spektrum von Antwortmöglichkeiten vor, innerhalb dessen die Person sich frei bewegen kann.

Geschlossenes Antwortformat Bei geschlossenen Antwortformaten kann die Person nur zwischen festgelegten Antwortalternativen wählen.

Dichotome Items Items, die nur zwei Antwortalternativen vorgeben (ja/nein, stimmt/stimmt nicht, richtig/falsch), nennt man zweistufige, binäre oder dichotome Items.

Likert-Skalen Likert-Skalen sind mehrstufige und geordnete Antwortkategorien, die z. B. der Einstellungsmessung dienen. Sie haben genauso viele zustimmende wie ablehnende Kategorien, häufig auch eine neutrale mittlere Kategorie.

Schätz- bzw. Ratingskalen Wenn Merkmalsausprägungen geschätzt werden und das Ergebnis der Schätzung auf einer Skala angegeben wird, nennt man diese Skala Schätzskala oder Ratingskala.

Visuelle Analogskalen Antwortskalen, bei denen Personen einen beliebigen Wert innerhalb eines graphisch vorgegebenen Intervalls angeben können (z. B. zwischen 0 und 100), nennt man visuelle Analogskalen.

Abgrenzung zu Tests Vereinfacht kann gesagt werden, dass Fragebogenverfahren erfassen sollen, was jemand tut, wie er es tut und warum er es tut, während Tests erfassen sollen, wie gut jemand etwas tut.

Textanalytische Methoden

Art der Analyse Textanalysen können manuell oder computerisiert erfolgen.

Thematische Analyse Thematische Analysen zielen darauf ab, bestimmte Themen zu identifizieren.

Semantische Analyse Semantische Analysen beziehen sich auf den Zusammenhang zwischen einzelnen Themen.

Art des kodierten Merkmals Textanalytische Verfahren unterscheiden sich darin, ob sie eher auf den Sprachinhalt oder auf den Sprachstil fokussieren.

Computerbasierte Verfahren

Adaptives Testen Unter adaptivem Testen versteht man, dass eine Person Aufgaben vorgelegt bekommt, die in ihrer Schwierigkeit optimal der Fähigkeit der Person entsprechen.

Ambulatory Assessment Ambulatory Assessments sind computerbasierte Testungen, die im Alltag durchgeführt werden können.

Stichprobenpläne beim Ambulatory Assessment

Ereignisstichprobe Bei einer Ereignisstichprobe wird die an der Untersuchung teilnehmende Person gebeten, ein bestimmtes Ereignis immer dann zu melden, wenn es auftritt.

Zeitstichprobe Bei Zeitstichproben wird die Person zu bestimmten Zeitpunkten aufgefordert, ihr Erleben bzw. Verhalten zu registrieren. Diese Zeitpunkte können entweder einem festen Muster folgen (intervallkontingenter Erfassungsplan) oder vom Computer per Zufall innerhalb einer bestimmten Zeitperiode ausgewählt werden (signalkontingenter Erfassungsplan).

Apparative Verfahren zur Erfassung psychomotorischer Leistungen

Pursuit Rotor Die zweihändige Auge-Hand-Koordination kann mit dem Pursuit Rotor erfasst werden. Die Testperson muss einen Punkt auf einer sich drehenden Scheibe verfolgen, indem sie mit einer Hand der horizontalen Koordinate und mit der zweiten Hand der vertikalen Koordinate des Punktes folgt.

Tapping Beim Tapping besteht die Aufgabe der Person darin, mit einem Stift so schnell wie möglich auf eine Platte zu klopfen. Aus der Tapping-Frequenz lassen sich Rückschlüsse auf die Geschwindigkeit der efferenten Reizleitung und der Muskelkontraktion ziehen.

Simulatoren	Fahrsimulatoren, Flugsimulatoren etc. sind apparative Verfahren, mit denen komplexe Informationsverarbeitungs- und Steuerungsleistungen möglichst realistisch erfasst werden sollen.
Psychobiologische Verfahren	
Zentralnervöse Aktivität	Potenzialschwankungen, die sich an der Großhirnrinde (Kortex) durch die Wahrnehmung und Verarbeitung von Reizen ergeben, können mittels Elektroenzephalogramm (EEG) an der Kopfhaut abgeleitet werden. Präsentiert man einer Person beispielsweise einen bestimmten Reiz wiederholt und leitet währenddessen das EEG ab, kristallisiert sich aus der Aggregation der Ableitungen das Potenzial heraus, das durch den Reiz evoziert wurde. Man spricht deshalb auch vom ereigniskorrelierten Potenzial (EKP).
Bildgebende Verfahren	Bildgebende Verfahren stellen Aktivitätsmuster des Hirns bildlich dar. Zu diesen Verfahren zählen u.a. die Positronenemissionstomographie (PET) und die Magnetresonanztomographie (MRT). Mit funktionaler Bildgebung (z.B. fMRT) kann die Funktion einer bestimmten anatomischen Struktur rekonstruiert werden. Strukturelle Bildgebung ermöglicht es, die anatomische Struktur eines bestimmten Hirnareals zu visualisieren.
Autonome Aktivität	Es gibt eine Reihe von psychologisch nutzbaren Anzeichen der Aktivität des autonomen Nervensystems. Man weiß etwa, dass Menschen auf psychische Belastungen (Stress) mit einer erhöhten Aktivität des Sympathikus reagieren, was u.a. dazu führt, dass Herzfrequenz, systolischer Blutdruck und Hautleitfähigkeit ansteigen. Diese und weitere Auswirkungen (wie z.B. die Atemfrequenz und die Pupillenweite) lassen sich relativ leicht messen und erlauben eine Einschätzung der psychischen Anspannung, unter der eine Person steht.
Somatische Aktivität	Emotionale Vorgänge schlagen sich nicht nur im autonomen, sondern auch im somatischen Nervensystem nieder. So kann man mittels des Elektromyogramms (EMG) erkennen, ob Muskeln aktiv sind. Neben dem EMG gibt es weitere Verfahren zur Erfassung der somatischen Aktivität wie das Elektrookulogramm (EOG), mit dem man Augenbewegungen messen kann.

Hormonale Aktivität und Aktivität des Immunsystems

Auch das neurohormonelle System liefert Information über den psychischen Zustand eines Menschen. Durch eine einfache und zuverlässige Bestimmung der Cortisolkonzentration im Speichel kann man beispielsweise feststellen, ob sich eine Person psychisch belastet fühlt.

Weitere Verfahren

Nicht-reaktiv gewonnene Daten

Archivdaten

Manchmal lassen sich mit archivierten Daten Fragestellungen beantworten, die viele Jahre nach der ursprünglichen Datensammlung aufkommen. So kann man etwa auf archivierte Schulnoten zurückgreifen, um zu untersuchen, ob diese mit dem späteren Berufserfolg zusammenhängen. Auch zur Überprüfung des autobiographischen Gedächtnisses kann es notwendig sein, Archivdaten hinzuzuziehen, um die Erinnerungen von Personen an Aspekte ihres früheren Lebens mit den objektiven Gegebenheiten zu vergleichen.

Verhaltensspuren

Ein anderes nicht-reaktives Verfahren ist das Entdecken und Analysieren von Verhaltensspuren. So ließe sich die unterschiedliche Beliebtheit von Gemälden in einer Galerie etwa daran ablesen, wie abgenutzt die Teppiche vor jedem Bild sind. Den Personen, die solche Verhaltensspuren hinterlassen, ist zu diesem Zeitpunkt nicht bewusst, dass diese Spuren einmal Gegenstand einer sozialwissenschaftlichen Analyse sein werden; insofern sind diese Formen der Datenerhebung nichtreaktiv und gleichzeitig intransparent.

Projektive Verfahren

Projektive Verfahren versuchen dem Problem der sozialen Erwünschtheit entgegenzutreten und haben ihren Ursprung in der Tiefenpsychologie Freuds; speziell in dem von ihm beschriebenen Abwehrmechanismus der Projektion. Projektive Verfahren machen sich den Projektionsmechanismus zunutze, indem sie einem Diagnostikanden Szenen bildlich oder schriftlich präsentieren, die von anderen Personen handeln. Die Aufgabe des Diagnostikanden besteht darin zu beschreiben, was in der Geschichte passiert, was in den Protagonisten vorgeht und wie sie handeln werden. Es wird dabei vorausgesetzt, dass der Diagnostikand sich in die Lage eines der Protagonisten versetzt und die Situation so deutet, als wäre er selbst involviert. Da der Diagnostikand überzeugt ist, nicht über sich zu sprechen, sondern über andere, hat er keine Angst vor Ablehnung und kann unerwünschte Eigenschaften und Verhaltensweisen äußern. Die Vertreter projektiver Verfahren nehmen daher an, dass der Diagnostikand in Wahrheit über sich spricht, ohne es zu wissen. Zwei bekannte Verfahren dieser Art sind der Thematische-Apperzeptions-Test von Murray und die Bilder-Assoziations-Methode von Rosenzweig.

Ein zweiter Typ projektiver Verfahren arbeitet nicht mit konkreten Reizvorlagen, sondern mit symbolischen. Das bekannteste Verfahren dieser Variante ist der Rorschach-Test. In diesem Verfahren bekommen die Diagnostikanden Tafeln mit Tintenklecksen vorgelegt.

Reaktionszeit-gestützte Verfahren

Diese Verfahren messen die Reaktionszeit als Indikator psychischer Prozesse. Sie werden häufig in der Kognitionspsychologie und der kognitiven Sozialpsychologie verwendet, z. B. um soziale Einstellungen, Stereotype und Vorurteile intransparent zu messen.

Emotionale Stroop-Aufgabe

Dieses Verfahren geht auf Versuche von Stroop zurück, der zeigte, dass Personen zur Bestimmung der Farbe eines Wortes länger brauchen, wenn es sich bei dem Wort um ein Farbwort handelt und es eine andere Farbe bezeichnet als die, in der es geschrieben ist. Die Verzögerung kommt durch einen Konflikt zwischen zwei gegensätzlichen Antworttendenzen zustande, dessen Lösung Zeit kostet. Diesen Effekt kann man nutzen, um die Aufmerksamkeit, die eine Person einem Reiz schenkt, zu ermitteln.

Priming

Primingverfahren machen sich das kognitionspsychologische Phänomen zunutze, dass die Aktivierung eines im Gedächtnis repräsentierten ersten Konzepts (Prime) die Verarbeitung eines mit ihm assoziierten zweiten Konzepts (Target) erleichtert und beschleunigt. Zeigt man Personen z. B. am Bildschirm kurz einen Stuhl, beschleunigt dies die Klassifikation eines anschließend gezeigten Objekts als Möbelstück (Tisch) oder kein Möbelstück (Pferd). Die Klassifikationsgeschwindigkeit gilt als Indikator der Stärke der Assoziation zwischen Prime und Target.

Impliziter Assoziationstest (IAT)

Wie Primingverfahren soll auch der IAT die Stärke von Assoziationen zwischen Konzepten (Objekten und Attributen) messen. Der IAT wird häufig zur Messung impliziter Einstellungen verwendet. Dabei wird bestimmt, wie stark ein Einstellungsobjekt (z.B. eine politische Partei) mit positiven (z.B. kompetent, sympathisch) vs. negativen (z.B. korrupt, chaotisch) Attributen assoziiert ist. Der IAT macht sich das Prinzip zunutze, dass assoziierte Konzepte schneller gleichzeitig kategorisiert werden können, wenn zur Kategorisierung die gleiche Reaktion (z.B. Druck derselben Computertaste) gezeigt werden muss.

Validität

Validität und Validierung

Validität ist das Ausmaß, in dem ein Instrument misst, was es messen soll und somit der Grad der Übereinstimmung zwischen den wahren Ausprägungen eines Konstrukts und den Messwerten. Die Validität eines Instruments wird über verschiedene Validierungsstrategien geschätzt, z.B. als Konstruktvalidität, konvergente Validität und diskriminante Validität.

Konstruktvalidität

Eine psychologische Erfassungsmethode ist konstruktvalide, wenn sie das Merkmal erfasst, das sie erfassen soll, und nicht irgendein anderes Merkmal.

Konvergente Validität

Konvergente Validität bedeutet, dass verschiedene Methoden der Erfassung eines Merkmals im Idealfall zu demselben, im Normalfall zu einem ähnlichen Ergebnis kommen.

Nachweis der konvergenten Validität

Um nachzuweisen, dass ein Verfahren das Merkmal *X* misst, sollte es zum gleichen Ergebnis kommen wie andere Verfahren, von denen man bereits weiß, dass sie das Merkmal *X* messen.

Diskriminante Validität

Diskriminante Validität liegt vor, wenn verschiedene Messmethoden, die unterschiedliche Merkmale erfassen sollen, im Idealfall nicht, im Normalfall gering miteinander zusammenhängen.

Nachweis der diskriminanten Validität

Um nachzuweisen, dass das Verfahren nicht das Merkmal *Y* misst, sollte es nicht zum gleichen Ergebnis kommen wie andere Verfahren, von denen man bereits weiß, dass sie das Merkmal *Y* messen.

Methodenspezifität

Als Methodenspezifität bezeichnet man den Varianzanteil einer manifesten Variablen, der durch die verwendete Messmethode erzeugt wird. Methodenspezifität mindert die Validität eines Messinstruments.

4 Forschungsansätze und -strategien in der Psychologie

Arten von Variablen

Unabhängige Variable

Eine Variable, die sich auf die Wenn-Komponente einer Wenn-dann-Aussage bezieht, nennt man unabhängige Variable (UV). Wenn man der UV einen ursächlichen Einfluss zuschreibt, spricht man auch von Ursache oder Faktor. Wird die UV hingegen nur gebraucht, um andere Variablen vorherzusagen, wird sie auch Prädiktor genannt.

Abhängige Variable

Eine Variable, die sich auf die Dann-Komponente einer Wenn-dann-Aussage bezieht, nennt man abhängige Variable (AV). In der Umgangssprache wird manchmal auch von Folge oder Konsequenz gesprochen. Den Einfluss, den eine UV auf eine AV hat, nennt man Wirkung oder Effekt. Häufig werden AV auch als Kriterien oder Kriteriumsvariablen bezeichnet.

Intervenierende Variable

Eine Variable, die sowohl AV als auch UV ist, bezeichnet man als intervenierende Variable oder Mediatorvariable.

Moderatorvariable

Variablen, von deren Ausprägung der Zusammenhang zweier anderer Variablen abhängt, nennt man Moderatorvariablen.

Exogene Variable

Mit dem Begriff »exogen« können äußere Einflüsse auf das Erleben und Verhalten von Menschen gemeint sein. »Exogen« kann aber auch bedeuten, dass die so bezeichnete Variable in einer Wirkungstheorie den Status einer gegebenen Ausgangsgröße hat, die von der Theorie nicht erklärt wird. In diesem Fall ist »exogene Variable« gleichbedeutend mit »unabhängige Variable«.

Endogene Variable

Mit der Bedeutung des Begriffs »endogene Variable« verhält es sich analog zu dem Begriff »exogene Variable«, wobei dieser Begriff noch eine spezielle Bedeutung in der Psychopathologie besitzt: Als endogen wird eine psychische Störung bezeichnet, wenn keinerlei äußere Einflüsse als Erklärung für die Störung erkennbar sind. In einem Pfaddiagramm ist eine endogene Variable eine Variable, die durch andere Variablen vorhergesagt oder erklärt wird.

Manifeste Variable	Als manifeste Variable bezeichnet man Merkmale, die man beobachten kann. Manifeste Variablen werden in der Psychologie häufig als Indikatoren latenter Variablen verwendet.
Latente Variable	Als latente Variable bezeichnet man Merkmale, die man nicht direkt beobachten kann, sondern die man aus manifesten Variablen erschließt. Alle hypothetischen Konstrukte der Psychologie wie Extraversion oder Intelligenz sind latente Variablen. Wenn sie als Ursachen manifester Merkmale angesehen werden, bezeichnet man sie auch als Faktoren.
Diskrete Variable	Eine diskrete Variable kann nur endlich viele oder abzählbar unendlich viele Ausprägungen annehmen.
Stetige Variable	Eine stetige Variable kann überabzählbar viele Ausprägungen innerhalb eines bestimmten Intervalls annehmen. Stetige Variablen werden auch kontinuierliche Variablen genannt.
Qualitative Variable	Der Name »qualitative Variable« rührt daher, dass diese Variable die Art eines Merkmals (seine Qualität) und nicht dessen Ausmaß kennzeichnet. Eine qualitative Variable hat meist nur eine endliche Anzahl von Ausprägungen. Diese Ausprägungen nennt man Kategorien.
Quantitative Variable	Die Ausprägungen einer quantitativen Variablen können im Sinne einer Intensität oder eines Ausmaßes interpretiert werden. Die Ausprägungen quantitativer Variablen sind daher immer Zahlen.

Forschungsansätze

Experimenteller Ansatz	Der experimentelle Ansatz zeichnet sich dadurch aus, dass der Forschende die maximale Kontrolle über die Variation der UV hat. Nur so lassen sich alle systematischen Störeinflüsse derart kontrollieren, dass Alternativerklärungen für den gefundenen Zusammenhang zwischen UV und AV ausgeschlossen werden können.
Quasi-experimenteller Ansatz	Bei einem Quasi-Experiment hat man die Kontrolle darüber, wann ein experimenteller Reiz oder eine Intervention gesetzt wird, und man kann die Untersuchungspersonen mehrmals vorher und nachher messen. Die UV wird jedoch nicht systematisch variiert.

Korrelativer Ansatz	Beim korrelativen Ansatz wird die natürliche Variation in der UV gemessen und anschließend die Kovariation mit der AV quantifiziert. Genau wie beim Quasi-Experiment ist es also nicht möglich, die Personen bestimmten Merkmalsausprägungen der UV zuzuweisen.
Sekundäranalysen	Als Sekundäranalyse bezeichnet man die Auswertung von Daten, die ursprünglich aus einem anderen Erkenntnisinteresse erhoben wurden.
Metaanalysen	Metaanalysen fassen Primärdaten von Untersuchungen zusammen, die für ähnliche Fragestellungen erhoben wurden. Um die Datenbasis zu vergrößern und dadurch den Zuverlässigkeitsgrad der Ergebnisse zu steigern, kann man die Daten aller Untersuchungen zusammentragen und mittels geeigneter Verfahren erneut auswerten.

Störvariablen und Validität

Unsystematische Störvariablen	Unter unsystematischen Störvariablen versteht man Einflüsse, die zwar mit der AV, nicht aber mit der UV kovariieren.
Systematische Störvariablen	Unter systematischen Störvariablen versteht man Einflüsse, die mit der UV systematisch variieren und sich auf die AV auswirken. Sie sorgen für Variation in der AV und produzieren somit Scheineffekte (Artefakte).
Gleichsinnige Konfundierungen	Effekte, die die empirische Hypothese scheinbar belegen, werden als gleichsinnige Konfundierungen bezeichnet.
Gegensinnige Konfundierungen	Effekte, die die empirische Hypothese scheinbar widerlegen, werden als gegensinnige Konfundierungen bezeichnet.
Personengebundene Störvariablen	Personengebundene Störvariablen sind systematische Störvariablen, bei denen es sich um Einflüsse von Seiten der Versuchspersonen handelt.
Bedingungsgebundene Störvariablen	Bedingungsgebundene Störvariablen sind systematische Störvariablen, bei denen es sich um Einflüsse von Seiten der experimentellen Bedingungsmanipulation handelt.
Situationsgebundene Störvariablen	Situationsgebundene Störvariablen sind systematische Störvariablen, die erst in der experimentellen Situation entstehen und von daher prinzipiell schwer zu kontrollieren sind.

Kontrolle von Störvariablen	
Eliminieren	Von Eliminieren spricht man, wenn sichergestellt wird, dass ein bestimmter Störeinfluss nicht mehr vorhanden ist.
Konstanthalten	Konstanthalten bedeutet, dass eine Störvariable über alle experimentellen Bedingungen hinweg konstant gehalten wird. Konstanthaltung bedeutet, dass die Störvariable in allen experimentellen Bedingungen die gleiche Ausprägung hat.
Ausbalancieren	Ausbalancierung bedeutet, dass die Häufigkeitsverteilung der verschiedenen Ausprägungen der Störvariablen in allen Bedingungen gleich ist.
Parallelisieren	Während der Begriff »Ausbalancieren« häufig für Störvariablen verwendet wird, die nur wenige Ausprägungen (Kategorien) aufweisen, spricht man bei Variablen, die sehr viele Ausprägungen aufweisen, von »Parallelisierung«. Im Prinzip ist jedoch das Gleiche gemeint: Die Verteilung der Störvariablen soll in allen Bedingungen identisch sein. Dies bedeutet, dass sich zumindest die mittlere Ausprägung des Merkmals und das Ausmaß der Unterschiede zwischen den Personen in den verschiedenen Bedingungen nicht unterscheiden sollen.
Randomisieren	Bei der Randomisierung werden die Versuchspersonen völlig zufällig den experimentellen Bedingungen zugewiesen. Der Zufall sorgt dann im Idealfall dafür, dass die durchschnittliche Ausprägung und die Streuung aller Störvariablen in allen experimentellen Bedingungen gleich sind. Der Vorteil bei der Randomisierung ist, dass im Idealfall alle personengebundenen Störvariablen in allen Bedingungen die gleiche Verteilung aufweisen und dass man diese Störvariablen nicht im Vorhinein gemessen haben muss.
Auspartialisieren	Wenn man Störvariablen im Vorhinein misst und anschließend statistisch kontrolliert, spricht man von Auspartialisieren.
Konstruktvalidität einer experimentellen Manipulation	Beim Experiment sollen die Bedingungen so variiert werden, dass sie sich lediglich hinsichtlich des interessierenden Merkmals unterscheiden und hinsichtlich aller anderen Merkmale konstant bleiben. Gelingt dies, so wird die experimentelle Manipulation als konstruktvalide bezeichnet. Mangelnde Konstruktvalidität liegt vor, wenn sich die experimentellen Bedingungen nicht nur hinsichtlich des interessierenden Merkmals, sondern auch hinsichtlich anderer Merkmale unterscheiden.

Interne Validität	Eine Untersuchung wird als intern valide bezeichnet, wenn aus ihren Ergebnissen eindeutige Schlussfolgerungen hinsichtlich der kausalen Beeinflussung der AV durch eine oder mehrere UV gezogen werden können, d.h., wenn keine systematischen Störeinflüsse vorliegen. Interne Validität setzt Konstruktvalidität der experimentellen Manipulationen voraus.
Externe Validität	Eine Untersuchung ist extern valide, wenn ihre Ergebnisse und die Schlussfolgerungen, die aus ihnen gezogen werden, auf andere Orte, andere Personen, andere Situationen und andere Zeitpunkte verallgemeinert werden können.

5 Messtheoretische Grundlagen

Skalenniveaus im Überblick

Bedeutsame Aussagen

←←← Aufsteigender Informationsgehalt ←←←

Nominalskalierte Variablen

(1) Gleichheit oder Ungleichheit von Merkmalsträgern

Ordinalskalierte Variablen

(1) Gleichheit oder Ungleichheit von Merkmalsträgern
(2) Art der Verschiedenheit von Merkmalsträgern (Rangfolge)

Intervallskalierte Variablen

(1) Gleichheit oder Ungleichheit von Merkmalsträgern
(2) Art der Verschiedenheit von Merkmalsträgern (Rangfolge)
(3) Größe der Verschiedenheit von Merkmalsträgern (Differenzen)

Verhältnisskalierte Variablen

(1) Gleichheit oder Ungleichheit von Merkmalsträgern
(2) Art der Verschiedenheit von Merkmalsträgern (Rangfolge)
(3) Größe der Verschiedenheit von Merkmalsträgern (Differenzen)
(4) Verhältnisse von Merkmalsausprägungen

Absolutskalierte Variablen

(1) Gleichheit oder Ungleichheit von Merkmalsträgern
(2) Art der Verschiedenheit von Merkmalsträgern (Rangfolge)
(3) Größe der Verschiedenheit von Merkmalsträgern (Differenzen)
(4) Verhältnisse von Merkmalsausprägungen
(5) Absolute Ausprägung des Merkmals in natürlicher Maßeinheit

---

Zulässige Transformationen und Eindeutigkeit

Nominalskalierte Variablen

(1) Alle eineindeutigen Transformationen
(2) Alle monotonen Transformationen
(3) Alle positiv-linearen Transformationen
(4) Alle Ähnlichkeitstransformationen
(5) Alle Identitätstransformationen

Ordinalskalierte Variablen	(1) Alle monotonen Transformationen (2) Alle positiv-linearen Transformationen (3) Alle Ähnlichkeitstransformationen (4) Alle Identitätstransformationen
Intervallskalierte Variablen	(1) Alle positiv-linearen Transformationen (2) Alle Ähnlichkeitstransformationen (3) Alle Identitätstransformationen
Verhältnisskalierte Variablen	(1) Alle Ähnlichkeitstransformationen (2) Alle Identitätstransformationen
Absolutskalierte Variablen	(1) Alle Identitätstransformationen

Wichtige Begriffe

Kardinalskalierte (metrische) Variablen
Übergeordneter Begriff für intervall-, verhältnis- und absolutskalierte Variablen; bei ihnen können Unterschiede zwischen Zahlen (Differenzen) interpretiert werden.

Messen
Unter Messen versteht man die Zuordnung von Zahlen zu Objekten nach bestimmten Regeln, die gewährleisten, dass bestimmte (interessierende) Relationen auf der Menge der Objekte auf der Menge der Zahlen erhalten bleiben.

Messwerte
Werte, die eine Skala den Merkmalsträgern zuweist

Grundbegriffe der Messtheorie

Relation

Kartesisches Produkt
Das kartesische Produkt $A \times B$ zweier Mengen A und B ist die Menge aller geordneten Paare $\langle a, b \rangle$, deren erste Komponente Element in A und deren zweite Komponente Element in B ist.

Binäre Relation
Eine binäre Relation ist eine Teilmenge eines kartesischen Produkts $A \times B$ zweier Mengen A und B. Zur Kennzeichnung der Zugehörigkeit eines geordneten Paares $\langle a, b \rangle$ zur Relation R schreibt man $\langle a, b \rangle \in R$ oder auch $a\ R\ b$.

Relativ
Ein Relativ RV umfasst eine Menge A und ausgewählte Relationen R_i auf $A \times A$: $RV = \langle A, R_1, \ldots, R_m \rangle$.

Empirisches Relativ
Die Menge A des Relativs besteht aus empirischen Objekten.

Numerisches Relativ	Die Menge A des Relativs besteht aus Zahlen.
Homomorphismus	Unter Messen versteht man die Zuordnung von Zahlen zu Objekten derart, dass die Relationen im empirischen Relativ im numerischen Relativ erhalten bleiben. Eine Abbildung der Menge U in die Menge $\mathbb{R}$ der reellen Zahlen, die dies leistet, nennt man eine strukturerhaltende Abbildung oder einen Homomorphismus h.

Grundlegende Fragen

Repräsentationsproblem	Welche Anforderungen muss eine empirische Relation erfüllen, damit eine homomorphe Abbildung existiert, die die Repräsentation des empirischen Relativs durch ein numerisches Relativ erlaubt?
Eindeutigkeitsproblem	Wie eindeutig ist die Zahlenzuordnung? Welche Transformationen der zugeordneten Zahlen sind zulässig?
Bedeutsamkeitsproblem	Welche Aussagen über Merkmalsausprägungen ändern sich nicht, wenn verschiedene zulässige Zahlenzuordnungen gewählt werden?

Modelle der Messtheorie

Nominalskalenmodell (*NSM*)	$NSM = [\langle U, \approx \rangle, \langle \mathbb{R}, = \rangle, h]$
Empirisches Relativ (Klassifikationssystem)	$ERV = \langle U, \approx \rangle$ U: Menge der Beobachtungseinheiten $\approx$ ist eine Äquivalenzrelation auf $U \times U$ $U \times U$: kartesisches Produkt der Menge U Homomorphismus $h: U \rightarrow \mathbb{R}$
Äquivalenzrelation R	R ist reflexiv, d. h. für alle $u \in U$ gilt: $u\ R\ u$ R ist symmetrisch, d. h. für alle $u, v \in U$ gilt: $u\ R\ v \rightarrow v\ R\ u$ R ist transitiv, d. h. für alle $u, v, w \in U$ gilt: $(u\ R\ v \wedge v\ R\ w) \rightarrow u\ R\ w$

Numerisches Relativ	$NRV = \langle \mathbb{R}, = \rangle$ $\mathbb{R}$ ist die Menge der reellen Zahlen $=$ ist die Gleichheitsrelation
Ordinalskalenmodell (OSM)	$OSM = \left[\langle U, \approx, \succ ; \langle \mathbb{R}, \approx, > \rangle, h \rangle \right]$
Empirisches Relativ (Komparationssystem)	$ERV = \langle U, \approx, \succ \rangle$ $\approx$ ist eine Äquivalenzrelation auf $U \times U$ $\succ$ ist eine strenge Ordnungsrelation auf $U \times U$ Für je zwei $u, v \in U$ gilt genau eine der drei folgenden Aussagen: $u \approx v$ $u \succ v$ $v \succ u$
Strenge Ordnungsrelation R	R ist asymmetrisch, d. h. für alle $u, v \in U$ gilt: $u\ R\ v \rightarrow \neg (v\ R\ u)$ R ist transitiv, d. h. für alle $u, v, w \in U$ gilt: $(u\ R\ v \ \wedge\ v\ R\ w) \rightarrow u\ R\ w$
Numerisches Relativ	$NRV = \langle \mathbb{R}, =, > \rangle$ $\mathbb{R}$ ist die Menge der reellen Zahlen $=$ ist die Gleichheitsrelation $>$ ist die Größerrelation

6 Univariate Deskriptivstatistik

Indizes

Merkmalsträger	$m = 1, \ldots, n$
Merkmale	$i = 1, \ldots, p$
Merkmalsausprägungen	$j = 1, \ldots, k$

Nominalskalierte Variablen

Häufigkeitsverteilung

Absolute Häufigkeit

$$n = \sum_{j=1}^{k} n_j$$

Relative Häufigkeit

$$h_j = \frac{n_j}{n}$$

Grafische Darstellung

Säulendiagramm	x-Achse: Kategorien der Nominalskala y-Achse: Häufigkeiten der Kategorien (dargestellt als Säulen)
Kreis- bzw. Kuchendiagramm	Kategorien stellen Kreissegmente (bzw. Kuchenstücke) dar; Größe des Kreissegments entspricht der relativen Häufigkeit in Anteilen von 360 Winkelgraden
Balkendiagramm	Um 90 Grad gedrehtes Säulendiagramm

Zentrale Tendenz

Modalwert	Der Modalwert (oder Modus, *Mo*) entspricht dem Wert derjenigen Kategorie, welcher die meisten Merkmalsträger angehören.

Dispersion

Relativer Informationsgehalt

$$H = -\frac{1}{\ln k} \cdot \sum_{j=1}^{k} h_j \cdot \ln h_j$$

ln: natürlicher Logarithmus

h_j: relative Häufigkeit, mit der eine Merkmalsausprägung j vorkommt

k: Anzahl der Merkmalsausprägungen

Ordinalskalierte Variablen

Typen

Singuläre Daten ohne Rangbindungen: Rangdaten, die durch eine Rangreihung entstehen und bei denen typischerweise jede Person einen anderen Messwert (Rangplatz) erhält

Singuläre Daten mit Rangbindungen: Singuläre Daten, bei denen sich Personen einen Rangplatz teilen (Rangbindungen, verbundene Ränge)

Mittlerer Rangplatz: Mittelwert der verbundenen Rangplätze

Kategoriale Daten mit geordneten Antwortkategorien: Personen werden vorgegebenen Kategorien zugewiesen.

Häufigkeitsverteilung

Prozentrang

Prozentrangwert: Der Prozentrangwert eines Merkmalsträgers m entspricht demjenigen Prozentsatz von Merkmalsträgern, die eine gleich große oder eine kleinere Merkmalsausprägung aufweisen.

Prozentrangwert bei singulären Daten ohne Rangbindungen:

$$PR_m = \frac{R_m}{n} \cdot 100$$

R_m: Rangplatz des Merkmalsträgers m

Kumulierte absolute Häufigkeit kn_j: Summe der absoluten Häufigkeiten aller Kategorien, die kleiner oder gleich der Kategorie j sind

Kumulierte relative Häufigkeit kh_j: Summe der relativen Häufigkeiten aller Kategorien, die kleiner oder gleich der Kategorie j sind

Zentrale Tendenz

Median	Der Median ist gleich demjenigen Messwert, der die Häufigkeitsverteilung halbiert, sodass mindestens 50 % der Merkmalsträger kleinere oder gleich große Werte und mindestens 50 % größere oder gleich große Werte haben.	
Singuläre Daten (mit und ohne Rangbindungen)	$Md = \frac{n+1}{2}$	
Kategoriale Daten mit geordneten Antwortkategorien		
ungerades n	$Md = x_q$	$q = (n \cdot 0,5)$ aufgerundet
gerades n	$Md = 0,5 \cdot \left(x_q + x_{q+1}\right)$	$q = (n \cdot 0,5)$

Dispersion

Quartile

1. Quartil	Das 1. Quartil Q_1 ist der Wert, der von mindestens 25 % der Merkmalsträger erreicht oder unterschritten wird und der von mindestens 75 % der Merkmalsträger erreicht oder überschritten wird.	
Bestimmung		
$\frac{n}{4}$ *ergibt keine ganze Zahl*	$Q_1 = x_q$	$q = (n \cdot 0,25)$ aufgerundet
$\frac{n}{4}$ *ergibt ganze Zahl*	$Q_1 = 0,5 \cdot \left(x_q + x_{q+1}\right)$	$q = (n \cdot 0,25)$
2. Quartil	Das 2. Quartil Q_2 ist der Wert, der von mindestens 50 % der Merkmalsträger erreicht oder unterschritten wird und der von mindestens 50 % der Merkmalsträger erreicht oder überschritten wird; d. h., das zweite Quartil ist der Median.	
Bestimmung	s. Median	
3. Quartil	Das 3. Quartil Q_3 ist der Wert, der von mindestens 75 % der Merkmalsträger erreicht oder unterschritten wird und der von mindestens 25 % der Merkmalsträger erreicht oder überschritten wird.	

Bestimmung

$\frac{n}{4}$ *ergibt keine ganze Zahl* $Q_3 = x_q$ $q = (n \cdot 0{,}75)$ aufgerundet

$\frac{n}{4}$ *ergibt ganze Zahl* $Q_3 = 0{,}5 \cdot \left(x_q + x_{q+1}\right)$ $q = (n \cdot 0{,}75)$

Empirischer Interquartilsbereich $IQB = \left[Q_1;\ Q_3\right]$

Metrische Variablen

Verteilung

Primäre Häufigkeitsverteilung Häufigkeitsverteilung der Rohwerte

Sekundäre Häufigkeitsverteilung Häufigkeitsverteilung kategorisierter (gruppierter) Messwerte

Kategoriengrenze c_j: obere Kategoriengrenze

c_{j-1}: untere Kategoriengrenze

Kategorienbreite $d = c_j - c_{j-1}$

Kategorienmitte $a_j = \frac{c_{j-1} + c_j}{2}$

Reduktionslage Untere Kategoriengrenze der ersten Kategorie

Grafische Darstellung

Histogramm Darstellung der sekundären Häufigkeitsverteilung in Form von Säulen, deren Flächen proportional zu den absoluten und relativen Häufigkeiten der Kategorien sind

Polygonzug Darstellung der sekundären Häufigkeitsverteilung:

x-Achse: Kategorienmitten, die auf dem Zahlenstrahl eingetragen werden

y-Achse: Häufigkeit der Kategorien in Form von Punkten, die miteinander durch eine Linie verbunden sind

Der Polygonzug beginnt eine halbe Kategorienbreite links von der unteren Grenze der untersten Kategorie mit einem Häufigkeitswert von 0 und endet eine halbe Kategorienbreite rechts von der oberen Grenze der obersten Kategorie ebenfalls mit einem Häufigkeitswert von 0.

Box-Whisker-Diagramm	y-Achse: Merkmalswerte Box: unteres Kastenende: 1. Quartil oberes Kastenende: 3. Quartil waagerechter Strich im Kasten: 2. Quartil (Median) Whisker: Ende der oberen Linie entspricht dem Wert $Q_3 + 1{,}5 \cdot IQA$ (mit $IQA = Q_3 - Q_1$); kommt dieser Wert nicht in den Daten vor, endet die Linie bei dem real vorkommenden Wert, der direkt unter $Q_3 + 1{,}5 \cdot IQA$ liegt. Ende der unteren Linie entspricht dem Wert $Q_1 - 1{,}5 \cdot IQA$; kommt dieser Wert nicht in den Daten vor, endet die Linie bei dem real vorkommenden Wert, der direkt über $Q_1 - 1{,}5 \cdot IQA$ liegt.
Ausreißer	Werte kleiner als $Q_1 - 1{,}5 \cdot IQA$ bzw. größer als $Q_3 + 1{,}5 \cdot IQA$
Extremwerte	Werte kleiner als $Q_1 - 3 \cdot IQA$ bzw. größer als $Q_3 + 3 \cdot IQA$
Stamm-Blatt-Diagramm	Darstellung der Verteilung von Messwerten in Form eines halben Baumes. Der Stamm ergibt sich aus der ersten Stelle bzw. einer festgelegten Anzahl von Stellen der Zahlen in der Messwertreihe. Die Blätter enthalten die darauffolgende Stelle einer Zahl, die dem entsprechenden Stammwert zugeordnet wurde. Die Stammbreite bezeichnet den Abstand zwischen zwei Stammwerten.
Fünf-Punkte-Zusammenfassung	1. geringster vorkommender Wert ($x_{\min}$) 2. erstes Quartil (Q_1) 3. Median (Md, Q_2) 4. drittes Quartil (Q_3) 5. höchster vorkommender Wert ($x_{\max}$)

Zentrale Tendenz

Median	Der Median ist gleich demjenigen Messwert, der die Häufigkeitsverteilung halbiert, sodass mindestens 50 % der Merkmalsträger kleinere oder gleich große Werte und mindestens 50 % größere oder gleich große Werte haben.
Nicht gruppierte Daten	Berechnung s. ordinalskalierte Variablen (S. 31)

Gruppierte Daten (Mediansklasse)	Bestimmung durch Interpolation: $$Md = c_{l-1} + \frac{0{,}5 - \sum_{j=1}^{l-1} h_j}{h_l} \cdot d_l$$ j: Merkmalsklasse l: Mediansklasse (Klasse, in der kh_j erstmals größer als 0,5 ist) c_{l-1}: untere Klassengrenze der Mediansklasse c_l: obere Klassengrenze der Mediansklasse h_j: relative Häufigkeit der Klasse j h_l: relative Häufigkeit der Mediansklasse l $d_l = c_l - c_{l-1}$: Breite der Mediansklasse l
Arithmetisches Mittel (Mittelwert)	$$\overline{x} = \frac{\sum_{m=1}^{n} x_m}{n}$$ n: Anzahl der Merkmalsträger x_m: Messwert des Merkmalsträgers m
Gruppierte Daten	$$\overline{x} = \frac{\sum_{j=1}^{k} a_j \cdot n_j}{n}$$ n_j: Häufigkeit, mit der die j-te Kategorie besetzt ist ($j = 1, \ldots, k$) a_j: Wert der Kategorienmitte
Gewogenes arithmetisches Mittel	Zur Mittelung von Mittelwerten unterschiedlicher Messwertreihen, die aus unterschiedlicher Anzahl von Merkmalsträgern bestehen $$GAM_X = \frac{\sum_{r=1}^{s} \overline{x}_r \cdot n_r}{\sum_{r=1}^{s} n_r}$$ $\overline{x}_r$: Mittelwert der Messwertreihe r n_r: Größe der Messwertreihe r ($r = 1, \ldots, s$)
Geometrisches Mittel (ab Verhältnisskalenniveau)	Wenn sich der Unterschied zweier Merkmalsausprägungen eher durch das Verhältnis als durch eine Differenz beschreiben lässt $$GM_X = \overline{x}_{\text{geom}} = \sqrt[n]{\prod_{m=1}^{n} x_m}$$

Robuste Kennwerte	
δ-getrimmtes Mittel $\bar{x}_t$ (engl. »trimmed mean«)	Mittelwertbildung nach Entfernung eines Anteils der größten und und desselben Anteils der kleinsten Werte δ: Anteil der zu entfernenden Werte
δ-winsorisiertes Mittel $\bar{x}_w$	Mittelwertbildung nach Fixieren eines Anteils der größten und desselben Anteils der kleinsten Werte auf einen bestimmten Wert. Die kleinsten Werte werden auf den niedrigsten »gezählten« (d.h. nicht entfernten) Wert gesetzt; die größten Werte werden auf den höchsten »gezählten« Wert gesetzt. δ: Anteil der zu fixierenden Werte
***p*-Quantile**	Ein p-Quantil ist derjenige Wert $x_p (0 < p < 1)$, für den gilt, dass mindestens $p \cdot 100\,\%$ der Daten $\leq x_p$ und mindestens $(1-p) \cdot 100\,\%$ der Daten $\geq x_p$ sind.
Nicht gruppierte Daten	
$(n \cdot p)$ ergibt keine ganze Zahl	$x_p = x_q$ $\quad$ $q = (n \cdot p)$ aufgerundet p: Anteilswert
$(n \cdot p)$ ergibt ganze Zahl	$x_p = 0{,}5 \cdot \left(x_q + x_{q+1}\right)$ $\quad$ $q = (n \cdot p)$
Gruppierte Daten	$x_p = c_{l-1} + \dfrac{p - \sum_{j=1}^{l-1} h_j}{h_l} \cdot d_l$ p: Anteil der Daten, der durch ein p-Quantil abgetrennt wird j: Merkmalsklasse l: p-Quantilklasse (Klasse, in der die kumulierte relative Häufigkeit kh_j erstmals größer als p ist) c_{l-1}: untere Klassengrenze der p-Quantilklasse l c_l: obere Klassengrenze der p-Quantilklasse l h_j: relative Häufigkeit der Klasse j h_l: relative Häufigkeit der p-Quantilklasse l $d_l = c_l - c_{l-1}$: Breite der p-Quantilklasse l
Dispersion	
Streubereich	$SB = \left[x_{\min}; x_{\max}\right]$
Variationsbreite (Spannweite, Range)	$v = x_{\max} - x_{\min}$

Interquartilsabstand $IQA = Q_3 - Q_1$

Semiquartilsabstand $$SQA = \frac{Q_3 - Q_1}{2}$$

Dezilverhältnis $$DQ = \frac{D_9}{D_1} = \frac{P_{90}}{P_{10}}$$

Mittlere Abweichung (AD-Streuung) $$AD_X = \frac{\sum_{m=1}^{n} |x_m - \overline{x}|}{n}$$

Absolute Medianabweichung $$MAD_X = \frac{\sum_{m=1}^{n} |x_m - Md_X|}{n}$$

Varianz $$s_X^2 = \frac{\sum_{m=1}^{n} (x_m - \overline{x})^2}{n}$$

Standardabweichung $$s_X = \sqrt{s_X^2} = \sqrt{\frac{\sum_{m=1}^{n} (x_m - \overline{x})^2}{n}}$$

Variationskoeffizient $$V_X = \frac{s_X}{\overline{x}}$$

Schiefe und Kurtosis

Schiefe $$Sch = \frac{\sum_{m=1}^{n}(x_m - \overline{x})^3}{n \cdot s_X^3}$$

Kurtosis $$Ku_1 = \frac{\sum_{m=1}^{n}(x_m - \overline{x})^4}{n \cdot s_X^4}$$

$$Ku_2 = \frac{\sum_{m=1}^{n}(x_m - \overline{x})^4}{n \cdot s_X^4} - 3$$

$$Ku_3 = \frac{n \cdot (n+1)}{(n-1)\cdot(n-2)\cdot(n-3)} \cdot \frac{\sum_{m=1}^{n}(x_m - \overline{x})^4}{\left(\frac{\sum_{m=1}^{n}(x_m - \overline{x})^2}{n-1}\right)} - 3 \cdot \frac{(n-1)^2}{(n-2)\cdot(n-3)}$$

Exzess entspricht Ku_2, Normalverteilung: $Ku_2 = 0$

Standardwerte und z-Transformation

z-Wert $$z_m = \frac{x_m - \overline{x}}{s_X}$$

7 Wahrscheinlichkeitstheorie und Wahrscheinlichkeitsverteilungen

Wahrscheinlichkeiten

Grundbegriffe

Zufallsvorgang	Vorgang, der zu sich gegenseitig ausschließenden Ergebnissen führt
Zufallsexperiment	Durchführung eines Zufallsvorgangs unter kontrollierten Bedingungen (z. B. Werfen einer Münze, Ziehung aus einer Population)
Ergebnis	Ausgang eines Zufallsvorgangs Element ω der Ergebnismenge Ω
Ergebnisraum / Ergebnismenge	Menge der möglichen Ergebnisse eines Zufallsvorgangs: $\Omega = \{\omega_1, \omega_2, ..., \omega_K\}$
Zufallsereignis	Zusammenfassung von Ergebnissen aus dem Ergebnisraum. Ein Ereignis ist also eine Teilmenge der Ergebnismenge Ω.
Elementarereignis $\{\omega_k\}$	Ereignis, das sich in einem Zufallsvorgang als ein einzelnes Ergebnis realisiert; Teilmenge, die nur aus einem Element besteht
Unmögliches Ereignis	Leere Menge $\varnothing = \{\ \}$, $\varnothing \subset \Omega$
Sicheres Ereignis	Ω
Komplementärereignis (Gegenereignis)	Das zu einem Ereignis A komplementäre Ereignis $\bar{A}$, enthält alle Elemente von Ω, die nicht in A enthalten sind.

Schnittmenge	$A \cap B = C$	Ereignisse A und B treten ein
Disjunkte Ereignisse	$A \cap B = \varnothing$	Ereignisse A und B, die sich ausschließen

Vereinigungsmenge

$A \cup B = D$ Ereignis *A* und/oder Ereignis *B* tritt ein

Venn-Diagramm

Grafische Veranschaulichung von Mengen und ihren Beziehungen. Mithilfe von Venn-Diagrammen lassen sich z. B. Schnittmengen, Vereinigungsmengen sowie Komplementärereignisse grafisch sehr anschaulich darstellen.

Laplace-Wahrscheinlichkeit

Wenn die Anzahl der Ergebnisse eines Zufallsvorgangs endlich ist und alle Elementarereignisse gleich wahrscheinlich sind, gilt für die Wahrscheinlichkeit *P*(*A*) eines Ereignisses *A*:

$$P(A) = \frac{\text{Anzahl der für } A \text{ günstigen Ergebnisse}}{\text{Anzahl } K \text{ aller möglichen Ergebnisse}}$$

Kombinatorik

Um die Anzahl aller möglichen Ergebnisse *K* zu bestimmen, stellt die Kombinatorik Formeln zur Verfügung. Hierzu greift man auf das Urnenmodell, d. h. eine Urne, die mehrere Kugeln enthält, zurück. Dabei spielt v. a. eine Rolle, ob einmal gezogene Objekte (Kugeln) wieder zurückgelegt werden können (also im Prinzip mehrmals gezogen werden können) oder nicht und ob die Reihenfolge mitberücksichtigt werden soll oder nicht.

Modell mit Zurücklegen, mit Berücksichtigung der Reihenfolge

$$K = k^n$$

K: Anzahl der möglichen Ergebnisse

k: Anzahl der möglichen Einzelergebnisse (einmaliges Ziehen)

n: Anzahl der Wiederholungen (Ziehungen)

Modell ohne Zurücklegen, mit Berücksichtigung der Reihenfolge

$$K = \frac{k!}{(k-n)!}$$

K: Anzahl der möglichen Ergebnisse

k: Anzahl der möglichen Einzelergebnisse (einmaliges Ziehen)

n: Anzahl der Wiederholungen (Ziehungen)

$$k! = k \cdot (k-1) \cdot (k-2) \cdot \ldots \cdot (k-(k-1))$$

Modell ohne Zurücklegen, ohne Berücksichtigung der Reihenfolge

$$K = \frac{k!}{(k-n)! \cdot n!}$$

Binomialkoeffizient

$$K = \frac{k!}{(k-n)! \cdot n!} = \binom{k}{n}$$

K: Anzahl der möglichen Ergebnisse

k: Anzahl der Elemente einer Grundgesamtheit

n: Umfang der Stichprobe

Modell mit Zurücklegen, ohne Berücksichtigung der Reihenfolge	$K = \binom{k+n-1}{n} = \frac{(k+n-1)!}{(k-1)! \cdot n!}$ K: Anzahl der möglichen Ergebnisse k: Anzahl der Elemente einer Grundgesamtheit n: Umfang der Stichprobe

Wahrscheinlichkeit

Wahrscheinlichkeit nach Kolmogorov

Potenzmenge $\mathrm{P}(\Omega)$	Mengensystem, das alle möglichen Teilmengen einer Menge Ω enthält
Wahrscheinlichkeit	Die Wahrscheinlichkeit P ordnet jedem Element von $\mathrm{P}(\Omega)$, also jedem möglichen Ereignis, eine reelle Zahl zu, d.h., sie bildet $\mathrm{P}(\Omega)$ in die Menge der reellen Zahlen $\mathbb{R}$ ab: $P: \mathrm{P}(\Omega) \rightarrow \mathbb{R}$

Axiome von Kolmogorov

(1) Nichtnegativität	Für alle Teilmengen A von Ω gilt: $P(A) \geq 0$
(2) Normiertheit	Für $P(\Omega)$ gilt: $P(\Omega) = 1$
(3) Additivität	Für alle disjunkten Teilmengen A und B von Ω ($D = A \cap B = \emptyset$) gilt: $P(A \cup B) = P(A) + P(B)$

Rechenregeln für Wahrscheinlichkeiten

Rechenregel 1	$P(B) \geq P(A)$, wenn gilt: $A \subset B$
Rechenregel 2	$P(\overline{A}) = 1 - P(A)$ $\overline{A}$: Komplementärereignis (Gegenereignis) zu A
Rechenregel 3	$P(A \cup B) = P(A) + P(B) - P(A \cap B)$
Rechenregel 4	$P(C) = \sum_{\omega \in C} P(\{\omega\}),\ C \subset \Omega$
Bernoulli-Theorem/ Schwaches Gesetz der großen Zahlen	Besagt, dass die Wahrscheinlichkeit, dass eine relative Häufigkeit von der Wahrscheinlichkeit um weniger als eine beliebig kleine Differenz abweicht, gegen 1 geht, wenn der Stichprobenumfang n gegen ∞ geht. $\lim_{n \to \infty} P(\lvert h_n(A) - P(A) \rvert < \varepsilon) = 1$ $h_n(A)$: relative Häufigkeit eines Ereignisses A ε: beliebig kleine Differenz

Bedingte Wahrscheinlichkeit	$P(A \mid B) = \frac{P(A \cap B)}{P(B)}, \; P(B) > 0$ $P(A \mid B)$: Wahrscheinlichkeit des Ereignisses A unter der Bedingung, dass Ereignis B eingetreten ist $P(A \cap B)$: Wahrscheinlichkeit, dass sowohl A als auch B eintritt $P(B)$: Wahrscheinlichkeit von B
Stochastische Unabhängigkeit	Zwei Ereignisse A und B sind stochastisch unabhängig, wenn gilt: $P(A \mid B) = P(A), \; P(B \mid A) = P(B)$
Multiplikationstheorem	$P(A \cap B) = P(A) \cdot P(B)$
Bayes-Theorem	
Disjunkte Zerlegung von Ω	Zerlegung einer Ergebnismenge Ω in Ereignisse $A_1, \ldots, A_m$, deren Schnittmengen leer sind und deren Vereinigungsmenge Ω ergibt
Satz von der totalen Wahrscheinlichkeit	Für eine disjunkte Zerlegung einer Ergebnismenge Ω in die Ereignisse $A_1, \ldots, A_m$ gilt für ein Ereignis $B \subset \Omega$: $P(B) = \sum_{i=1}^{m} P(B \mid A_i) \cdot P(A_i)$
Bayes-Theorem	$P(A_j \mid B) = \frac{P(B \mid A_j) \cdot P(A_j)}{\sum_{i=1}^{m} P(B \mid A_i) \cdot P(A_i)}$ A_j: Ereignis aus $A_1, \ldots, A_i, \ldots, A_m$
Für zwei Ereignisse	$P(A \mid B) = \frac{P(B \mid A) \cdot P(A)}{P(B \mid A) \cdot P(A) + P(B \mid \bar{A}) \cdot P(\bar{A})}$ $P(\bar{A})$: unbedingte Wahrscheinlichkeit für »nicht A« (Gegenereignis zu A) $P(B \mid \bar{A})$: Wahrscheinlichkeit für B unter der Bedingung »nicht A« (Gegenereignis zu A)
Sensitivität	Merkmal eines diagnostischen Instruments, z. B. eines Tests zur Diagnose einer Krankheit: Bedingte Wahrscheinlichkeit, dass der Test ein positives Ergebnis (Krankheit) anzeigt, gegeben, dass die Krankheit auch wirklich vorliegt

Spezifität	Merkmal eines diagnostischen Instruments, z. B. eines Tests zur Diagnose einer Krankheit: Bedingte Wahrscheinlichkeit, dass der Test ein negatives Ergebnis (keine Krankheit) anzeigt, gegeben, dass die Krankheit auch wirklich nicht vorliegt

Zufallsvariablen

Zufallsvariable X	Funktion, die den Elementen der Menge Ω Werte einer Wertemenge zuordnet: $X: \Omega \rightarrow \Omega'$
Reellwertige Zufallsvariable	Zufallsvariable, für die gilt, dass die Menge Ω' die Menge der reellen Zahlen $\mathbb{R}$ ist
Diskrete Zufallsvariable	Zufallsvariable mit endlicher oder abzählbar unendlicher Anzahl von Werten
Stetige Zufallsvariable	Zufallsvariable, bei der zwischen zwei beliebigen Werten x_u und x_o überabzählbar viele andere Werte liegen können

Diskrete Zufallsvariablen

Allgemeine Begriffe

Wahrscheinlichkeitsfunktion	Funktion, die jedem Wert x_i einer diskreten Zufallsvariablen X die Wahrscheinlichkeit $P(X = x_i) = \pi_i$ zuordnet. π_i sind die Werte der Wahrscheinlichkeitsverteilung von X.
Unabhängigkeit zweier diskreter Zufallsvariablen	Zwei diskrete Zufallsvariablen X und Y sind unabhängig, wenn für alle möglichen x_i und y_i gilt: $P(X = x_i; Y = y_i) = P(X = x_i) \cdot P(Y = y_i)$ x_i: Ausprägung der Zufallsvariablen X y_i: Ausprägung der Zufallsvariablen Y
Unabhängigkeit mehrerer diskreter Zufallsvariablen	Mehrere diskrete Zufallsvariablen X_j sind unabhängig, wenn für alle möglichen $x_{i1}, x_{i2}, \ldots, x_{im}$ gilt: $P(X_1 = x_{i1}, X_2 = x_{i2}, \ldots, X_m = x_{im})$ $= P(X_1 = x_{i1}) \cdot P(X_2 = x_{i2}) \cdot \ldots \cdot P(X_m = x_{im}) = \prod_{j=1}^{m} P(X_j = x_{ij})$ x_{im}: Ausprägung i einer Zufallsvariablen X_m
Verteilungsfunktion $F(x)$	Funktion, die jeder Ausprägung x die Wahrscheinlichkeit zuordnet, dass die diskrete Zufallsvariable X einen Wert kleiner oder gleich x annimmt; $F(x) = P(X \leq x)$

Kennwerte einer diskreten Zufallsvariablen

Maße der zentralen Tendenz

Modalwert

Der Modalwert Mo ist der Wert x einer Zufallsvariablen X, für den $P(X=x)$ maximal ist.

Median

Der Median Md_X ist der Wert, für den gilt:
$P(X \leq Md_X) \geq 0{,}50$ und $P(X \geq Md_X) \geq 0{,}50$

Erwartungswert

$$E(X)=\sum_{i=1}^{k} x_i \cdot P(X=x_i)=\sum_{i=1}^{k} x_i \cdot \pi_i$$

k: Anzahl der Ausprägungen der diskreten Zufallsvariablen

Dispersionsmaße

Quantil x_p

Der x_p-Quantilswert ist der Wert, für den gilt:
$P(X \leq x_p) \geq p$ und $P(X \geq x_p) \geq 1-p$

Varianz

$$Var(X)=E\left[\left(X-E(X)\right)^2\right]=\sum_{i=1}^{k}\left(x_i-E(X)\right)^2 \cdot \pi_i=\sigma^2$$

Standardabweichung

$$SD(X)=\sqrt{Var\,(X)}=\sigma$$

Rechenregeln für Erwartungswerte und Varianzen diskreter und stetiger Zufallsvariablen

(1) $E(\alpha)=\alpha$

(2) $E(\alpha \cdot X+\beta \cdot Y)=\alpha \cdot E(X)+\beta \cdot E(Y)$

(3) $Var(X)=E(X^2)-E(X)^2$

(4) $Var(X)=0,$ falls $X=\alpha$

(5) $Var(\alpha \cdot X)=\alpha^2 \cdot Var(X)$

(6) $Var(\alpha+X)=Var(X)$

(7) $Var(\alpha \cdot X+\beta \cdot Y)$
$=\alpha^2 \cdot Var(X)+\beta^2 \cdot Var(Y)+2 \cdot \alpha \cdot \beta \cdot Cov(X,Y)$

X, Y: Zufallsvariablen

α, β: reelle Konstanten

Verteilungsformen diskreter Zufallsvariablen

Gleichverteilung

Eine diskrete Zufallsvariable X ist dann gleichverteilt, wenn die Wahrscheinlichkeit aller möglichen Ausprägungen von X identisch ist.

Wahrscheinlichkeiten der Ausprägungen

$$\pi_1=\pi_2=\ldots=\pi_k=\frac{1}{k}$$

	π_i: Wahrscheinlichkeit einer Ausprägung x_i von X
	k: Anzahl der Ausprägungen von X
Bernoulli-Verteilung	Verteilung einer Zufallsvariablen X, die nur zwei Werte $x_1 = 1$ und $x_2 = 0$ annehmen kann (dichotome, binäre Variable)
Wahrscheinlichkeiten der Ausprägungen	$\pi_1 = 1 - \pi_2$
Erwartungswert	$E(X) = x_1 \cdot \pi_1 + x_2 \cdot \pi_2 = 1 \cdot \pi_1 + 0 \cdot \pi_2 = \pi_1$
Varianz	$Var(X) = \pi_1 \cdot (1 - \pi_1)$
Binomialverteilung	Verteilung einer Zufallsvariablen X, die die Häufigkeit angibt, mit der in einem n-fach wiederholten Zufallsexperiment das Ereignis A eingetreten ist, wenn es sich um ein Modell mit Zurücklegen handelt $X \sim B(n, \pi)$
Wahrscheinlichkeitsfunktion	$P(X = x) = \binom{n}{x} \cdot \pi^x \cdot (1 - \pi)^{n-x}$ π: Wahrscheinlichkeit des Ereignisses A in einem Durchgang
Erwartungswert	$E(X) = n \cdot \pi$
Varianz	$Var(X) = n \cdot \pi \cdot (1 - \pi)$
Multinomialverteilung	Erweiterung der Binomialverteilung für den Fall, dass das Zufallsexperiment mehr als zwei mögliche Ausgänge zulässt. Die Zufallsvariablen geben jeweils die Häufigkeit an, mit der ein bestimmtes Ereignis beim n-fach wiederholten Zufallsexperiment eingetreten ist. $\mathbf{x}' \sim M(n, \pi_1, \ldots, \pi_k)$ $\mathbf{x}' = (X_1\ X_2 \ldots X_k)$

Wahrscheinlichkeiten der Ausprägungen	$P(X_1 = x_1, X_2 = x_2, \ldots, X_k = x_k) = \frac{n!}{x_1! \cdot x_2! \cdot \ldots \cdot x_k!} \cdot (\pi_1)^{x_1} \cdot (\pi_2)^{x_2} \cdot \ldots \cdot (\pi_k)^{x_k}$ $\sum_{i=1}^{k} x_i = n, \sum_{i=1}^{k} \pi_i = 1$
Hypergeometrische Verteilung	Verteilung einer Zufallsvariablen X, die die Häufigkeit angibt, mit der in einem n-fach wiederholten Zufallsexperiment das Ereignis A (z.B. Auswahl eines Objekts mit einer bestimmten Eigenschaft) eingetreten ist, wenn es sich um ein Modell ohne Zurücklegen handelt $X \sim H(n, N, M)$ N: Größe der Grundgesamtheit M: Anzahl der Objekte mit der bestimmten Eigenschaft Approximative Binomialverteilung bei $\frac{n}{N} \leq 0{,}05$
Wahrscheinlichkeiten der Ausprägungen	$P(X = x) = \frac{\binom{M}{x}\binom{N-M}{n-x}}{\binom{N}{n}}$
Erwartungswert	$E(X) = n \cdot \pi$ für $\pi = \frac{M}{N}$
Varianz	$Var(X) = n \cdot \pi \cdot (1-\pi) \cdot \frac{(N-n)}{(N-1)}$ für $\pi = \frac{M}{N}$
Geometrische Verteilung	Verteilung der Zufallsvariablen X = »Anzahl der Versuche, bis ein Ereignis A zum ersten Mal eintritt«
Wahrscheinlichkeiten der Ausprägungen	$P(X = x) = (1-\pi)^{x-1} \cdot \pi$ π: Wahrscheinlichkeit, dass das Ereignis A bei einem Versuch eintritt
Poisson-Verteilung	Verteilung einer Zufallsvariablen X, die die Anzahl bestimmter Ereignisse innerhalb eines definierten Zeitintervalls Δt beschreibt $X \sim Po(\lambda)$ λ: erwartete Anzahl der Ereignisse pro Zeiteinheit

Wahrscheinlichkeiten der Ausprägungen

$$P(X=x)=\frac{\lambda^x}{x!}\cdot e^{-\lambda}$$

e: Eulersche Zahl (e = 2,718…)

Erwartungswert

$$E(X)=\lambda$$

Varianz

$$Var(X)=\lambda$$

Stetige Zufallsvariablen

Allgemeine Begriffe

Wahrscheinlichkeit für einen Wert *x*

$$P(X=x)=0$$

Dichtefunktion *f*(*x*)

Wahrscheinlichkeit, dass eine stetige Zufallsvariable X einen Wert annimmt, der in einem Intervall mit der Untergrenze x_u und der Obergrenze x_o liegt; wird über die Integration der Dichtefunktion $f(x)$ über das Intervall bestimmt:

$$P(x_u \le X \le x_o)=\int_{x_u}^{x_o} f(x)\,dx$$

Die Wahrscheinlichkeit, mit der X innerhalb eines Intervalls mit der Untergrenze x_u und der Obergrenze x_o liegt, ist unabhängig davon, ob dieses Intervall die Intervallgrenzen x_u und x_o mit einschließt oder nicht:

$$P(x_u \le X \le x_o)=P(x_u < X \le x_o)$$
$$=P(x_u \le X < x_o)=P(x_u < X < x_o)$$

Normierungseigenschaft der Fläche unter der Dichtefunktion

$$P(-\infty < X < +\infty)=\int_{-\infty}^{+\infty} f(x)\,dx=1$$

Verteilungsfunktion *F*(*x*)

Funktion, die jeder Ausprägung x den Wert der Wahrscheinlichkeit, dass eine Zufallsvariable X einen Wert kleiner oder gleich x annimmt, zuordnet:

$$F(x)=P(X\le x)=P(\infty < X \le x)$$

Für einen beliebigen Wert x_o entspricht der Wert der Verteilungsfunktion dem Integral über alle Werte x von X von $-\infty$ bis x_o:

$$F(x_o)=\int_{-\infty}^{x_o} f(x)\,dx$$

Wahrscheinlichkeit, dass die Zufallsvariable X Werte in einem bestimmten Intervall annimmt:

$$P(x_u \leq X \leq x_o) = F(x_o) - F(x_u)$$
$$P(-\infty < X \leq x_o) = P(X \leq x_o) = F(x_o) - 0 = F(x_o)$$
$$P(x_u \leq X < \infty) = P(X \geq x_u) = 1 - F(x_u)$$

Unabhängigkeit stetiger Zufallsvariablen

Bei stetigen Variablen sind k verschiedene Zufallsvariablen $X_1, \ldots, X_k$ unabhängig, wenn gilt:

$$P(X_1 \leq x_1, \ldots, X_k \leq x_k) = P(X_1 \leq x_1) \cdot \ldots \cdot P(X_k \leq x_k)$$

Kennwerte einer stetigen Zufallsvariablen

Maße der zentralen Tendenz

Modus

Der Modalwert ist derjenige x-Wert, für den die Dichte $f(x)$ ein Maximum besitzt.

Median

Der Median ist derjenige x-Wert, für den die Verteilungsfunktion $F(x) = 0{,}5$ ist.

Erwartungswert

$$E(X) = \int_{-\infty}^{+\infty} x \cdot f(x)\,dx$$

Dispersionsmaße

Quantil x_p

Der x_p-Quantilswert ist jeder Wert, für den gilt:

$$P\left(X \leq x_p\right) = F\left(x_p\right) = p$$

Varianz

$$Var(X) = E\left(X - E(X)\right)^2 = \int_{-\infty}^{+\infty} \left(x - E(X)\right)^2 \cdot f(x)\,dx$$

Standardabweichung

$$SD(X) = \sqrt{Var(X)}$$

Verteilungsformen stetiger Zufallsvariablen

Gleichverteilung

Eine stetige Zufallsvariable folgt einer Gleichverteilung, wenn innerhalb eines Intervalls $[a, b]$ alle Werte denselben (von 0 verschiedenen) Dichtewert haben und außerhalb dieses Intervalls der Dichtewert gleich 0 ist.

Dichtefunktion

$$f(x) = \frac{1}{b-a}$$

a: untere Intervallgrenze
b: obere Intervallgrenze

Verteilungsfunktion	$F(x) = \frac{x-a}{b-a}$
Erwartungswert	$E(X) = \frac{a+b}{2}$
Varianz	$Var(X) = \frac{(b-a)^2}{12}$
Exponentialverteilung	$X \sim Ex(\lambda)$, wobei $\lambda > 0$ λ: Parameter, der angibt, wie schnell $f(x)$ für $x \to \infty$ gegen 0 strebt
Dichtefunktion	für $x \geq 0$: $f(x) = \lambda \cdot e^{-\lambda \cdot x}$ für $x < 0$: $f(x) = 0$
Verteilungsfunktion	für $x \geq 0$: $F(x) = 1 - e^{-\lambda \cdot x}$ für $x < 0$: $F(x) = 0$
Erwartungswert	$E(X) = \frac{1}{\lambda}$
Varianz	$Var(X) = \frac{1}{\lambda^2}$
Normalverteilung	$X \sim N(\mu, \sigma^2)$ μ: Erwartungswert $E(X)$ σ^2: Varianz
Dichtefunktion	$f(x) = \frac{1}{\sqrt{2 \cdot \pi \cdot \sigma^2}} \cdot \exp\left(-\frac{(x-\mu)^2}{2 \cdot \sigma^2}\right)$ $\pi = 3{,}1415...$ (Kreiszahl Pi)
Wendepunkte der Normalverteilung	$x_{W_1} = \mu - \sigma \qquad x_{W_2} = \mu + \sigma$ Die Wendepunkte einer Normalverteilung beschreiben diejenigen Werte, bei denen der Graph, der die Dichtefunktion beschreibt, sein »Krümmungsverhalten« ändert.
Verteilungsfunktion	$F(x) = \frac{1}{\sqrt{2 \cdot \pi \cdot \sigma^2}} \int_{-\infty}^{x} \exp\left(-\frac{(t-\mu)^2}{2 \cdot \sigma^2}\right) dt$ $\pi = 3{,}1415...$ (Kreiszahl Pi) t: Werte von X, über die integriert wird

Erwartungswert	$E(X) = \mu \qquad \mu = Mo = Md$
Varianz	$Var(X) = \sigma^2$
Zentrales Schwankungsintervall	Gibt ein Intervall von Werten um den Erwartungswert herum an. Beispiel: Im Bereich $\mu \pm 1 \cdot \sigma$ liegen 68,3 % der Werte.
Standardnormalverteilung	$Z \sim N(0,1)$ Standardisierung einer normalverteilten Zufallsvariable X an ihrem Erwartungswert (μ) und ihrer Streuung (σ): $Z = \frac{X - \mu}{\sigma}$ Überführung der Quantile z_p einer Standardnormalverteilung in Quantile anderer Normalverteilungen: $x_p = \mu + \sigma \cdot z_p$
Erwartungswert	$E(Z) = 0$
Varianz	$Var(Z) = 1$
Wendepunkte der Standardnormalverteilung	$z_{W_1} = -1 \qquad z_{W_2} = 1$
Chi-Quadrat-Verteilung	$Y \sim \chi^2(df)$ Eine χ^2-verteilte Variable erhält man, wenn man mehrere voneinander unabhängige standardnormalverteilte Zufallsvariablen $Z_1, \ldots, Z_k$ quadriert und addiert. $Y = Z_1^2 + \ldots + Z_k^2 = \sum_{i=1}^{k} Z_i^2$
Freiheitsgrade (degrees of freedom, *df*)	$df = k$ k: Anzahl der unabhängigen standardnormalverteilten Zufallsvariablen Je größer df, desto eher nähert sich die χ^2-Verteilung einer Normalverteilung an.
Erwartungswert	$E(Y) = df$
Varianz	$Var(Y) = 2 \cdot df$

Nonzentrale Chi-Quadrat-Verteilung	$U \sim \chi^2(df;\lambda)$ Eine Variable, die einer nonzentralen χ^2-Verteilung folgt, erhält man, wenn man mehrere voneinander unabhängige normalverteilte Zufallsvariablen $(Z_i + \mu_i)$ quadriert und addiert. $U = \sum_{i=1}^{k} (Z_i + \mu_i)^2$
Nonzentralitätsparameter	$\lambda = \sum_{i=1}^{k} \mu_i^2$
t-Verteilung (Student-t-Verteilung)	$X \sim t(df)$ Eine t-verteilte Zufallsvariable erhält man, indem man eine standardnormalverteilte Zufallsvariable Z_0 durch die Wurzel einer χ^2-verteilten Zufallsvariablen Y teilt, die durch ihre jeweiligen Freiheitsgrade $(df = k)$ dividiert wurde. $X = \frac{Z_0}{\sqrt{\frac{Y}{df}}} = \frac{Z_0}{\sqrt{\frac{1}{k}\sum_{i=1}^{k} Z_i^2}}$
Freiheitsgrade	$df = k$ Je größer df, desto eher nähert sich die t-Verteilung einer Normalverteilung an.
Erwartungswert	$E(X) = 0$
Varianz	$Var(X) = \frac{df}{df - 2}$
Nonzentrale t-Verteilung	$U \sim t(df, \lambda)$ Folgt die Variable $Z_0 + \mu_0$ einer $N(\mu_0, 1)$-Normalverteilung, dann folgt die Variable $U = \frac{(Z_0 + \mu_0)}{\sqrt{\frac{Y}{df}}} = \frac{(Z_0 + \mu_0)}{\sqrt{\frac{1}{k}\sum_{i=1}^{k} Z_i^2}}$ einer nonzentralen t-Verteilung mit $df = k$ und Nonzentralitätsparameter $\lambda = \mu_0$.

F-Verteilung

$X \sim F(df_1;df_2)$

df_1: Freiheitsgrade für den Zähler des Quotienten
df_2: Freiheitsgrade für den Nenner des Quotienten

Eine F-verteilte Variable erhält man, indem man den Quotienten zweier voneinander unabhängiger χ^2-verteilter Variablen Y_1 und Y_2 bildet, die jeweils durch ihre Freiheitsgrade dividiert wurden.

$$X = \frac{\frac{Y_1}{df_1}}{\frac{Y_2}{df_2}} = \frac{\frac{1}{k_1}\sum_{i=1}^{k_1} Z_{1i}^2}{\frac{1}{k_2}\sum_{j=1}^{k_2} Z_{2j}^2}$$

k_1: Anzahl der Zufallsvariablen, die in die Berechnung von Y_1 eingegangen sind

k_2: Anzahl der Zufallsvariablen, die in die Berechnung von Y_2 eingegangen sind

Erwartungswert

$$E(X) = \frac{df_2}{df_2 - 2}$$

Varianz

$$Var(X) = \frac{2 \cdot df_2^2 \cdot (df_1 + df_2 - 2)}{df_1 \cdot (df_2 - 4) \cdot (df_2 - 2)^2}$$

Nonzentrale F-Verteilung

$U \sim F(df_1;df_2;\lambda)$

Folgt die Zufallsvariable Y_1 im Zähler nicht einer zentralen, sondern einer nonzentralen χ^2-Verteilung mit dem Nonzentralitätsparameter λ, dann folgt die Variable

$$U = \frac{\frac{1}{k_1}\sum_{i=1}^{k_1} (Z_{1i} + \mu_{1i})^2}{\frac{1}{k_2}\sum_{j=1}^{k_2} Z_{2j}^2}$$

einer nonzentralen F-Verteilung mit dem Nonzentralitätsparameter λ und den Freiheitsgraden df_1 und df_2.

8 Grundlagen der Inferenzstatistik

Statistisches Testen an Stichproben

Nullhypothese H_0	Hypothese, dass ein Populationsparameter einen bestimmten Wert aufweist. Sie kann drei Formen annehmen, und zwar, dass (1) der Populationsparameter genau einem bestimmten (»fixen«) Wert entspricht, d. h. also nicht in einer beliebigen Richtung von ihm abweicht (ungerichtete Nullhypothese), (2) der Populationsparameter größer oder gleich einem bestimmten Wert ist (gerichtete Nullhypothese), (3) der Populationsparameter kleiner oder gleich einem bestimmten Wert ist (gerichtete Nullhypothese).
Nullhypothesentest/ Signifikanztest	Verfahren zur inferenzstatistischen Testung einer Nullhypothese. Der Test ermöglicht eine begründete Entscheidung für oder gegen ihre Gültigkeit.
Prüfgröße/ Teststatistik	Zur Überprüfung einer Nullhypothese greift man auf einen Stichprobenkennwert und seine Verteilung unter der Nullhypothese zurück. Häufig wird der Stichprobenkennwert transformiert, um standardisierte Verteilungen verwenden zu können. Der Stichprobenkennwert oder sein transformierter Wert stellen die Prüfgröße für einen statististischen Test dar. Man nennt sie auch Teststatistik.
Prüfverteilung	Wahrscheinlichkeitsverteilung einer Prüfgröße
Einseitiger Test	Nullhypothesentest, bei dem es nur auf einer Seite der Prüfverteilung einen Ablehnungsbereich gibt. Tests werden einseitig durchgeführt, wenn eine gerichtete Nullhypothese vorliegt oder wenn eine zweiseitige Testung trotz ungerichteter Nullhypothese nicht möglich ist.
Zweiseitiger Test	Nullhypothesentest, bei dem der Ablehnungsbereich auf beide Seiten der Prüfverteilung aufgeteilt wird. Tests werden zweiseitig durchgeführt, wenn eine ungerichtete Nullhypothese vorliegt und die Prüfverteilung eine zweiseitige Prüfung erlaubt.

p-Wert	Wahrscheinlichkeit für ein empirisches Ergebnis (beobachtete Ausprägung eines Stichprobenkennwertes) oder ein Ergebnis, das noch stärker gegen die H_0 spricht, unter der Bedingung, dass die H_0 wahr ist
Statistische Entscheidung	Ablehnung der Nullhypothese, wenn der p-Wert mit einem vorab festgelegten Grenzwert (Signifikanzniveau) identisch ist oder diesen unterschreitet. Im anderen Fall wird die Nullhypothese beibehalten.
Signifikanzniveau α	Wahrscheinlichkeit, mit der man bereit ist, eine H_0 fälschlicherweise zu verwerfen
Ablehnungsbereich	Wertebereich einer Prüfgröße, der die Ergebnisse umfasst, die zur Verwerfung der Nullhypothese führen. Der Bereich wird durch das Signifikanzniveau α determiniert. Liegt der Wert der Prüfgröße in diesem Bereich, wird die H_0 abgelehnt. Der Ablehnungsbereich wird bei einem einseitigen Test durch einen kritischen Wert, beim zweiseitigen Test durch zwei kritische Werte markiert.
α-Fehler/Fehler 1. Art	Fehler, den man begeht, wenn man sich gegen die H_0 entscheidet, obwohl diese wahr ist
Alternativhypothese H_1	Gegenhypothese zur Nullhypothese. Hypothese, dass der Populationsparameter einen Wert annimmt, der gegen die Nullhypothese spricht
β-Fehler/Fehler 2. Art	Fehler, den man begeht, wenn man sich für die H_0 entscheidet, obwohl diese falsch ist. Die Fehlerwahrscheinlichkeit β entspricht der Wahrscheinlichkeit, mit der ein empirischer Effekt nicht signifikant wird, obwohl die H_1 wahr ist.
Teststärke/Power $(1-\beta)$	Wahrscheinlichkeit, mit der die H_0 auf der Basis eines vorher festgelegten Signifikanzniveaus α verworfen werden kann, falls ein in einer spezifischen H_1 postulierter Populationseffekt tatsächlich existiert (man sagt auch: die Chance, einen Effekt zu finden). Entspricht der Gegenwahrscheinlichkeit zum β-Fehler und wird daher mit $1-\beta$ bezeichnet
Effektgröße	Maß für die Stärke eines Effekts. Sie wird häufig in standardisierter Form angegeben. Die Standardisierung macht Effekte über Untersuchungen und Operationalisierungen hinweg vergleichbar. Für die meisten Effektstärkenmaße gibt es Vorschläge, ab wann ein Wert als »klein«, »mittel« oder »groß« bezeichnet werden kann.

Effektgröße für den Einstichproben-Gauß-Test	
Cohens δ	Für den wahren Populationseffekt: $\delta = \frac{\varepsilon}{\sigma_X} = \frac{\mu - \mu_0}{\sigma_X}$ μ_0: Mittelwert unter der Nullhypothese
Cohens δ_1	Für den postulierten Populationseffekt unter der H_1: $\delta_1 = \frac{\varepsilon_1}{\sigma_X} = \frac{\mu_1 - \mu_0}{\sigma_X}$
Cohens *d*	Für die Schätzung des Populationseffekts aus den Daten: $d = \frac{\bar{x} - \mu_0}{\sigma_X}$
Heuristik von Cohen	$\lvert\delta\rvert \approx 0{,}14$ kleiner Effekt $\lvert\delta\rvert \approx 0{,}35$ mittlerer Effekt $\lvert\delta\rvert \approx 0{,}57$ großer Effekt
Poweranalyse	Verfahren zur Bestimmung der Teststärke (1–β), wenn das Signifikanzniveau α, der Populationseffekt und die Stichprobengröße *n* festliegen (*Post-hoc-Poweranalyse*), oder zur Bestimmung der optimalen Stichprobengröße *n*, wenn das Signifikanzniveau α, der postulierte Populationseffekt und die Teststärke (1–β) festliegen (*A-priori-Poweranalyse*)
Optimale Stichprobengröße beim Gaußtest	$n = \frac{\left(z_{(1-\alpha)} - z_{(\beta)}\right)^2 \cdot \sigma_X^2}{\left(\mu_1 - \mu_0\right)^2}$ einseitiger Test; bei zweiseitigem Test wird auf $z_{\left(1-\frac{\alpha}{2}\right)}$ zurückgegriffen μ_1: Mittelwert unter H_1 μ_0: Mittelwert unter H_0 $z_{(1-\alpha)}$: $(1-\alpha)$-Quantil der Standardnormalverteilung z_β: β-Quantil der Standardnormalverteilung

Parameterschätzung

Stichprobenkennwert	Kennwert, der sich auf eine spezifische Eigenschaft einer Stichprobenverteilung (z. B. Häufigkeit, Mittelwert, Varianz) oder auf einen bestimmten Effekt (z. B. Abweichung von einem fixen Wert, Differenz zwischen zwei Werten aus unterschiedlichen Populationen etc.) bezieht und zur Schätzung der entsprechenden Populationsparameter verwendet wird

Stichprobenkenn-werteverteilung	Wahrscheinlichkeitsverteilung eines Stichprobenkennwerts
Standardfehler	Standardabweichung der Stichprobenkennwerteverteilung. Maß für die Streuung unendlich vieler (aus Stichproben der Größe *n* ermittelter) Kennwerte um ihren Erwartungswert. Der Standardfehler gibt an, wie groß die Unsicherheit ist, die mit der Schätzung verbunden ist.
Stichprobenkennwerteverteilung des Mittelwerts	
Erwartungswert	$E(\overline{X}) = \mu$
Standardfehler	
Finite Population	$\sigma_{\overline{X}} = \sqrt{\frac{\sigma_X^2}{n} \cdot \frac{N-n}{N-1}} = \frac{\sigma_X}{\sqrt{n}} \cdot \sqrt{\frac{N-n}{N-1}}$ *N*: Größe der Population *n*: Größe der Stichprobe
Infinite Population	$\sigma_{\overline{X}} = \sqrt{\frac{\sigma_X^2}{n}} = \frac{\sigma_X}{\sqrt{n}}$
Zentraler Grenzwertsatz	Besagt, dass die Stichprobenkennwerteverteilung von Mittelwerten aus Stichproben der Größe *n* mit zunehmendem *n* sich einer Normalverteilung annähert, auch dann, wenn das Merkmal selbst in der Population nicht normalverteilt ist
Erwartungswert der empirischen Varianz	$E(S^2) = \sigma_X^2 - \sigma_{\overline{X}}^2 = \sigma_X^2 - \frac{\sigma_X^2}{n} = \sigma_X^2 \cdot \left(1 - \frac{1}{n}\right) = \sigma_X^2 \cdot \frac{n-1}{n}$
Stichprobenvarianz	$\hat{\sigma}_X^2 = s_X^2 \cdot \frac{n}{n-1} = \frac{\sum_{m=1}^{n}(x_m - \overline{x})^2}{n} \cdot \frac{n}{n-1} = \frac{\sum_{m=1}^{n}(x_m - \overline{x})^2}{n-1}$
Stichprobenstandard-abweichung	$\hat{\sigma}_X = \sqrt{\hat{\sigma}_X^2} = \sqrt{\frac{\sum_{m=1}^{n}(x_m - \overline{x})^2}{n-1}}$

Gütekriterien der Parameterschätzung

Erwartungstreue	Ein Stichprobenkennwert schätzt den entsprechenden Populationsparameter erwartungstreu, wenn der Erwartungswert der Stichprobenkennwerteverteilung mit dem Parameter identisch ist.
Konsistenz	Ein Stichprobenkennwert schätzt den entsprechenden Populationsparameter konsistent, wenn er mit zunehmender Stichprobengröße gegen den Parameter konvergiert.
Effizienz	Ein Stichprobenkennwert schätzt den entsprechenden Populationsparameter effizient, wenn er von allen erwartungstreuen Schätzern den geringsten Standardfehler aufweist.
Suffizienz (Erschöpftheit, Exhaustivität)	Ein Stichprobenkennwert schätzt den entsprechenden Populationsparameter suffizient, wenn er alle in den Daten enthaltenen Informationen für die Schätzung ausnutzt.

Konfidenzintervall

Konfidenzintervall / Vertrauensintervall	Beschreibt den Bereich um einen geschätzten Populationsparameter, für den gilt, dass er mit einer Wahrscheinlichkeit von $(1-\alpha)$ den wahren Populationsparameter überdeckt
Überdeckungswahrscheinlichkeit / Konfidenzkoeffizient $(1-\alpha)$	Wahrscheinlichkeit, mit der die Schätzung zu Konfidenzintervallen führt, die den Populationsparameter enthalten; Wahrscheinlichkeit, mit der ein Konfidenzintervall zu denjenigen zählt, die den Populationsparameter »überdecken«

Konfidenzintervall für den Mittelwert μ bei bekannter Populationsvarianz

Zweiseitig $(H_1: \mu \neq \mu_0)$	$\overline{x} \pm z_{\left(1-\frac{\alpha}{2}\right)} \cdot \sigma_{\overline{X}}$ $z_{\left(1-\frac{\alpha}{2}\right)}$: $\left(1-\frac{\alpha}{2}\right)$-Quantil der Standardnormalverteilung
Einseitig $(H_1: \mu > \mu_0)$	$\mu_u = \overline{x} + z_{(\alpha)} \cdot \sigma_{\overline{X}} = \overline{x} - z_{(1-\alpha)} \cdot \sigma_{\overline{X}}$ $\mu_o = \infty$
Einseitig $(H_1: \mu < \mu_0)$	$\mu_u = -\infty$ $\mu_o = \overline{x} - z_{(\alpha)} \cdot \sigma_{\overline{X}} = \overline{x} + z_{(1-\alpha)} \cdot \sigma_{\overline{X}}$

Breite des Konfidenzintervalls	$b_{KI} = 2 \cdot z_{\left(1-\frac{\alpha}{2}\right)} \cdot \sigma_{\bar{X}}$
Optimale Stichprobengröße für die Breite eines Konfidenzintervalls	$n = 4 \cdot z^2_{\left(1-\frac{\alpha}{2}\right)} \cdot \frac{\sigma^2_X}{b^2_{KI}}$

Konfidenzintervall für den Mittelwert μ bei unbekannter Populationsvarianz

Geschätzter Standardfehler des Mittelwerts	$\hat{\sigma}_{\bar{X}} = \sqrt{\frac{\hat{\sigma}^2_X}{n}} = \sqrt{\frac{s^2_X}{n-1}}$
***t*-Wert**	$t_{\bar{X}} = \frac{\bar{x} - \mu_0}{\hat{\sigma}_{\bar{X}}}$
Zweiseitig $\left(H_1\colon \mu \neq \mu_0\right)$	$\bar{x} \pm t_{\left(1-\frac{\alpha}{2};df\right)} \cdot \hat{\sigma}_{\bar{X}}$
Einseitig $\left(H_1\colon \mu > \mu_0\right)$	$\mu_u = \bar{x} + t_{(\alpha;df)} \cdot \hat{\sigma}_{\bar{X}} = \bar{x} - t_{(1-\alpha;df)} \cdot \hat{\sigma}_{\bar{X}}$ $\mu_o = \infty$
Einseitig $\left(H_1\colon \mu < \mu_0\right)$	$\mu_u = -\infty$ $\mu_o = \bar{x} - t_{(\alpha;df)} \cdot \hat{\sigma}_{\bar{X}} = \bar{x} + t_{(1-\alpha;df)} \cdot \hat{\sigma}_{\bar{X}}$
Freiheitsgrad	Anzahl der Komponenten, die bei der Berechnung einer Prüfgröße frei variieren können (*df*: engl. »*degrees of freedom*«)

Effektgrößen und Konfidenzintervalle für Effektgrößen

Zusammenhang zwischen Effektgrößen *D* und *E*	$D = \frac{\bar{X} - \mu_0}{\sigma_X} = \frac{E}{\sigma_X}$
Zusammenhang zwischen Effektgröße *D* und Prüfgröße *Z*	$D = \frac{Z_{\bar{X}}}{\sqrt{n}}$ bzw. $Z_{\bar{X}} = \frac{\bar{X} - \mu_0}{\sigma_{\bar{X}}} = D \cdot \sqrt{n}$

Zentrale *z*-Verteilung (Standardnormalverteilung)

Erwartungswert von $\bar{X}$	$E(\bar{X}) = \mu_0$
Erwartungswert von E	$E(E) = E(\bar{X} - \mu_0) = 0$
Erwartungswert von D	$E(D) = 0$
Erwartungswert von Z	$E(Z_{\bar{X}}) = E\left(\frac{\bar{X} - \mu_0}{\frac{\sigma_X}{\sqrt{n}}}\right) = 0$

Nonzentrale z-Verteilungen	Unter Gültigkeit der H_1 streuen konkrete Stichprobenmittelwerte $\bar{x}$ um einen Populationsmittelwert $\mu \neq \mu_0$.
Verteilungsparameter von $\bar{X}$	$E(\bar{X}) = \mu$ und $\sigma_{\bar{X}} = \frac{\sigma_X}{\sqrt{n}}$
Verteilungsparameter von E	$E(E) = \mu - \mu_0$ und $\sigma_E = \frac{\sigma_X}{\sqrt{n}}$
Verteilungsparameter von D	$E(D) = \frac{\mu - \mu_0}{\sigma_X}$ und $\sigma_D = \frac{\sigma_{\bar{X}}}{\sigma_X} = \frac{1}{\sqrt{n}}$
Verteilungsparameter von Z	$E(Z_{\bar{X}}) = \frac{\mu - \mu_0}{\frac{\sigma_X}{\sqrt{n}}}$ und $\sigma_{Z_{\bar{X}}} = 1$

Konfidenzintervalle für Effektgrößen bei bekannter Populationsvarianz

Effektgröße ε	$e \pm z_{\left(1-\frac{\alpha}{2}\right)} \cdot \sigma_E = e \pm z_{\left(1-\frac{\alpha}{2}\right)} \cdot \sigma_{\bar{X}}$
Effektgröße δ	$d \pm z_{\left(1-\frac{\alpha}{2}\right)} \cdot \sigma_D = d \pm z_{\left(1-\frac{\alpha}{2}\right)} \cdot 1/\sqrt{n}$

Konfidenzintervalle bei unbekannter Populationsvarianz

Effektgröße δ	$\delta_u = \lambda_u/\sqrt{n}$ und $\delta_o = \lambda_o/\sqrt{n}$
Nonzentralitätsparameter	
Population	$\lambda = \frac{\mu - \mu_0}{\left(\frac{\sigma_X}{\sqrt{n}}\right)} = \delta \cdot \sqrt{n}$
Stichprobe	$\hat{\lambda} = \frac{\bar{x} - \mu_0}{\left(\frac{\hat{\sigma}_X}{\sqrt{n}}\right)} = d_2 \cdot \sqrt{n}$
Konfidenzintervall-Transformations-Prinzip	Bestimmung der Grenzen des Konfidenzintervalls (KI) eines Parameters aus den Grenzen des Konfidenzintervalls eines anderen Parameters, sofern beide Parameter durch eine strikt monotone Transformation ineinander überführbar sind. Beispiel: (1) Transformation des empirisch ermittelten d_2-Werts in einen geschätzten Nonzentralitätsparameter $\hat{\lambda}$ (2) Bestimmung der Grenzen des KI für λ (λ_u; λ_o) (3) Rücktransformation in Grenzen des KI für δ (δ_u; δ_o)

Schritte beim statistischen Testen

(1) Klärung der Voraussetzungen (z. B. Verteilungsannahmen) und Auswahl des statistischen Tests
(2) Formulierung der statistischen H_0 und der H_1 (in Bezug auf die Parameter des ausgewählten statistischen Tests)
(3) Testplanung
  (a) Festlegung des tolerierbaren α-Risikos (Signifikanzniveau)
  (b) Festlegung des tolerierbaren β-Risikos bzw. der gewünschten Teststärke ($1-\beta$)
  (c) Festlegung des mindestens praktisch bedeutsamen Populationseffekts (z. B. δ_1)
  (d) Bestimmung der erforderlichen Stichprobengröße (A-priori-Poweranalyse)
(4) Berechnung des empirischen Werts der Prüfgröße auf der Basis der erhobenen Daten
(5) Vergleich des empirischen Werts der Prüfgröße mit dem tabellierten kritischen Wert der Prüfgröße
(6) Statistischer Schluss (H_0 verwerfen oder nicht)
(7) Berechnung des Schätzers für den Populationseffekt (z. B. über d_2)
(8) Ermittlung des Konfidenzintervalls für die Effektgröße (z. B. δ)
(9) Bei unterlassener Testplanung gegebenenfalls Post-hoc-Poweranalyse auf der Basis der empirisch ermittelten Effektgröße (z. B. $\hat{\delta}$)

9 Die Welt inferenzstatistischer Verfahren: Überblick, Systematik, Auswahlstrategien

Unterscheidungsmerkmale statistischer Tests

Exakte vs. asymptotische Tests

Exakter Test	Statistischer Test, der der statistischen Entscheidung die exakte Verteilung der Prüfgröße zugrunde legt
Asymptotischer Test	Statistischer Test, der der statistischen Entscheidung eine approximative Verteilung der Prüfgröße zugrunde legt

Parametrische vs. nonparametrische Verfahren

Parametrisches Verfahren	Statistisches Verfahren, das auf einer Annahme über die Verteilung des Merkmals in der Population basiert
Nonparametrisches/ verteilungsfreies Verfahren	Statistisches Verfahren, das nicht erfordert, dass die konkrete Verteilung eines Merkmals bekannt ist, um die Verteilung einer Prüfgröße ableiten zu können

Robuste Verfahren	Statistische Verfahren, die von Ausreißerwerten nicht oder nur wenig beeinflusst werden
Robustheit eines Verfahrens	Unter Robustheit eines Verfahrens versteht man häufig auch, dass das Verfahren nicht stark auf Verletzungen der Annahmen reagiert, auf denen es basiert.

Resampling-Verfahren	Statistische Verfahren, die auf wiederholter Ziehung von Stichproben aus einer vorgegebenen Stichprobe basieren
Bootstrapping	Ein Resampling-Verfahren, u. a. zur Schätzung der Verteilungen von Prüfgrößen, Effektgrößen und Stichprobenkennwerten
Nonparametrisches Bootstrapping	Beim nonparametrischen Bootstrapping werden Teilstichproben der Größe n nach dem Modell mit Zurücklegen aus einer Stichprobe der Größe n gezogen.
Parametrisches Bootstrapping	Beim parametrischen Bootstrapping werden wiederholt Daten aus einer Verteilung gezogen, deren Parameter anhand der Stichproben geschätzt wurden.

Rerandomisierungs-Verfahren	Resampling-Verfahren, die eingesetzt werden, wenn einer Stichprobe keine klar zu definierende Population zugrunde liegt, Personen aber per Zufall verschiedenen Bedingungen zugeordnet werden können
Fisher-Pitman-Randomisierungstest	Beim Fisher-Pitman-Randomisierungstest (exakter, verteilungsfreier Test) prüft man die Hypothese eines Gruppenunterschieds, indem man das gefundene Ergebnis mit allen möglichen zufälligen Aufteilungen vergleicht und überprüft, in wie vielen der möglichen Aufteilungen ein gleiches oder noch extremeres Ergebnis, das gegen die H_0 spricht, aufzufinden ist.
Monte-Carlo-Schätzer	Auf den Monte-Carlo-Schätzer wird zurückgegriffen, wenn die betrachteten Kombinationsmöglichkeiten exakter Tests mit zu hohem Rechenaufwand verbunden sind. Der p-Wert wird anhand einer Zufallsstichprobe aller möglichen Aufteilungen geschätzt.

Population, Stichprobe und Repräsentativität

Population	Grundgesamtheit einer empirischen Studie, über die eine Aussage getroffen werden soll
Finite Population	Eine finite (oder: endliche) Population ist dadurch gekennzeichnet, dass ihr Umfang bekannt und endlich ist. Durch das Ziehen eines Elements ändert sich ihre Zusammensetzung.
Infinite Population	Eine infinite (oder: unendliche) Population ist dadurch gekennzeichnet, dass sich durch das Ziehen eines Elements die Grundgesamtheit nicht ändert.
Fiktive Population	Eine fiktive Population ist eine theoretisch konstruierte Population, deren konkrete Elemente man nicht kennt.
Konkrete Population	Eine konkrete Population ist eine Population, deren Elemente eindeutig identifizierbar sind.
i.d.d.-Annahme	Annahme, dass die Daten, die man in der Stichprobe erhoben hat, Realisationen von stochastisch unabhängigen und identisch verteilten Zufallsvariablen sind (*i*ndependent and *i*dentically *d*istributed variables)

Endlichkeitskorrektur	Korrektur bei der Schätzung von Populationsparametern anhand von Stichprobendaten, die im Falle finiter Populationen vorgenommen werden muss, sofern die Stichprobe mehr als 5 % der Population umfasst und anhand des Modells ohne Zurücklegen gewonnen wurde. Endlichkeitskorrekturfaktor: $(N-n)/(N-1)$ N: Größe der Population n: Größe der Zufallsstichprobe
Stichprobe	Teilmenge der Grundgesamtheit
Einfache Zufallsstichprobe	Eine einfache Zufallsstichprobe liegt vor, wenn alle möglichen Stichproben der Größe n die gleiche Wahrscheinlichkeit haben, gezogen zu werden.
Mehrstufige Stichprobenziehung	Bei Populationen, deren Elemente in verschiedenen Ebenen geschachtelt sind, werden auf verschiedenen Ebenen sukzessive Stichproben gezogen (z. B. geschichtete und Klumpenstichproben).
Geschichtete Zufallsstichprobe	Aus jeder Schicht einer Population wird eine Zufallsstichprobe gezogen.
Schicht	Teilmenge der Population, die auf einer disjunkten und exhaustiven Zerlegung der Population basiert
Proportional geschichtete Zufallsstichproben	Geschichtete Zufallsstichproben, bei denen die Größen der gezogenen Stichproben in ihrem relativen Anteil den Größen der Schichten in der Population entsprechen
Disproportional geschichtete Zufallsstichproben	Geschichtete Zufallsstichproben, bei denen die Größen der gezogenen Stichproben in ihrem relativen Anteil nicht den Größen der Schichten in der Population entsprechen. Bei Schätzungen für die Gesamtpopulation müssen die Zufallsstichproben bei der Datenauswertung mit einem Gewicht versehen werden, um verzerrte Ergebnisse zu vermeiden.
Klumpenstichprobe	Stichprobe, die alle Elemente zufällig ausgewählter Klumpen (engl. *cluster*) einer Population umfasst. Ein Klumpen ist eine fest vorgegebene Gruppe von Personen.

Klumpeneffekt	Verzerrung der Ergebnisse bei Klumpenstichproben im Vergleich zu einfachen Zufallsstichproben, wenn Elemente eines Klumpens sich ähnlicher sind als Elemente verschiedener Klumpen
Mehrstufige Auswahlverfahren	Methoden der Stichprobenziehung, bei denen Elemente der Stichprobe in verschiedenen Ebenen geordnet sind, man diese Ebenen berücksichtigt und auf verschiedenen Ebenen eine Zufallsstichprobe zieht
Einzelfallanalyse	Analyse einer Stichprobe der Größe $n = 1$

Repräsentativität und fehlende Werte

Repräsentative Stichprobe	Zufallsstichprobe. Die Verteilungen von Merkmalen in einer repräsentativen Stichprobe unterscheiden sich von ihren Verteilungen in der Population nur durch den Stichprobenfehler bedingt.
Stichprobenfehler	Fehler bei der Schätzung eines Populationsparameters, der dadurch entsteht, dass die Bestimmung des Parameters nicht auf der Grundgesamtheit, sondern nur auf einer Zufallsstichprobe aus der Grundgesamtheit basiert
Systematischer Fehler	Fehler bei der Schätzung eines Populationsparameters, der dadurch entsteht, dass die Bestimmung des Parameters auf einer Stichprobe basiert, der eine andere Grundgesamtheit als die intendierte zugrunde liegt
Arten von fehlenden Werten	
(1) Missing completely at random (MCAR)	Ausfallprozess bei fehlenden Werten, der vorliegt, wenn ein fehlender Wert weder von der betrachteten Variablen selbst noch von anderen Variablen abhängt
(2) Missing at random (MAR)	Ausfallprozess bei fehlenden Werten, der vorliegt, wenn der Ausfall systematisch ist, man den Ausfallprozess aber kennt und die Ausfallsrate anhand von erhobenen Variablen vorhersagen kann
(3) Missing not at random (MNAR)	Ausfallprozess bei fehlenden Werten, der vorliegt, wenn die fehlenden Werte von der Ausprägung der Variablen selbst abhängen und die anderen erhobenen Variablen die Ausfallsrate nicht so erklären können, dass – gegeben die Ausprägungen dieser erklärenden Variablen – die Ausfälle nicht von den Werten der Variablen selbst abhängen

Unterscheidungsmerkmale von statistischen Verfahren

Univariate, bivariate, multivariate Verfahren

Univariate Verfahren	Verfahren, bei denen eine Variable betrachtet wird
Bivariate Verfahren	Verfahren, bei denen zwei Variablen betrachtet werden. Man greift auf sie zurück, wenn man an dem Zusammenhang zwischen zwei Variablen interessiert ist.
Multivariate Verfahren	Verfahren, bei denen mehrere Variablen betrachtet werden. Sie sind aus folgenden Gründen notwendig: (1) Analyse der Multideterminiertheit des Verhaltens (2) Kontrolle von Störeinflüssen (3) Aufdeckung redundanter Zusammenhänge (4) Aufdeckung maskierter Zusammenhänge

Gerichtete vs. ungerichtete Zusammenhänge

Ungerichtete Zusammenhänge	Bei ungerichteten Zusammenhängen geht es nur darum, ob es einen Zusammenhang zwischen zwei oder mehreren Variablen gibt oder nicht. Alle Variablen sind gleichberechtigt.
Gerichtete Zusammenhänge	Unterschiede in einer oder mehreren abhängigen Variablen (AV) werden mit Unterschieden in einer oder mehreren unabhängigen Variablen (UV) erklärt oder aus diesen vorhergesagt.
Univariate gerichtete Verfahren	Verfahren zur Analyse von Zusammenhängen beim Vorliegen einer AV
Multivariate Verfahren im engeren Sinne	Verfahren zur Analyse von Zusammenhängen beim Vorliegen mehrerer AV
Einfache Verfahren	Verfahren zur Analyse von Zusammenhängen beim Vorliegen einer UV
Multiple Verfahren	Verfahren zur Analyse von Zusammenhängen beim Vorliegen mehrerer UV
Einfaktorielle Verfahren	Verfahren zur Analyse von Zusammenhängen beim Vorliegen einer kategorialen UV
Mehrfaktorielle Verfahren	Verfahren zur Analyse von Zusammenhängen beim Vorliegen mehrerer kategorialer UV

10 Einstichproben- und Anpassungstests

Einstichproben-Gauß-Test

Anwendungsgebiet	Test auf Abweichung eines Mittelwerts von einem angenommenen Populationsmittelwert
Voraussetzungen	(1) Unabhängigkeit der Messwerte (2) Stetiges Merkmal *X* (3) Populationsvarianz σ_X^2 bekannt (4) Normalverteilung des Merkmals *X* in der Population
Überprüfung der Voraussetzungen	(1) Durch Untersuchungsplanung sicherstellen (2) Durch Untersuchungsplanung sicherstellen (3) Ist bspw. bei normierten Tests gegeben (ggf. Literaturrecherche) (4) Ggf. mit Kolmogorov-Smirnov-Anpassungstest überprüfen (S. 77)
Umgang mit Voraussetzungsverletzungen	(1) Test kann so nicht durchgeführt werden (2) Test für andere Merkmale, z. B. Einstichproben-χ^2-Test für kategoriale Variablen (S. 76) (3) Bei unbekannter Populationsvarianz σ_X^2: Einstichproben-*t*-Test (S. 66) (4) Verletzung der Normalverteilungsannahme: Relative Robustheit bei symmetrischer Merkmalsverteilung und $n \geq 30$; ansonsten Vorzeichentest (S. 68) oder Wilcoxon-Vorzeichen-Rangtest (S. 70)

Hypothesen	
Nullhypothesen	$H_0\!: \mu = \mu_0$ oder $H_0\!: \mu - \mu_0 = 0$ $H_0\!: \mu \geq \mu_0$ oder $H_0\!: \mu - \mu_0 \geq 0$ $H_0\!: \mu \leq \mu_0$ oder $H_0\!: \mu - \mu_0 \leq 0$
Alternativhypothesen	$H_1\!: \mu \neq \mu_0$ oder $H_1\!: \mu - \mu_0 \neq 0$ $H_1\!: \mu < \mu_0$ oder $H_1\!: \mu - \mu_0 < 0$ $H_1\!: \mu > \mu_0$ oder $H_1\!: \mu - \mu_0 > 0$ μ: Populationsmittelwert μ_0: Populationsmittelwert unter der Nullhypothese
Prüfgröße	$z = \frac{\bar{x} - \mu_0}{\sigma_{\bar{X}}}$ mit $\sigma_{\bar{X}} = \frac{\sigma_X}{\sqrt{n}}$ Die Prüfgröße folgt einer Standardnormalverteilung.
Effektgröße δ	
Population	$\delta = \frac{\mu - \mu_0}{\sigma_X}$
Stichprobe	$d = \frac{\bar{x} - \mu_0}{\sigma_X}$
Konventionen	$\lvert\delta\rvert \approx 0{,}14$: kleiner Effekt $\lvert\delta\rvert \approx 0{,}35$: mittlerer Effekt $\lvert\delta\rvert \approx 0{,}57$: großer Effekt
Konfidenzintervalle	
Mittelwert μ	
Zweiseitig $(H_1\!: \mu \neq \mu_0)$	$\left[\left(\bar{x} - z_{\left(1-\frac{\alpha}{2}\right)} \cdot \sigma_{\bar{X}}\right); \left(\bar{x} + z_{\left(1-\frac{\alpha}{2}\right)} \cdot \sigma_{\bar{X}}\right)\right]$
Einseitig $(H_1\!: \mu > \mu_0)$	$\left[\left(\bar{x} - z_{(1-\alpha)} \cdot \sigma_{\bar{X}}\right); +\infty\right)$
Einseitig $(H_1\!: \mu < \mu_0)$	$\left(-\infty; \left(\bar{x} + z_{(1-\alpha)} \cdot \sigma_{\bar{X}}\right)\right]$
Abweichung $\mu - \mu_0$	
Zweiseitig $(H_1\!: \mu \neq \mu_0)$	$\left[\left((\bar{x} - \mu_0) - z_{\left(1-\frac{\alpha}{2}\right)} \cdot \sigma_{\bar{X}}\right); \left((\bar{x} - \mu_0) + z_{\left(1-\frac{\alpha}{2}\right)} \cdot \sigma_{\bar{X}}\right)\right]$

Einseitig $(H_1\!: \mu > \mu_0)$	$\left[\left((\bar{x}-\mu_0)-z_{(1-\alpha)}\cdot\sigma_{\bar{X}}\right);+\infty\right)$
Einseitig $(H_1\!: \mu < \mu_0)$	$\left(-\infty;\left((\bar{x}-\mu_0)+z_{(1-\alpha)}\cdot\sigma_{\bar{X}}\right)\right]$
Effektgröße δ	
Zweiseitig $(H_1\!: \mu \neq \mu_0)$	$\left[\left(d-z_{\left(1-\frac{\alpha}{2}\right)}\cdot\frac{1}{\sqrt{n}}\right);\left(d+z_{\left(1-\frac{\alpha}{2}\right)}\cdot\frac{1}{\sqrt{n}}\right)\right]$
Einseitig $(H_1\!: \mu > \mu_0)$	$\left[\left(d-z_{(1-\alpha)}\cdot\frac{1}{\sqrt{n}}\right);+\infty\right)$
Einseitig $(H_1\!: \mu < \mu_0)$	$\left(-\infty;\left(d+z_{(1-\alpha)}\cdot\frac{1}{\sqrt{n}}\right)\right]$
Optimale Stichprobengröße	$n=\frac{\left(z_{(1-\alpha)}-z_{(\beta)}\right)^2\cdot\sigma_X^2}{\left(\mu_1-\mu_0\right)^2}$ bei einseitigem Test; bei zweiseitigem Test wird auf $z_{\left(1-\frac{\alpha}{2}\right)}$ zurückgegriffen

Einstichproben-t-Test

Anwendungsgebiet	Test auf Abweichung eines Mittelwerts von einem angenommenen Populationsmittelwert
Voraussetzungen	(1) Unabhängigkeit der Messwerte (2) Stetiges Merkmal X (3) Normalverteilung des Merkmals X in der Population
Überprüfung der Voraussetzungen	(1) Durch Untersuchungsplanung sicherstellen (2) Durch Untersuchungsplanung sicherstellen (3) Ggf. mit Kolmogorov-Smirnov-Anpassungstest überprüfen (S. 77)
Umgang mit Voraussetzungsverletzungen	(1) Test kann so nicht durchgeführt werden (2) Test für andere kategoriale Merkmale, z. B. Einstichproben-χ^2-Test für kategoriale Variablen (S. 76) (3) Verletzung der Normalverteilungsannahme: Relative Robustheit bei symmetrischer Merkmalsverteilung und $n \geq 30$; bei moderat schiefer Verteilung und $n \geq 50$; bei schiefer Verteilung und $n \geq 80$; ansonsten Vorzeichentest (S. 68) oder Wilcoxon-Vorzeichen-Rangtest (S. 70)

Hypothesen	
Nullhypothesen	$H_0: \mu = \mu_0$ oder $H_0: \mu - \mu_0 = 0$ $H_0: \mu \geq \mu_0$ oder $H_0: \mu - \mu_0 \geq 0$ $H_0: \mu \leq \mu_0$ oder $H_0: \mu - \mu_0 \leq 0$
Alternativhypothesen	$H_1: \mu \neq \mu_0$ oder $H_1: \mu - \mu_0 \neq 0$ $H_1: \mu < \mu_0$ oder $H_1: \mu - \mu_0 < 0$ $H_1: \mu > \mu_0$ oder $H_1: \mu - \mu_0 > 0$
Prüfgröße	$t_{\bar{X}} = \frac{\bar{x} - \mu_0}{\hat{\sigma}_{\bar{X}}}$ mit $\hat{\sigma}_{\bar{X}} = \frac{\hat{\sigma}_X}{\sqrt{n}}$ Die Prüfgröße folgt einer t-Verteilung mit $df = n - 1$ Freiheitsgraden.
Effektgröße δ	
Population	$\delta = \frac{\mu - \mu_0}{\sigma_X}$
Stichprobe	$d_2 = \frac{\bar{x} - \mu_0}{\hat{\sigma}_X}$
Konventionen	$\lvert\delta\rvert \approx 0{,}14$: kleiner Effekt $\lvert\delta\rvert \approx 0{,}35$: mittlerer Effekt $\lvert\delta\rvert \approx 0{,}57$: großer Effekt
Konfidenzintervalle	
Mittelwert μ	
Zweiseitig $(H_1: \mu \neq \mu_0)$	$\left[\left(\bar{x} - t_{\left(1-\frac{\alpha}{2};\, df\right)} \cdot \hat{\sigma}_{\bar{X}}\right); \left(\bar{x} + t_{\left(1-\frac{\alpha}{2};\, df\right)} \cdot \hat{\sigma}_{\bar{X}}\right)\right]$
Einseitig $(H_1: \mu > \mu_0)$	$\left[\left(\bar{x} - t_{(1-\alpha;\, df)} \cdot \hat{\sigma}_{\bar{X}}\right); +\infty\right)$
Einseitig $(H_1: \mu < \mu_0)$	$\left(-\infty; \left(\bar{x} + t_{(1-\alpha;\, df)} \cdot \hat{\sigma}_{\bar{X}}\right)\right]$
Abweichung $\mu - \mu_0$	
Zweiseitig $(H_1: \mu \neq \mu_0)$	$\left[\left((\bar{x} - \mu_0) - t_{\left(1-\frac{\alpha}{2};\, df\right)} \cdot \hat{\sigma}_{\bar{X}}\right); \left((\bar{x} - \mu_0) + t_{\left(1-\frac{\alpha}{2};\, df\right)} \cdot \hat{\sigma}_{\bar{X}}\right)\right]$
Einseitig $(H_1: \mu > \mu_0)$	$\left[\left((\bar{x} - \mu_0) - t_{(1-\alpha;\, df)} \cdot \hat{\sigma}_{\bar{X}}\right); +\infty\right)$

Einseitig $\left(H_1\colon \mu < \mu_0\right)$	$\left(-\infty; \left(\left(\bar{x} - \mu_0\right) + t_{(1-\alpha;\, df)} \cdot \hat{\sigma}_{\bar{X}}\right)\right]$
Effektgröße δ (zweiseitig)	Schritt 1: Bestimmung der Nonzentralitätsparameter λ_u und λ_o Schritt 2: Umrechnung in Effektgröße δ über die Formel $\delta_u = \frac{\lambda_u}{\sqrt{n}}$ bzw. $\delta_o = \frac{\lambda_o}{\sqrt{n}}$
Optimale Stichprobengröße	$n = \frac{\lambda_1^2}{\delta_1^2}$ λ_1: Nonzentralitätsparameter einer nonzentralen t-Verteilung für den hypothetischen Populationseffekt δ_1 unter der H_1

Vorzeichentest

Anwendungsgebiet	Test auf Abweichung eines Medians von einem angenommenen Populationsmedian
Voraussetzungen	(1) Unabhängigkeit der Messwerte (2) Stetiges Merkmal X
Überprüfung der Voraussetzungen	(1) Durch Untersuchungsplanung sicherstellen (2) Durch Untersuchungsplanung sicherstellen
Umgang mit Voraussetzungsverletzungen	(1) Test kann so nicht durchgeführt werden (2) Einstichprobentests für andere Merkmale, z.B.: (a) Für dichotome Merkmale: Binomialtest (S. 74) (b) Für mehrkategoriale Merkmale: Einstichproben-χ^2-Test (S. 76)
Hypothesen	
Nullhypothesen	$H_0\colon \eta = \eta_0$ oder $H_0\colon \eta - \eta_0 = 0$ $H_0\colon \eta \geq \eta_0$ oder $H_0\colon \eta - \eta_0 \geq 0$ $H_0\colon \eta \leq \eta_0$ oder $H_0\colon \eta - \eta_0 \leq 0$
Alternativhypothesen	$H_1\colon \eta \neq \eta_0$ oder $H_1\colon \eta - \eta_0 \neq 0$ $H_1\colon \eta < \eta_0$ oder $H_1\colon \eta - \eta_0 < 0$ $H_1\colon \eta > \eta_0$ oder $H_1\colon \eta - \eta_0 > 0$ η: Populationsmedian η_0: Populationsmedian unter der Nullhypothese

Prüfgrößen

Exakter Test

s: absolute Häufigkeit der Messwerte, die unterhalb des postulierten Medians η_0 liegen

Die Prüfgröße S folgt einer Binomialverteilung mit Erwartungswert $E(S) = n \cdot 0{,}5$ und Varianz $Var(S) = n \cdot 0{,}25$.

Approximativer Test (zulässig bei $n \geq 40$)

$$z = \sqrt{n} \cdot \frac{h - 0{,}5}{0{,}5}$$

h: relative Häufigkeit der Messwerte, die unterhalb des postulierten Medians η_0 liegen

Diese Prüfgröße ist approximativ standardnormalverteilt.

Effektgröße γ

Population

$$\gamma = \pi - \pi_0$$

π: Wahrscheinlichkeit, mit der ein beliebiger Wert von X in der Population unterhalb des postulierten Medians η_0 liegt

π_0: Wahrscheinlichkeit unter der H_0, mit der ein beliebiger Wert von X unterhalb des postulierten Medians η_0 liegt.

Da unter der Nullhypothese $\pi_0 = 0{,}50$ gilt, vereinfacht sich die Formel wie folgt:

$$\gamma = \pi - 0{,}5$$

Stichprobe

$$g = h - \pi_0 = h - 0{,}5$$

h: relative Häufigkeit der Messwerte, die unterhalb des postulierten Medians η_0 liegen

Konventionen

$|\gamma| \approx 0{,}05$: kleiner Effekt

$|\gamma| \approx 0{,}15$: mittlerer Effekt

$|\gamma| \approx 0{,}25$: großer Effekt

Approximative Konfidenzintervalle	
Effektgröße γ	$\left[(\pi_u - \pi_0);(\pi_o - \pi_0)\right]$ $\pi_u = \frac{2 \cdot n \cdot h + z^2_{\left(1-\frac{\alpha}{2}\right)} - z_{\left(1-\frac{\alpha}{2}\right)}\sqrt{z^2_{\left(1-\frac{\alpha}{2}\right)} + 4 \cdot n \cdot h \cdot (1-h)}}{2 \cdot \left(n + z^2_{\left(1-\frac{\alpha}{2}\right)}\right)}$ $\pi_o = \frac{2 \cdot n \cdot h + z^2_{\left(1-\frac{\alpha}{2}\right)} + z_{\left(1-\frac{\alpha}{2}\right)}\sqrt{z^2_{\left(1-\frac{\alpha}{2}\right)} + 4 \cdot n \cdot h \cdot (1-h)}}{2 \cdot \left(n + z^2_{\left(1-\frac{\alpha}{2}\right)}\right)}$
Optimale Stichprobengröße (approximativer Test)	$n = \frac{(z_\alpha + z_\beta)^2}{4 \cdot (\pi_1 - \pi_0)^2}$ bei einseitigem Test; bei zweiseitigem Test wird auf $z_{\left(1-\frac{\alpha}{2}\right)}$ zurückgegriffen π_1: Spezifische Wahrscheinlichkeit unter der H_1, dass ein beliebiger Wert von X unterhalb des postulierten Medians η_0 liegt. Unter der Nullhypothese gilt: $\pi_0 = 0{,}5$

Wilcoxon-Vorzeichen-Rangtest

Anwendungsgebiet	Test auf Abweichung eines Medians von einem angenommenen Populationsmedian
Voraussetzungen	(1) Unabhängigkeit der Messwerte (2) Stetiges Merkmal X (3) Merkmal X ist in der Population symmetrisch verteilt. Außerdem wird die Testdurchführung vereinfacht, wenn folgende Bedingungen erfüllt sind: (4) Keine Nulldifferenzen ($X - \eta_0 = 0$) (5) Keine Rangbindungen auf der Differenzvariablen $D = X - \eta_0$
Überprüfung der Voraussetzungen	(1) Durch Untersuchungsplanung sicherstellen (2) Durch Untersuchungsplanung sicherstellen (3) Durch Inspektion der Häufigkeitsverteilung sicherstellen (4) Anhand der Daten überprüfen (5) Anhand der Daten überprüfen

Umgang mit Voraussetzungsverletzungen	(1) Test kann so nicht durchgeführt werden (2) Einstichprobentests für andere Merkmale, z. B.: (a) Für dichotome Merkmale: Binomialtest (S. 74) (b) Für mehrkategoriale Merkmale: Einstichproben-χ^2-Test (S. 76) (3) Vorzeichentest (S. 68) (4) Umgang mit Nulldifferenzen: Zuweisung des Rangs $\frac{q+1}{2}$ (q: Anzahl der Nulldifferenzen) und zwar so, dass dieser Rangwert in der einen Hälfte aller Fälle negativ und in der anderen Hälfte aller Fälle positiv ist (5) Umgang mit Rangbindungen: Exakte Tests für Wilcoxon-Vorzeichen-Rangtest (z. B. im R-Paket exactRankTests)
Hypothesen	Siehe Vorzeichentest (S. 68)
Prüfgröße	W^+: Summe der Rangplätze der Personen mit $d_m > 0$ (die Differenzwerte $d_m = x_m - \eta_0$ werden zunächst in Absolutwerte $\|d_m\|$ transformiert; diese werden dann in Ränge transformiert: Rangplatz 1 für den geringsten Differenzbetrag, Rangplatz 2 für den zweitgeringsten etc.) Index: $m = 1, ..., n$ für Personen bzw. Messwerte
Exakter Test	Die kritischen Werte für die Prüfgröße W^+ sind tabelliert in Tabelle A.4 in Eid et al. (2015).
Approximativer Test (zulässig bei $n > 20$)	$z = \frac{W^+ - E(W^+)}{\sigma_{W^+}}$ mit $E(W^+) = \frac{n \cdot (n+1)}{4}$ und $\sigma_{W^+} = \sqrt{\frac{n \cdot (n+1) \cdot (2 \cdot n+1)}{24}}$ Diese Prüfgröße ist approximativ standardnormalverteilt.
Effektgröße γ	Siehe Vorzeichentest (S. 68)
Konfidenzintervalle	Siehe Vorzeichentest (S. 68)

Optimale Stichprobengröße (approximativer Test)	$n = \frac{(z_\alpha + z_\beta)^2}{3 \cdot (\pi_1 - 0{,}5)^2}$ bei einseitigem Test; bei zweiseitigem Test wird auf $z_{\left(1-\frac{\alpha}{2}\right)}$ zurückgegriffen π_1: Wahrscheinlichkeit unter der H_1, dass die Summe zweier zufällig ausgewählter Differenzwerte in der Population größer als 0 sind. Die Differenzwerte sind individuelle Abweichungswerte von einem vorher festgelegten Populationsmedian.

Einstichproben-χ^2-Test für Varianzen

Anwendungsgebiet	Test auf Abweichung einer Varianz von einer angenommenen Populationsvarianz
Voraussetzungen	(1) Unabhängigkeit der Messwerte (2) Stetiges Merkmal X (3) Normalverteilung des Merkmals X in der Population
Überprüfung der Voraussetzungen	(1) Durch Untersuchungsplanung sicherstellen (2) Durch Untersuchungsplanung sicherstellen (3) Ggf. mit Kolmogorov-Smirnov-Anpassungstest überprüfen (S. 77)
Umgang mit Voraussetzungsverletzungen	Alle Voraussetzungen müssen erfüllt sein, sonst kann der Test nicht durchgeführt werden.
Hypothesen	
Nullhypothesen	H_0: $\sigma_X^2 = \sigma_0^2$ H_0: $\sigma_X^2 \leq \sigma_0^2$ H_0: $\sigma_X^2 \geq \sigma_0^2$ σ_X^2: Varianz der Population, aus der die Stichprobe stammt σ_0^2: Populationsvarianz unter der H_0
Alternativhypothesen	H_1: $\sigma_X^2 \neq \sigma_0^2$ H_1: $\sigma_X^2 > \sigma_0^2$ H_1: $\sigma_X^2 < \sigma_0^2$

Prüfgröße	$\chi^2 = \frac{\hat{\sigma}_X^2}{\sigma_0^2} \cdot (n-1)$ Die Prüfgröße folgt einer χ^2-Verteilung mit $df = n-1$ Freiheitsgraden.
Effektgröße υ	
Population	$\upsilon = \sigma_X^2 / \sigma_0^2$
Stichprobe	$v = \hat{\sigma}_X^2 / \sigma_0^2$
Konventionen (Vorschlag)	$\upsilon \approx 10/9$ bzw. $9/10$: kleiner Effekt $\upsilon \approx 3/2$ bzw. $2/3$: mittlerer Effekt $\upsilon \approx 2$ bzw. $1/2$: großer Effekt

Konfidenzintervalle

Populationsvarianz σ_X^2

Zweiseitig $\left(H_1\colon \sigma_X^2 \neq \sigma_0^2\right)$

$$\left[\left(\frac{\hat{\sigma}_X^2}{\chi^2_{\left(1-\frac{\alpha}{2};df\right)}} \cdot (n-1)\right); \left(\frac{\hat{\sigma}_X^2}{\chi^2_{\left(\frac{\alpha}{2};df\right)}} \cdot (n-1)\right)\right]$$

Einseitig $\left(H_1\colon \sigma_X^2 > \sigma_0^2\right)$

$$\left[\left(\frac{\hat{\sigma}_X^2}{\chi^2_{(1-\alpha;df)}} \cdot (n-1)\right); \infty\right)$$

Einseitig $\left(H_1\colon \sigma_X^2 < \sigma_0^2\right)$

$$\left[0; \left(\frac{\hat{\sigma}_X^2}{\chi^2_{(\alpha;df)}} \cdot (n-1)\right)\right]$$

Effektgröße v

Zweiseitig $\left(H_1\colon \sigma_X^2 \neq \sigma_0^2\right)$

$$\left[\left(\frac{v}{\chi^2_{\left(1-\frac{\alpha}{2};df\right)}} \cdot (n-1)\right); \left(\frac{v}{\chi^2_{\left(\frac{\alpha}{2};df\right)}} \cdot (n-1)\right)\right]$$

Einseitig $\left(H_1\colon \sigma_X^2 > \sigma_0^2\right)$

$$\left[\left(\frac{v}{\chi^2_{(1-\alpha;df)}} \cdot (n-1)\right); \infty\right)$$

Einseitig $\left(H_1\colon \sigma_X^2 < \sigma_0^2\right)$

$$\left[0; \left(\frac{v}{\chi^2_{(\alpha;df)}} \cdot (n-1)\right)\right]$$

Optimale Stichprobengröße

Zweiseitig $\left(H_1\!: \sigma_X^2 \neq \sigma_0^2\right)$	n: kleinster Wert, für den $\frac{\chi^2_{(1-\alpha/2;n-1)}}{\chi^2_{(\beta;n-1)}} \leq \upsilon_1$ gilt, falls $\beta \geq \frac{\alpha}{2}$ υ_1: postulierte Effektgröße unter der H_1
Einseitig $\left(H_1\!: \sigma_X^2 > \sigma_0^2\right)$	n: kleinster Wert, für den $\frac{\chi^2_{(1-\alpha;n-1)}}{\chi^2_{(\beta;n-1)}} \leq \upsilon_1$ gilt
Einseitig $\left(H_1\!: \sigma_X^2 < \sigma_0^2\right)$	n: kleinster Wert, für den $\frac{\chi^2_{(1-\beta;n-1)}}{\chi^2_{(\alpha;n-1)}} \leq \upsilon_1$ gilt

Binomialtest

Anwendungsgebiet	Test auf Abweichung einer Wahrscheinlichkeit (geschätzt über die relative Häufigkeit) eines dichotomen Merkmals von einer angenommenen Populationswahrscheinlichkeit
Voraussetzungen	(1) Unabhängige Messwerte (2) Merkmal X ist dichotom, die beiden Kategorien ($x = 0$; $x = 1$) sind disjunkt und exhaustiv
Überprüfung der Voraussetzungen	(1) Durch Untersuchungsplanung sicherstellen (2) Durch Untersuchungsplanung sicherstellen
Umgang mit Voraussetzungsverletzungen	Sind die Voraussetzungen verletzt, kann der Test nicht durchgeführt werden.

Hypothesen

Nullhypothesen	$H_0\!: \pi = \pi_0$ $H_0\!: \pi \geq \pi_0$ $H_0\!: \pi \leq \pi_0$ π: Wahrscheinlichkeit der Merkmalsausprägung $x = 1$ π_0: Angenommene Wahrscheinlichkeit der Merkmalsausprägung $x = 1$ in der Population unter der H_0
Alternativhypothesen	$H_1\!: \pi \neq \pi_0$ $H_1\!: \pi < \pi_0$ $H_1\!: \pi > \pi_0$

Prüfgröße

Index	$m = 1, \ldots, n$ für Personen
Exakter Test	$s = \sum_{m=1}^{n} x_m = n \cdot h_1$ h_1: relative Häufigkeit, mit der in der Stichprobe die Merkmalsausprägung $x = 1$ beobachtet wurde Die Prüfgröße S folgt bei Gültigkeit der Nullhypothese einer Binomialverteilung mit Erwartungswert $E(S) = n \cdot \pi_0$ und Varianz $Var(S) = n \cdot \pi_0 \cdot (1 - \pi_0)$.
Approximativer Test (zulässig bei $n \geq 40$)	$z = \sqrt{n} \cdot \frac{h_1 - \pi_0}{\sqrt{\pi_0 \cdot (1 - \pi_0)}}$ Diese Prüfgröße ist approximativ standardnormalverteilt.

Effektgröße γ

Population	$\gamma = \pi - \pi_0$
Stichprobe	$g = h_1 - \pi_0$
Konventionen	$\lvert\gamma\rvert \approx 0{,}05$: kleiner Effekt $\lvert\gamma\rvert \approx 0{,}15$: mittlerer Effekt $\lvert\gamma\rvert \approx 0{,}25$: großer Effekt

Approximative Konfidenzintervalle

Wahrscheinlichkeit π

$$\pi_u = \frac{2 \cdot n \cdot h_1 + z^2_{\left(1-\frac{\alpha}{2}\right)} - z_{\left(1-\frac{\alpha}{2}\right)} \cdot \sqrt{z^2_{\left(1-\frac{\alpha}{2}\right)} + 4 \cdot n \cdot h_1 \cdot (1 - h_1)}}{2 \cdot \left(n + z^2_{\left(1-\frac{\alpha}{2}\right)}\right)}$$

$$\pi_o = \frac{2 \cdot n \cdot h_1 + z^2_{\left(1-\frac{\alpha}{2}\right)} + z_{\left(1-\frac{\alpha}{2}\right)} \cdot \sqrt{z^2_{\left(1-\frac{\alpha}{2}\right)} + 4 \cdot n \cdot h_1 \cdot (1 - h_1)}}{2 \cdot \left(n + z^2_{\left(1-\frac{\alpha}{2}\right)}\right)}$$

Effektgröße γ $\left[(\pi_u - \pi_0);(\pi_o - \pi_0)\right]$

Optimale Stichprobengröße (approximativer Test)	$n = \frac{(z_\alpha + z_\beta)^2}{4 \cdot (\pi_1 - \pi_0)^2}$ bei einseitigem Test; bei zweiseitigem Test wird auf $z_{\left(1-\frac{\alpha}{2}\right)}$ zurückgegriffen π_1: Angenommene Wahrscheinlichkeit der Merkmalsausprägung $x = 1$ in der Population unter der H_1

Einstichproben-χ^2-Test

Anwendungsgebiet	Test auf Abweichung einer diskreten Wahrscheinlichkeitsverteilung (geschätzt über die relative Häufigkeit) eines polytomen Merkmals von einer angenommenen Wahrscheinlichkeitsverteilung in der Population
Voraussetzungen	(1) Unabhängige Messwerte (2) Kategorien des Merkmals X sind disjunkt und exhaustiv. (3) Erwartete Häufigkeit ε_{j0} in jeder Zelle ≥ 1 und in mindestens 80 % der Zellen ≥ 5
Überprüfung der Voraussetzungen	(1) Durch Untersuchungsplanung sicherstellen (2) Durch Untersuchungsplanung sicherstellen (3) In den Daten überprüfen
Umgang mit Voraussetzungsverletzungen	(1) Test kann so nicht durchgeführt werden. (2) Test kann so nicht durchgeführt werden. (3) Exakter Multinomialtest (s. Bortz & Lienert, 2008)
Hypothesen	
Nullhypothese	H_0: $\pi_j = \pi_{j0}$ für alle j π_j: Wahrscheinlichkeit, dass sich bei Variable X die Kategorie j realisiert π_{j0}: Angenommene Wahrscheinlichkeit, dass sich in der Population unter der H_0 bei Variable X die Kategorie j realisiert
Alternativhypothese	H_1: $\pi_j \neq \pi_{j0}$ für mindestens eine Kategorie j
Prüfgröße	
Index	$j = 1, \ldots, k$ für Kategorien

Approximativer Test

$$\chi^2 = \sum_{j=1}^{k} \frac{(n_j - \varepsilon_{j0})^2}{\varepsilon_{j0}} \text{ mit } \varepsilon_{j0} = n \cdot \pi_{j0}$$

Diese Prüfgröße folgt einer χ^2-Verteilung mit $df = k - 1$ Freiheitsgraden.

k: Anzahl der Kategorien

Kontinuitätskorrektur nach Yates

$$\chi_c^2 = \sum_{j=1}^{k} \frac{(|n_j - \varepsilon_{j0}| - 0{,}5)^2}{\varepsilon_{j0}}$$

Effektgröße ω

Population

$$\omega = \sqrt{\sum_{j=1}^{k} \frac{(\pi_j - \pi_{j0})^2}{\pi_{j0}}}$$

Stichprobe

$$\hat{\omega} = \sqrt{\frac{\chi^2}{n}}$$

Konventionen

$\omega \approx 0{,}10$: kleiner Effekt

$\omega \approx 0{,}30$: mittlerer Effekt

$\omega \approx 0{,}50$: großer Effekt

Konfidenzintervalle

Effektgröße ω

$$\left[\left(\sqrt{\frac{\lambda_u}{n}}\right); \left(\sqrt{\frac{\lambda_o}{n}}\right)\right]$$

λ_u, λ_o: Nonzentralitätsparameter einer nonzentralen χ^2-Verteilung

---

Optimale Stichprobengröße

$$n = \frac{\lambda_1}{\omega_1^2}$$

λ_1: Nonzentralitätsparameter unter der H_1

ω_1: hypothetischer Populationseffekt unter der H_1

Kolmogorov-Smirnov-Test (KS-Anpassungstest)

Anwendungsgebiet

Überprüfung von Verteilungsannahmen bei stetigen Merkmalen

Voraussetzungen

(1) Unabhängigkeit der Messwerte
(2) Stetiges Merkmal X

Überprüfung der Voraussetzungen	(1) Durch Untersuchungsplanung sicherstellen (2) Durch Untersuchungsplanung sicherstellen
Umgang mit Voraussetzungsverletzungen	(1) Test kann so nicht durchgeführt werden. (2) Bei kategorialen und kategorisierten stetigen Merkmalen: χ^2-Anpassungstest (S. 79)

Hypothesen

Nullhypothese	H_0: $\Phi(x)=\Phi_0(x)$ für alle x $\Phi(x)$: Verteilungsfunktion des Merkmals X in der Population, aus der die Stichprobe stammt $\Phi_0(x)$: Angenommene Verteilungsfunktion des Merkmals X in der Population unter der H_0
Alternativhypothese	H_1: $\Phi(x)\neq\Phi_0(x)$ für mindestens ein x

---

Prüfgröße

Index	$j = 1, \ldots, k$ für Messwerte
Definition	$D_{\max} = \max\limits_{1\leq j\leq k}\left\{\max\left(\left\|F(x_j)-\Phi_0(x_j)\right\|,\left\|F(x_{j-1})-\Phi_0(x_j)\right\|\right)\right\}$ $F(x_j)$: empirische Verteilungsfunktion für einen Messwert x_j
Kritische Werte, wenn Populationsmittelwert und -varianz bekannt sind	Tabelliert für $n < 40$ (Tabelle A.6a in Eid et al., 2015) Für $n \geq 40$ (zweiseitiges Signifikanzniveau α): für $\alpha = 20\,\%$: $D_{\max}^{\text{krit}} = \frac{1{,}07}{\sqrt{n}}$ für $\alpha = 10\,\%$: $D_{\max}^{\text{krit}} = \frac{1{,}22}{\sqrt{n}}$ für $\alpha = 5\,\%$: $D_{\max}^{\text{krit}} = \frac{1{,}36}{\sqrt{n}}$ für $\alpha = 1\,\%$: $D_{\max}^{\text{krit}} = \frac{1{,}63}{\sqrt{n}}$

Kritische Werte, wenn Populationsmittelwert und -varianz aus den Daten geschätzt werden müssen (Lilliefors-Korrektur)	Tabelliert für $n < 50$ (Tabelle A.6b in Eid et al., 2015) Für $n \geq 50$ (zweiseitiges Signifikanzniveau α): für $\alpha = 20\,\%$: $D_{\text{max}}^{\text{krit}} = \frac{0{,}741}{\sqrt{n}}$ für $\alpha = 10\,\%$: $D_{\text{max}}^{\text{krit}} = \frac{0{,}775}{\sqrt{n}}$ für $\alpha = 5\,\%$: $D_{\text{max}}^{\text{krit}} = \frac{0{,}819}{\sqrt{n}}$ für $\alpha = 1\,\%$: $D_{\text{max}}^{\text{krit}} = \frac{1{,}035}{\sqrt{n}}$
Konfidenzintervall für $\Phi(x)$	$\Phi_{\text{u}}(x) = \max\left(0, F(x) - D_{\text{max}}^{\text{krit}}(\alpha)\right)$ $\Phi_{\text{o}}(x) = \min\left(1, F(x) + D_{\text{max}}^{\text{krit}}(\alpha)\right)$
Optimale Stichprobengröße	Für n_{min} gilt: $P(D_n < D_{\text{max}}^{\text{krit}}) = 1 - \alpha$ $D_{\text{max}}^{\text{krit}}$: kritischer Wert für maximale Abweichung

χ^2-Anpassungstest

Anwendungsgebiet	Überprüfung von Verteilungsannahmen bei diskreten Merkmalen oder diskretisierten stetigen Merkmalen
Voraussetzungen	(1) Unabhängige Messwerte (2) Kategorien des Merkmals X sind disjunkt und exhaustiv. (3) Erwartete Häufigkeit ε_{j0} in jeder Zelle ≥ 1 und in mindestens 80 % der Zellen ≥ 5
Überprüfung der Voraussetzungen	(1) Durch Untersuchungsplanung sicherstellen (2) Durch Untersuchungsplanung sicherstellen (3) In den Daten überprüfen
Umgang mit Voraussetzungsverletzungen	(1) Test kann so nicht durchgeführt werden. (2) Test kann so nicht durchgeführt werden. (3) Evtl. Kategorien zusammenfassen
Hypothesen	
Nullhypothese	$H_0: \pi_j = \pi_{j0}$ für alle j
Alternativhypothese	$H_1: \pi_j \neq \pi_{j0}$ für mindestens ein j

Prüfgröße

Index

$j = 1, ..., k$ für Messwertkategorien

Definition

$$\chi^2 = \sum_{j=1}^{k} \frac{\left(n_j - \varepsilon_{j0}\right)^2}{\varepsilon_{j0}}$$

mit $\varepsilon_{j0} = n \cdot \pi_{j0}$

Diese Prüfgröße ist χ^2-verteilt mit $df = k - 1$ Freiheitsgraden.

Wenn die Parameter der Verteilung, gegen die getestet werden soll, nicht bekannt sind, sind die Freiheitsgrade anzupassen:

$df_{\text{korr}} = k - 1 - w$

w: Anzahl der aus den Daten zu schätzenden Parameter

Kontinuitätskorrektur nach Yates

$$\chi_c^2 = \sum_{j=1}^{k} \frac{\left(\left|n_j - \varepsilon_{j0}\right| - 0{,}5\right)^2}{\varepsilon_{j0}}$$

11 Unterschiede zwischen zwei unabhängigen Stichproben

Zweistichproben-Gauß-Test

Anwendungsgebiet

Test auf Unterschiedlichkeit zweier Mittelwerte aus zwei unabhängigen Stichproben

---

Voraussetzungen

(1) Unabhängigkeit der Messwerte innerhalb jeder Stichprobe
(2) Unabhängigkeit der Stichproben voneinander
(3) Stetiges Merkmal X
(4) Normalverteilung des Merkmals X in beiden Populationen
(5) Populationsvarianzen σ_1^2 und σ_2^2 bekannt

Überprüfung der Voraussetzungen

(1) Durch Untersuchungsplanung sicherstellen
(2) Durch Untersuchungsplanung sicherstellen
(3) Durch Untersuchungsplanung sicherstellen
(4) Ggf. mit Kolmogorov-Smirnov-Anpassungstest überprüfen (S. 77)
(5) Ist bspw. bei normierten Tests gegeben (ggf. Literaturrecherche)

Umgang mit Voraussetzungsverletzungen

(1) Falls die Nicht-Unabhängigkeit auf mehrstufige Auswahlverfahren zurückzuführen ist: Mehrebenenmodell als Alternative (s. Kap. 20)
(2) Tests für abhängige Stichproben (z. B. *t*-Test für abhängige Stichproben; S. 98)
(3) Tests für andere Merkmale (z. B. Vierfelder-χ^2-Test für kategoriale Variablen; S. 93)
(4) Verletzung der Normalverteilungsannahme:
  (a) Relative Robustheit bei $n_j > 30; j = 1, 2$: Stichprobe
  (b) Bei starker Abweichung bzw. kleinen Stichproben: Wilcoxon-Rangsummen-Test (S. 86) bzw. *U*-Test (S. 89)

(5) Bei unbekannten Populationsvarianzen: Zweistichproben-t-Test für unabhängige Stichproben im Falle gleicher Populationsvarianzen (S. 83) bzw. Welch-Test (S. 84) bzw. Brown-Forsythe-Test (S. 110) im Falle ungleicher Populationsvarianzen

---

Hypothesen

Nullhypothesen

$H_0: \mu_1 = \mu_2$ oder $H_0: \mu_1 - \mu_2 = 0$

$H_0: \mu_1 \leq \mu_2$ oder $H_0: \mu_1 - \mu_2 \leq 0$

$H_0: \mu_1 \geq \mu_2$ oder $H_0: \mu_1 - \mu_2 \geq 0$

Alternativhypothesen

$H_1: \mu_1 \neq \mu_2$ oder $H_1: \mu_1 - \mu_2 \neq 0$

$H_1: \mu_1 > \mu_2$ oder $H_1: \mu_1 - \mu_2 > 0$

$H_1: \mu_1 < \mu_2$ oder $H_1: \mu_1 - \mu_2 < 0$

Prüfgröße

$$z = \frac{\bar{x}_1 - \bar{x}_2}{\sigma_{\bar{X}_1 - \bar{X}_2}} \text{ mit } \sigma_{\bar{X}_1 - \bar{X}_2} = \sqrt{\frac{\sigma_1^2}{n_1} + \frac{\sigma_2^2}{n_2}}$$

Die Prüfgröße folgt einer Standardnormalverteilung.

Effektgröße δ'

Population

$$\delta' = \frac{\mu_1 - \mu_2}{\sigma'_X}$$

$$\text{mit } \sigma'_X = \sqrt{\frac{\sigma_1^2 + \sigma_2^2}{2}}$$

Stichprobe

$$d' = \frac{\bar{x}_1 - \bar{x}_2}{\sigma'_X}$$

Konventionen

$|\delta'| \approx 0{,}20$: kleiner Effekt

$|\delta'| \approx 0{,}50$: mittlerer Effekt

$|\delta'| \approx 0{,}80$: großer Effekt

Konfidenzintervalle

Mittelwertsdifferenz $\mu_1 - \mu_2$

Zweiseitig $(H_1: \mu_1 \neq \mu_2)$

$$\left[\left((\bar{x}_1 - \bar{x}_2) - z_{\left(1-\frac{\alpha}{2}\right)} \cdot \sigma_{\bar{X}_1 - \bar{X}_2}\right); \left((\bar{x}_1 - \bar{x}_2) + z_{\left(1-\frac{\alpha}{2}\right)} \cdot \sigma_{\bar{X}_1 - \bar{X}_2}\right)\right]$$

Einseitig $(H_1\text{: } \mu_1 > \mu_2)$ $\left[\left((\bar{x}_1 - \bar{x}_2) - z_{(1-\alpha)} \cdot \sigma_{\bar{X}_1-\bar{X}_2}\right); +\infty\right)$

Einseitig $(H_1\text{: } \mu_1 < \mu_2)$ $\left(-\infty; \left((\bar{x}_1 - \bar{x}_2) + z_{(1-\alpha)} \cdot \sigma_{\bar{X}_1-\bar{X}_2}\right)\right]$

Effektgröße δ'

Zweiseitig $(H_1\text{: } \mu_1 \neq \mu_2)$ $\left[\left(d' - z_{\left(1-\frac{\alpha}{2}\right)} \cdot \frac{1}{\sqrt{n}}\right); \left(d' + z_{\left(1-\frac{\alpha}{2}\right)} \cdot \frac{1}{\sqrt{n}}\right)\right]$

Einseitig $(H_1\text{: } \mu_1 > \mu_2)$ $\left[\left(d' - z_{(1-\alpha)} \cdot \frac{1}{\sqrt{n}}\right); +\infty\right)$

Einseitig $(H_1\text{: } \mu_1 < \mu_2)$ $\left(-\infty; \left(d' + z_{(1-\alpha)} \cdot \frac{1}{\sqrt{n}}\right)\right]$

t-Test für unabhängige Stichproben

Anwendungsgebiet Test auf Unterschiedlichkeit zweier Mittelwerte aus zwei unabhängigen Stichproben

---

Voraussetzungen

(1) Unabhängigkeit der Messwerte innerhalb jeder Stichprobe
(2) Unabhängigkeit der Stichproben voneinander
(3) Stetiges Merkmal X
(4) Normalverteilung des Merkmals X in beiden Populationen
(5) Homoskedastizität

Überprüfung der Voraussetzungen

(1) Durch Untersuchungsplanung sicherstellen
(2) Durch Untersuchungsplanung sicherstellen
(3) Durch Untersuchungsplanung sicherstellen
(4) Ggf. mit Kolmogorov-Smirnov-Anpassungstest überprüfen (S. 77)
(5) Ggf. mit Levene-Test überprüfen (S. 92)

Umgang mit Voraussetzungsverletzungen

(1) Falls die Nicht-Unabhängigkeit auf mehrstufige Auswahlverfahren zurückzuführen ist: Mehrebenenmodell als Alternative (s. Kap. 20 in Eid et al., 2015)
(2) Bei abhängigen Stichproben: Zweistichproben-t-Test für abhängige Stichproben (S. 98)
(3) Tests für andere Merkmale (z. B. Vierfelder-χ^2-Test für kategoriale Variablen; S. 93)
(4) Verletzung der Normalverteilungsannahme:
    (a) Relative Robustheit bei $n_j > 30$; $j = 1, 2$: Stichprobe; bei gleichsinniger schiefer Verteilung in beiden Subpopulationen relative Robustheit auch bei

kleinen Stichproben, nicht jedoch bei gegensinniger schiefer Verteilung
(b) Bei starker Abweichung bzw. kleinen Stichproben: Wilcoxon-Rangsummen-Test (S. 86) bzw. *U*-Test (S. 89)
(5) Verletzung der Homoskedastizität:
(a) Relative Robustheit bei gleich großen, normalverteilten Stichproben
(b) Bei ungleich großen Stichproben: Welch-Test oder Brown-Forsythe-Test (s. u.: »Prüfgröße«)

Hypothesen

Nullhypothesen

H_0: $\mu_1 = \mu_2$ oder H_0: $\mu_1 - \mu_2 = 0$
H_0: $\mu_1 \leq \mu_2$ oder H_0: $\mu_1 - \mu_2 \leq 0$
H_0: $\mu_1 \geq \mu_2$ oder H_0: $\mu_1 - \mu_2 \geq 0$

Alternativhypothesen

H_1: $\mu_1 \neq \mu_2$ oder H_1: $\mu_1 - \mu_2 \neq 0$
H_1: $\mu_1 > \mu_2$ oder H_1: $\mu_1 - \mu_2 > 0$
H_1: $\mu_1 < \mu_2$ oder H_1: $\mu_1 - \mu_2 < 0$

Prüfgrößen

***t*-Test**

$$t_E = \frac{\bar{x}_1 - \bar{x}_2}{\hat{\sigma}_{\bar{X}_1 - \bar{X}_2}}$$

$$\text{mit } \hat{\sigma}_{\bar{X}_1 - \bar{X}_2} = \sqrt{\frac{\hat{\sigma}^2_{\text{inn}}}{n_1} + \frac{\hat{\sigma}^2_{\text{inn}}}{n_2}} \text{ und } \hat{\sigma}^2_{\text{inn}} = \frac{\hat{\sigma}^2_1 \cdot (n_1 - 1) + \hat{\sigma}^2_2 \cdot (n_2 - 1)}{(n_1 - 1) + (n_2 - 1)}$$

Diese Prüfgröße folgt unter der Nullhypothese einer *t*-Verteilung mit $df = n_1 + n_2 - 2$ Freiheitsgraden.

Welch-Test

$$t_W = \frac{\bar{x}_1 - \bar{x}_2}{\sqrt{\frac{\hat{\sigma}^2_1}{n_1} + \frac{\hat{\sigma}^2_2}{n_2}}}$$

Die Welch-Prüfgröße folgt unter der Nullhypothese approximativ einer *t*-Verteilung mit:

$$df_{\text{korr}} = \frac{\left(\frac{\hat{\sigma}^2_1}{n_1} + \frac{\hat{\sigma}^2_2}{n_2}\right)^2}{\frac{\left(\frac{\hat{\sigma}^2_1}{n_1}\right)^2}{n_1 - 1} + \frac{\left(\frac{\hat{\sigma}^2_2}{n_2}\right)^2}{n_2 - 1}}$$

Brown-Forsythe-Test

s. S. 110

Effektgrößen

Unstandardisiertes Effektgrößenmaß ε

Population $\varepsilon = \mu_1 - \mu_2$

Stichprobe $e = \bar{x}_1 - \bar{x}_2$

Standardisiertes Effektgrößenmaß δ'

Population
$$\delta' = \frac{\mu_1 - \mu_2}{\sigma_{\text{inn}}}$$

σ_{inn}: Standardabweichung von X innerhalb einer Population

Stichprobe
$$d'_2 = \frac{\bar{x}_1 - \bar{x}_2}{\hat{\sigma}_{\text{inn}}}$$

Konventionen

$|\delta'| \approx 0{,}20$: kleiner Effekt

$|\delta'| \approx 0{,}50$: mittlerer Effekt

$|\delta'| \approx 0{,}80$: großer Effekt

Konfidenzintervalle

Mittelwertsdifferenz $\mu_1 - \mu_2$

Zweiseitig $(H_1\!: \mu_1 \neq \mu_2)$
$$\left[\left((\bar{x}_1 - \bar{x}_2) - t_{\left(1-\frac{\alpha}{2};df\right)} \cdot \hat{\sigma}_{\bar{X}_1-\bar{X}_2}\right); \left((\bar{x}_1 - \bar{x}_2) + t_{\left(1-\frac{\alpha}{2};df\right)} \cdot \hat{\sigma}_{\bar{X}_1-\bar{X}_2}\right)\right]$$

Einseitig $(H_1\!: \mu_1 > \mu_2)$
$$\left[\left((\bar{x}_1 - \bar{x}_2) - t_{(1-\alpha;df)} \cdot \hat{\sigma}_{\bar{X}_1-\bar{X}_2}\right); +\infty\right)$$

Einseitig $(H_1\!: \mu_1 < \mu_2)$
$$\left(-\infty; \left((\bar{x}_1 - \bar{x}_2) + t_{(1-\alpha;df)} \cdot \hat{\sigma}_{\bar{X}_1-\bar{X}_2}\right)\right]$$

Effektgröße δ' (zweiseitig)

Schritt 1: Bestimmung der Nonzentralitätsparameter λ_u und λ_o (d.h. die Nonzentralitätsparameter zweier nonzentraler t-Verteilungen, unter denen der empirische t-Wert einen Flächenanteil von $\alpha/2$ abschneidet)

Schritt 2: Umrechnung in Effektgröße δ' über die Formel

$$\delta'_u = \lambda_u \cdot \sqrt{\frac{n_1 + n_2}{n_1 \cdot n_2}} \text{ bzw. } \delta'_o = \lambda_o \cdot \sqrt{\frac{n_1 + n_2}{n_1 \cdot n_2}}$$

Optimale Stichprobengröße

$$\frac{n_1 \cdot n_2}{n_1 + n_2} = \left(\frac{\lambda_1}{\delta'_1}\right)^2$$

Für gleich große Stichproben gilt: $n = n_1 + n_2 = 4 \cdot \left(\frac{\lambda_1}{\delta'_1}\right)^2$

λ_1: Nonzentralitätsparameter einer nonzentralen t-Verteilung für den hypothetischen Populationseffekt δ'_1 unter der H_1

Wilcoxon-Rangsummen-Test

Anwendungsgebiet	Test auf Unterschiedlichkeit zweier Mediane aus zwei unabhängigen Stichproben
Voraussetzungen	(1) Unabhängigkeit der Messwerte innerhalb jeder Stichprobe (2) Unabhängigkeit der Stichproben voneinander (3) Stetiges Merkmal X (4) Merkmal X weist in beiden Populationen gleiche Verteilungsform auf. Außerdem wird die Durchführung des approximativen Tests vereinfacht, wenn folgende Bedingungen erfüllt sind: (5) Stichprobengrößen nicht zu stark unterschiedlich (6) Keine Rangbindungen zwischen den Stichproben
Überprüfung der Voraussetzungen	(1) Durch Untersuchungsplanung sicherstellen (2) Durch Untersuchungsplanung sicherstellen (3) Durch Untersuchungsplanung sicherstellen (4) Häufigkeitsverteilungen bzw. Verteilungsfunktionen in beiden Teilstichproben inspizieren und vergleichen
Umgang mit Voraussetzungsverletzungen	(1) Test kann so nicht durchgeführt werden. (2) Bei abhängigen Stichproben: (a) Vorzeichentest (S. 100) (b) Wilcoxon-Vorzeichen-Rangtest (S. 101) (3) Tests für andere Merkmale, z. B. Vierfelder-χ^2-Test für kategoriale Variablen (S. 93) (4) Welch-Test (S. 84) auf Ebene der Rangwerte (5) Kontinuitätskorrektur (6) Bei Rangbindungen zwischen den Gruppen: (a) Exakte Tests (z. B. mit »exactRankTests« in R; Hothorn & Hornik, 2014) (b) Approximativer z-Test mit korrigiertem Standardfehler (s. u.: »Prüfgröße«)

Hypothesen

Nullhypothesen	$H_0\colon \eta_1 = \eta_2$ oder $H_0\colon \eta_1 - \eta_2 = 0$ $H_0\colon \eta_1 \geq \eta_2$ oder $H_0\colon \eta_1 - \eta_2 \geq 0$ $H_0\colon \eta_1 \leq \eta_2$ oder $H_0\colon \eta_1 - \eta_2 \leq 0$
Alternativhypothesen	$H_1\colon \eta_1 \neq \eta_2$ oder $H_1\colon \eta_1 - \eta_2 \neq 0$ $H_1\colon \eta_1 < \eta_2$ oder $H_1\colon \eta_1 - \eta_2 < 0$ $H_1\colon \eta_1 > \eta_2$ oder $H_1\colon \eta_1 - \eta_2 > 0$

Prüfgröße

RS: Rangsumme der Werte in einer der beiden Stichproben (bei ungleich großen Stichproben meist die der kleineren Stichprobe)

Exakter Test

Die kritischen Werte der Prüfgröße *RS* sind tabelliert in Tabelle A.7 in Eid et al. (2015). Voraussetzung: keine Rangbindungen

Approximativer Test (zulässig bei $n_1 > 20$ und $n_2 > 20$)

$$z = \frac{rs - E(RS)}{\sigma_{RS}}$$

mit $E(RS) = \dfrac{n_1 \cdot (n_1 + n_2 + 1)}{2}$

und $\sigma_{RS} = \sqrt{\dfrac{n_1 \cdot n_2 \cdot (n_1 + n_2 + 1)}{12}}$

(nur wenn keine Rangbindungen vorliegen!)

Diese Prüfgröße folgt unter der Nullhypothese approximativ einer Standardnormalverteilung.

Rangbindungen

Falls Rangbindungen vorliegen, muss σ_{RS} wie folgt berechnet werden:

$$\sigma_{RS} = \sqrt{\frac{n_1 \cdot n_2}{N \cdot (N-1)} \cdot \sum_{m=1}^{N} R_m^2 - \frac{n_1 \cdot n_2 \cdot (N-1)^2}{4 \cdot (N-1)}}$$

R_m: Rangwerte (mit $m = 1, \ldots, n$: Index für Personen/Messwerte)

$N = n_1 + n_2$

Kontinuitätskorrektur

$$z = \frac{|rs - E(RS)| - 0{,}5}{\sigma_{RS}}$$

Effektgrößen

Population

$$\theta = \pi_{(x_2 > x_1)} + 0{,}5 \cdot \pi_{(x_1 = x_2)}$$

$\pi_{(x_2 > x_1)}$: Wahrscheinlichkeit, mit der eine beliebig gezogene Person aus Stichprobe 2 einen größeren Rangplatz hat als eine beliebig gezogene Person aus Stichprobe 1

$\pi_{(x_2 = x_1)}$: Wahrscheinlichkeit, mit der eine beliebig gezogene Person aus Stichprobe 1 den gleichen Rangplatz hat wie eine beliebig gezogene Person aus Stichprobe 2

Stichprobe

$$\hat{\theta} = \frac{n_1 \cdot n_2 + \frac{n_1 \cdot (n_1 + 1)}{2} - rs_1}{n_1 \cdot n_2}$$

oder alternativ:

$$\hat{\theta} = \sum_{j=1}^{q-1} \left(h_{1j} \cdot \sum_{a=j+1}^{q} h_{2a} \right) + 0{,}5 \cdot \sum_{j=1}^{q} h_{1j} \cdot h_{2j}$$

Index $i = 1, \ldots, p$ für die Bedingungen bzw. Gruppen

Index $j = 1, \ldots, q$ für die vergebenen Rangplätze

h_{ij}: Relative Häufigkeit, mit der innerhalb einer Gruppe i ein Rangplatz j beobachtet wird

Konfidenzintervalle

Effektgröße θ (zweiseitig)

$$\left[\left(\hat{\theta} - z_{1-\alpha/2} \cdot \hat{\sigma}_{\hat{\theta}} \right); \left(\hat{\theta} + z_{1-\alpha/2} \cdot \hat{\sigma}_{\hat{\theta}} \right) \right]$$

Der Standardfehler $\hat{\sigma}_{\hat{\theta}}$ muss iterativ bestimmt werden (s. Abschnitt 11.2 in Eid et al., 2015).

Optimale Stichprobengröße

Formel von Noether (1987)

$$n = n_1 + n_2 = \frac{(z_\alpha + z_\beta)^2}{12 \cdot h_1 \cdot h_2 \cdot (\theta^* - 0{,}5)^2} \text{ (einseitiger Test)}$$

$$n = n_1 + n_2 = \frac{(z_{\alpha/2} + z_\beta)^2}{12 \cdot h_1 \cdot h_2 \cdot (\theta^* - 0{,}5)^2} \text{ (zweiseitiger Test)}$$

θ^*: Postulierter Populationseffekt unter der H_1

Bei gleich großen angestrebten relativen Häufigkeiten in beiden Teilstichproben:

$$n = n_1 + n_2 = \frac{\left(z_\alpha + z_\beta\right)^2}{3 \cdot \left(\theta^* - 0{,}5\right)^2} \quad \text{(einseitiger Test)}$$

Formel von Zhao et al. (2008)

Unter Berücksichtigung von Rangbindungen und bei gleichen Stichprobengrößen n_1 und n_2 (einseitiger Test):

$$n = n_1 + n_2 = \frac{\left(z_\alpha + z_\beta\right)^2}{3 \cdot \left(\theta^* - 0{,}5\right)^2} \cdot \left(1 - \sum_{j=1}^{q} \left(0{,}5 \cdot \left(\pi^*_{1j} + \pi^*_{2j}\right)\right)^3\right)$$

π^*_{1j}: unter spezifischer H_1 erwartete Wahrscheinlichkeit, mit der eine Person aus Stichprobe 1 zu Rangplatzkategorie *j* gehört

π^*_{2j}: unter spezifischer H_1 erwartete Wahrscheinlichkeit, mit der eine Person aus Stichprobe 2 zu Rangplatzkategorie *j* gehört

U-Test

Anwendungsgebiet	Siehe Wilcoxon-Rangsummen-Test (S. 86)
Voraussetzungen	Siehe Wilcoxon-Rangsummen-Test (S. 86)
Hypothesen	Siehe Wilcoxon-Rangsummen-Test (S. 86)

Prüfgröße

U: Anzahl der Fälle, in denen der Rangplatz einer Person in einer der beiden Stichproben von Personen aus der jeweils anderen Stichprobe überschritten wird

Kann aus *RS* berechnet werden:

$$u_1 = n_1 \cdot n_2 + \frac{n_1 \cdot \left(n_1 + 1\right)}{2} - rs_1 \quad \text{bzw.}$$

$$u_2 = n_1 \cdot n_2 + \frac{n_2 \cdot \left(n_2 + 1\right)}{2} - rs_2$$

Exakter Test

Für kleinere Stichproben ($n_i \leq 20$) sind die kritischen Werte für *U* tabelliert (s. Linksammlung zu Eid et al., 2015 unter www.beltz.de).

Approximativer Test (zulässig bei $n_1 > 20$ und $n_2 > 20$)

$$z = \frac{u - E(U)}{\sigma_U}$$

mit $E(U) = \frac{n_1 \cdot n_2}{2}$

mit $\sigma_U = \sqrt{\frac{n_1 \cdot n_2 \cdot (n_1 + n_2 + 1)}{12}}$

(nur wenn keine Rangbindungen vorliegen)

Diese Prüfgröße folgt approximativ einer Standardnormalverteilung.

Rangbindungen

Falls Rangbindungen vorliegen, muss σ_U wie folgt berechnet werden:

$$\sigma_U = \sqrt{\frac{n_1 \cdot n_2}{N \cdot (N-1)} \cdot \sum_{m=1}^{N} R_m^2 - \frac{n_1 \cdot n_2 \cdot (N-1)^2}{4 \cdot (N-1)}}$$

R_m: Rangwerte

$N = n_1 + n_2$

Kontinuitätskorrektur

$$z = \frac{|u - E(U)| - 0{,}5}{\sigma_U}$$

Effektgrößen	Siehe Wilcoxon-Rangsummen-Test (S. 86)
Konfidenzintervalle	Siehe Wilcoxon-Rangsummen-Test (S. 86)
Optimale Stichprobengröße	Siehe Wilcoxon-Rangsummen-Test (S. 86)

F-Test auf Varianzhomogenität

Anwendungsgebiet	Test auf Gleichheit zweier Varianzen aus zwei unabhängigen Stichproben
Voraussetzungen	(1) Unabhängigkeit der Messwerte innerhalb jeder Stichprobe (2) Unabhängigkeit der Stichproben voneinander (3) Stetiges Merkmal *X* (4) Normalverteilung des Merkmals *X* in beiden Populationen

Überprüfung der Voraussetzungen	(1) Durch Untersuchungsplanung sicherstellen (2) Durch Untersuchungsplanung sicherstellen (3) Durch Untersuchungsplanung sicherstellen (4) Ggf. mit Kolmogorov-Smirnov-Anpassungstest überprüfen (S. 77)
Umgang mit Voraussetzungsverletzungen	Sind die Voraussetzungen verletzt, kann der Test nicht durchgeführt werden.
Benennung der Populationen bzw. Stichproben	Zur Vereinfachung der Berechnungen wird der Population, deren Varianz unter der gerichteten Alternativhypothese der größere Wert zugewiesen wird, der Index »1« zugeordnet. Daher gibt es nur eine gerichtete Alternativhypothese. Dies hat auch Auswirkungen auf die Bildung der Prüfgröße.
Hypothesen	
Nullhypothesen	$H_0\colon \sigma_1^2 = \sigma_2^2$ $H_0\colon \sigma_1^2 \leq \sigma_2^2$
Alternativhypothesen	$H_1\colon \sigma_1^2 \neq \sigma_2^2$ $H_1\colon \sigma_1^2 > \sigma_2^2$
Prüfgröße	$F = \frac{\hat{\sigma}_1^2}{\hat{\sigma}_2^2}$ Diese Prüfgröße folgt unter der Nullhypothese einer F-Verteilung mit $df_1 = n_1 - 1$ Zähler- und $df_2 = n_2 - 1$ Nennerfreiheitsgraden.
Effektgröße v'	
Population	$v' = \sigma_1^2 / \sigma_2^2$ bei $\sigma_1^2 > \sigma_2^2$
Stichprobe	$v' = \hat{\sigma}_1^2 / \hat{\sigma}_2^2$ bei $\hat{\sigma}_1^2 > \hat{\sigma}_2^2$
Konventionen	$v' \approx 1{,}1$: kleiner Effekt $v' \approx 1{,}5$: mittlerer Effekt $v' \approx 2$: großer Effekt

Konfidenzintervalle	
Effektgröße v'	
Zweiseitig $(H_1: \sigma_1^2 \neq \sigma_2^2)$	$\left[\left(v' \cdot F_{\left(\frac{\alpha}{2}; df_2; df_1\right)}\right); \left(v' \cdot F_{\left(1-\frac{\alpha}{2}; df_2; df_1\right)}\right)\right]$ (Hinweis: Im Falle ungleich großer Stichproben muss die Reihenfolge der Freiheitsgrade beachtet werden!)
Einseitig $(H_1: \sigma_1^2 < \sigma_2^2)$	$\left[0; \left(v' \cdot F_{(1-\alpha; df_2; df_1)}\right)\right]$
Einseitig $(H_1: \sigma_1^2 > \sigma_2^2)$	$\left[\left(v' \cdot F_{(\alpha; df_2; df_1)}\right); \infty\right)$
Optimale Stichprobengröße	
Einseitiger Test	Bestimmung von n_1 und n_2 in vorher festgelegtem Verhältnis zueinander, sodass gilt: $v_1' = \frac{F_{(1-\alpha; df_1; df_2)}}{F_{(\beta; df_1; df_2)}}$ $df_1 = n_1 - 1$ und $df_2 = n_2 - 1$
Zweiseitiger Test	Bestimmung von n_1 und n_2 in vorher festgelegtem Verhältnis zueinander, sodass gilt: $v_1' = \frac{F_{(1-\alpha/2; df_1; df_2)}}{F_{(\beta; df_1; df_2)}}$ $df_1 = n_1 - 1$ und $df_2 = n_2 - 1$

Levene-Test

Anwendungsgebiet	Test auf Gleichheit zweier Varianzen aus zwei (oder mehreren) unabhängigen Stichproben
Voraussetzungen	(1) Unabhängigkeit der Messwerte innerhalb jeder Stichprobe (2) Unabhängigkeit der Stichproben voneinander (3) Stetiges Merkmal X (4) Normalverteilung des Merkmals X in beiden Populationen
Überprüfung der Voraussetzungen	(1) Durch Untersuchungsplanung sicherstellen (2) Durch Untersuchungsplanung sicherstellen (3) Durch Untersuchungsplanung sicherstellen (4) Ggf. mit Kolmogorov-Smirnov-Anpassungstest überprüfen (S. 77)

Umgang mit Voraussetzungsverletzungen	(1) Test kann so nicht durchgeführt werden. (2) Test kann so nicht durchgeführt werden. (3) Test kann so nicht durchgeführt werden. (4) Transformation der Ausgangswerte auf Basis des Medians oder des getrimmten arithmetischen Mittels
Hypothesen	Siehe *F*-Test auf Varianzhomogenität (S. 90)
Prüfgröße	
Indizes	$m = 1, \ldots, n$ für Personen bzw. Messwerte $i = 1, \ldots, p$ für die Bedingungen bzw. Gruppen (hier mit $p = 2$)
Definition	$w = (n_1 + n_2 - 2) \cdot \frac{\sum_{i=1}^{p=2} n_i \cdot (\bar{y}_i - \bar{y})^2}{\sum_{i=1}^{p=2} \sum_{m=1}^{n_i} (y_{mi} - \bar{y}_i)^2}$ $y_{mi} = \lvert x_{mi} - \bar{x}_i \rvert$: Transformation der Messwerte x_{mi} innerhalb der beiden Stichproben, sodass sie Abweichungen von ihrem jeweiligen Stichprobenmittelwert ($\bar{x}$) darstellen Diese Prüfgröße ist unter der Nullhypothese *F*-verteilt mit $df_1 = 1$ Zähler- und $df_2 = n_1 + n_2 - 2$ Nennerfreiheitsgraden.
Effektgröße v'	Siehe *F*-Test auf Varianzhomogenität (S. 90)
Konfidenzintervalle	Siehe *F*-Test auf Varianzhomogenität (S. 90)

Vierfelder-χ^2-Test und Fisher-Yates-Test

Anwendungsgebiet	Test auf Unabhängigkeit zweier dichotomer Variablen *X* (z. B. zwei Gruppen) und *Y*
Indizes	$m = 1, \ldots, n$ für Personen $i = 1, \ldots, p$ für die Kategorien des Merkmals *X* (mit $p = 2$) $j = 1, \ldots, k$ für die Kategorien des Merkmals *Y* (mit $k = 2$)
Voraussetzungen	(1) Unabhängigkeit der Messwerte einer Variablen voneinander (z. B. unabhängige Gruppen) (2) Kategorien der Merkmale *X* und *Y* sind disjunkt und exhaustiv. (3) Erwartete Häufigkeit $\varepsilon_{ij} \geq 5$ in jeder Zelle

Überprüfung der Voraussetzungen

(1) Durch Untersuchungsplanung sicherstellen
(2) Durch Untersuchungsplanung sicherstellen
(3) In den Daten überprüfen

Umgang mit Voraussetzungsverletzungen

(1) Test kann so nicht durchgeführt werden. Besteht bei einer der beiden Variablen eine Abhängigkeit zwischen den beiden Kategorien (z. B. abhängige Stichproben): McNemar-Test (S. 103)
(2) Test kann so nicht durchgeführt werden.
(3) Bei kleinen Stichproben:
   (a) Fisher-Yates-Test (s. S. 96; »Exakter Test: Fisher-Yates-Test«)
   (b) Kontinuitätskorrektur (s. u.: »Prüfgröße«)

Hypothesen

Homogenitätshypothese

Nullhypothesen

$H_0\colon \pi_{1j} = \pi_{2j}$

$H_0\colon \pi_{1j} \leq \pi_{2j}$

$H_0\colon \pi_{1j} \geq \pi_{2j}$

Alternativhypothesen

$H_1\colon \pi_{1j} \neq \pi_{2j}$

$H_1\colon \pi_{1j} > \pi_{2j}$

$H_1\colon \pi_{1j} < \pi_{2j}$

Unabhängigkeitshypothese

Nullhypothesen

$H_0\colon \pi_{ij} = \pi_{i\bullet} \cdot \pi_{\bullet j}$

$H_0\colon \pi_{ij} \leq \pi_{i\bullet} \cdot \pi_{\bullet j}$

$H_0\colon \pi_{ij} \geq \pi_{i\bullet} \cdot \pi_{\bullet j}$

Alternativhypothesen

$H_1\colon \pi_{ij} \neq \pi_{i\bullet} \cdot \pi_{\bullet j}$

$H_1\colon \pi_{ij} > \pi_{i\bullet} \cdot \pi_{\bullet j}$

$H_1\colon \pi_{ij} < \pi_{i\bullet} \cdot \pi_{\bullet j}$

Prüfgröße

Asymptotischer Test

im Falle bekannter Wahrscheinlichkeiten

$$\chi^2 = \sum_{i=1}^{2} \sum_{j=1}^{2} \frac{\left(n_{ij} - \varepsilon_{ij}\right)^2}{\varepsilon_{ij}}$$

Diese Prüfgröße ist unter der Nullhypothese asymptotisch χ^2-verteilt mit $df = 1$.

im Falle geschätzter Wahrscheinlichkeiten

$$\chi^2 = \sum_{i=1}^{2}\sum_{j=1}^{2}\frac{\left(n_{ij}-e_{ij}\right)^2}{e_{ij}}$$

$$e_{ij} = \frac{n_{i\bullet}\cdot n_{\bullet j}}{n}$$

Diese Prüfgröße ist unter der Nullhypothese asymptotisch χ^2-verteilt mit $df = 1$.

Kontinuitätskorrektur

$$\chi_c^2 = \sum_{j=1}^{2}\sum_{i=1}^{2}\frac{\left(\left|n_{ij}-\varepsilon_{ij}\right|-0{,}5\right)^2}{\varepsilon_{ij}}$$

Effektgrößen

Differenz zweier Wahrscheinlichkeiten

Population $\Delta_\pi = \pi_{1j} - \pi_{2j}$

Stichprobe $D_\pi = h_{1j} - h_{2j}$

Odds-Ratio (Wettquotientenverhältnis)

Population

$$OR_\pi = \frac{\pi_{11}/\pi_{12}}{\pi_{21}/\pi_{22}}$$

Stichprobe

$$OR = \frac{n_{11}/n_{12}}{n_{21}/n_{22}}$$

Effektstärkemaß ω

Population

$$\omega = \sqrt{\sum_{i=1}^{2}\sum_{j=1}^{2}\frac{\left(\pi_{ij}-\pi_{ij0}\right)^2}{\pi_{ij0}}}$$

Stichprobe

$$\hat{\omega} = \sqrt{\frac{\chi^2}{n}}$$

Konventionen

$\omega \approx 0{,}10$: kleiner Effekt

$\omega \approx 0{,}30$: mittlerer Effekt

$\omega \approx 0{,}50$: großer Effekt

Kontingenzkoeffizient *C*

Population

$$C = \sqrt{\frac{\omega^2}{\omega^2 + 1}}$$

Stichprobe

$$\hat{C} = \sqrt{\frac{\chi^2}{\chi^2 + n}} = \sqrt{\frac{\hat{\omega}^2}{\hat{\omega}^2 + 1}}$$

Konfidenzintervalle

Effektgröße ω

$$\left[\left(\sqrt{\frac{\lambda_u}{n}}\right); \left(\sqrt{\frac{\lambda_o}{n}}\right)\right]$$

λ: Nonzentralitätsparameter einer nonzentralen χ^2-Verteilung (muss iterativ geschätzt werden)

Optimale Stichprobengröße

$$n = \frac{\lambda_1}{\omega_1^2}$$

λ_1: Nonzentralitätsparameter einer nonzentralen χ^2-Verteilung (muss iterativ geschätzt werden)

ω_1: postulierter Populationseffekt unter der H_1

Exakter Test (Fisher-Yates-Test)

$$p = \frac{n_{1\bullet}! \cdot n_{2\bullet}! \cdot n_{\bullet 1}! \cdot n_{\bullet 2}!}{n! \cdot n_{11}! \cdot n_{12}! \cdot n_{21}! \cdot n_{22}!}$$

$$= \frac{(n_{11} + n_{12})! \cdot (n_{21} + n_{22})! \cdot (n_{11} + n_{21})! \cdot (n_{12} + n_{22})!}{n! \cdot n_{11}! \cdot n_{12}! \cdot n_{21}! \cdot n_{22}!}$$

p: exakte Wahrscheinlichkeit, die beobachtete bivariate Häufigkeitsverteilung oder eine noch stärker von der Nullhypothese abweichende Verteilung zu erhalten, wenn die Nullhypothese gilt

Zweistichproben-χ^2-Test

Anwendungsgebiet Test auf Unabhängigkeit zwischen einer dichotomen Variablen X (z. B. zwei Gruppen) und einer polytomen Variablen Y

Indizes

$m = 1, \ldots, n$ für Personen

$i = 1, \ldots, p$ für die Kategorien des Merkmals X (z. B. Gruppen)

$j = 1, \ldots, k$ für die Kategorien des Merkmals Y

Voraussetzungen	Siehe Vierfelder-χ^2-Test (S. 93)
Hypothesen	Siehe Vierfelder-χ^2-Test (S. 93)
Prüfgröße	
im Falle bekannter Wahrscheinlichkeiten	$\chi^2 = \sum_{i=1}^{p}\sum_{j=1}^{k}\frac{\left(n_{ij}-\varepsilon_{ij}\right)^2}{\varepsilon_{ij}}$ Diese Prüfgröße ist unter der Nullhypothese asymptotisch χ^2-verteilt mit $df = (p-1)\cdot(k-1)$.
im Falle geschätzter Wahrscheinlichkeiten	$\chi^2 = \sum_{i=1}^{p}\sum_{j=1}^{k}\frac{\left(n_{ij}-e_{ij}\right)^2}{e_{ij}}$ $e_{ij} = n\cdot\frac{n_{i\bullet}}{n}\cdot\frac{n_{\bullet j}}{n} = \frac{n_{i\bullet}\cdot n_{\bullet j}}{n}$ Diese Prüfgröße ist unter der Nullhypothese asymptotisch χ^2-verteilt mit $df = (p-1)\cdot(k-1)$.
Kontinuitätskorrektur	$\chi_c^2 = \sum_{i=1}^{p}\sum_{j=1}^{k}\frac{\left(\left\lvert n_{ij}-\varepsilon_{ij}\right\rvert-0{,}5\right)^2}{\varepsilon_{ij}}$
Effektgrößen und Konfidenzintervalle	Siehe Vierfelder-χ^2-Test (S. 93)
Optimale Stichprobengröße	Siehe Vierfelder-χ^2-Test (S. 93)

12 Unterschiede zwischen zwei abhängigen Stichproben

t-Test für abhängige Stichproben

Anwendungsgebiet	Test auf Unterschiedlichkeit zweier Mittelwerte aus zwei abhängigen Stichproben
Voraussetzungen	(1) Unabhängigkeit der Messwertpaare voneinander (2) Stetiges Merkmal X (3) Normalverteilung der Differenzvariablen $D = X_1 - X_2$
Überprüfung der Voraussetzungen	(1) Durch Untersuchungsplanung sicherstellen (2) Durch Untersuchungsplanung sicherstellen (3) Ggf. mit Kolmogorov-Smirnov-Anpassungstest überprüfen (S. 77)
Umgang mit Voraussetzungsverletzungen	(1) Test kann so nicht durchgeführt werden. (2) Test für andere Merkmale, z.B. McNemar-Test für kategoriale Merkmale (S. 103) (3) Verletzung der Normalverteilungsannahme: Relative Robustheit bei symmetrischer Merkmalsverteilung und $n \geq 30$; bei moderat schiefer Verteilung und $n \geq 50$; bei schiefer Verteilung und $n \geq 80$; ansonsten Vorzeichentest (S. 100) oder Wilcoxon-Vorzeichen-Rangtest (S. 101)

Hypothesen

Nullhypothesen	H_0: $\mu_1 = \mu_2$ oder H_0: $\mu_1 - \mu_2 = 0$ H_0: $\mu_1 \leq \mu_2$ oder H_0: $\mu_1 - \mu_2 \leq 0$ H_0: $\mu_1 \geq \mu_2$ oder H_0: $\mu_1 - \mu_2 \geq 0$
Alternativhypothesen	H_1: $\mu_1 \neq \mu_2$ oder H_1: $\mu_1 - \mu_2 \neq 0$ H_1: $\mu_1 > \mu_2$ oder H_1: $\mu_1 - \mu_2 > 0$ H_1: $\mu_1 < \mu_2$ oder H_1: $\mu_1 - \mu_2 < 0$

Prüfgröße

$$T_{\bar{X}_D} = \frac{\bar{X}_D}{\hat{\sigma}_{\bar{X}_D}}$$

mit $\bar{X}_D = \bar{X}_1 - \bar{X}_2$

und $\hat{\sigma}_{\bar{X}_D} = \frac{\hat{\sigma}_D}{\sqrt{n}} = \sqrt{\frac{\hat{\sigma}_1^2 + \hat{\sigma}_2^2 - 2 \cdot \hat{\sigma}_{12}}{n}}$

D: Differenzvariable $X_1 - X_2$

Die Prüfgröße folgt unter der Nullhypothese einer t-Verteilung mit $df = n - 1$ Freiheitsgraden.

Effektgröße δ''

Population

$$\delta'' = \frac{\mu_D}{\sigma_D}$$

Stichprobe

$$d_2'' = \frac{\bar{x}_D}{\hat{\sigma}_D}$$

Konventionen

$|\delta''| \approx 0{,}14$: kleiner Effekt

$|\delta''| \approx 0{,}35$: mittlerer Effekt

$|\delta''| \approx 0{,}57$: großer Effekt

Konfidenzintervalle

Mittelwertsdifferenz $\mu_1 - \mu_2$

Zweiseitig $(H_1\text{: } \mu_1 \neq \mu_2)$

$$\left[\left(\bar{x}_D - t_{\left(1-\frac{\alpha}{2};df\right)} \cdot \hat{\sigma}_{\bar{X}_D}\right); \left(\bar{x}_D + t_{\left(1-\frac{\alpha}{2};df\right)} \cdot \hat{\sigma}_{\bar{X}_D}\right)\right]$$

Einseitig: $(H_1\text{: } \mu_1 > \mu_2)$

$$\left[\left(\bar{x}_D - t_{(1-\alpha;df)} \cdot \hat{\sigma}_{\bar{X}_D}\right); +\infty\right)$$

Einseitig: $(H_1\text{: } \mu_1 < \mu_2)$

$$\left(-\infty; \left(\bar{x}_D + t_{(1-\alpha;df)} \cdot \hat{\sigma}_{\bar{X}_D}\right)\right]$$

Effektgröße δ'' (zweiseitig)

Schritt 1: Bestimmung der Nonzentralitätsparameter λ_u und λ_o

Schritt 2: Umrechnung in Effektgröße δ'' über die Formel

$$\delta_u'' = \frac{\lambda_u}{\sqrt{n}} \text{ bzw. } \delta_o'' = \frac{\lambda_o}{\sqrt{n}}$$

Optimale Stichprobengröße	$n = \left(\frac{\lambda_1}{\delta''_1} \right)^2$ λ_1: Nonzentralitätsparameter einer nonzentralen *t*-Verteilung für den hypothetischen Populationseffekt δ''_1 unter der H_1

Vorzeichentest

Anwendungsgebiet	Test auf Unterschiedlichkeit zweier Mediane aus zwei abhängigen Stichproben
Voraussetzungen	(1) Unabhängigkeit der Messwertpaare voneinander (2) Stetiges Merkmal *X*
Überprüfung der Voraussetzungen	(1) Durch Untersuchungsplanung sicherstellen (2) Durch Untersuchungsplanung sicherstellen
Umgang mit Voraussetzungsverletzungen	(1) Test kann so nicht durchgeführt werden. (2) Test für andere Merkmale, z.B. McNemar-Test für kategoriale Merkmale (S. 103)
Hypothesen	
Nullhypothesen	$H_0\colon \eta_1 = \eta_2$ oder $H_0\colon \eta_1 - \eta_2 = 0$ $H_0\colon \eta_1 \geq \eta_2$ oder $H_0\colon \eta_1 - \eta_2 \geq 0$ $H_0\colon \eta_1 \leq \eta_2$ oder $H_0\colon \eta_1 - \eta_2 \leq 0$
Alternativhypothesen	$H_1\colon \eta_1 \neq \eta_2$ oder $H_1\colon \eta_1 - \eta_2 \neq 0$ $H_1\colon \eta_1 < \eta_2$ oder $H_1\colon \eta_1 - \eta_2 < 0$ $H_1\colon \eta_1 > \eta_2$ oder $H_1\colon \eta_1 - \eta_2 > 0$
Prüfgröße	
Exakter Test	*s*: absolute Häufigkeit von positiven Differenzen $x_{m1} - x_{m2}$ Die Prüfgröße *S* folgt unter der Nullhypothese einer Binomialverteilung mit Erwartungswert $E(S) = n \cdot 0{,}5$ und Varianz $Var(S) = n \cdot 0{,}25$.
Approximativer Test (zulässig bei $n \geq 40$)	$z = \sqrt{n} \cdot \frac{s/n - 0{,}5}{0{,}5}$ Diese Prüfgröße ist approximativ standardnormalverteilt.

Effektgröße γ	
Population	$\gamma = \pi - 0{,}5$ π: Wahrscheinlichkeit, mit der eine beliebige Differenz $x_{m1} - x_{m2}$ in der Population positiv ist
Stichprobe	$g = \hat{\gamma} = s/n - 0{,}5$ kleiner Effekt
Konventionen	$\lvert\gamma\rvert \approx 0{,}05$: kleiner Effekt $\lvert\gamma\rvert \approx 0{,}15$: mittlerer Effekt $\lvert\gamma\rvert \approx 0{,}25$: großer Effekt

Approximative Konfidenzintervalle

Effektgröße γ

$$\left[(\pi_u - 0{,}5); (\pi_o - 0{,}5)\right]$$

$$\pi_u = \frac{2 \cdot s + z^2_{\left(1-\frac{\alpha}{2}\right)} - z_{\left(1-\frac{\alpha}{2}\right)} \sqrt{z^2_{\left(1-\frac{\alpha}{2}\right)} + 4 \cdot s \cdot \left(1 - \frac{s}{n}\right)}}{2 \cdot \left(n + z^2_{\left(1-\frac{\alpha}{2}\right)}\right)}$$

$$\pi_o = \frac{2 \cdot s + z^2_{\left(1-\frac{\alpha}{2}\right)} + z_{\left(1-\frac{\alpha}{2}\right)} \sqrt{z^2_{\left(1-\frac{\alpha}{2}\right)} + 4 \cdot s \cdot \left(1 - \frac{s}{n}\right)}}{2 \cdot \left(n + z^2_{\left(1-\frac{\alpha}{2}\right)}\right)}$$

Optimale Stichprobengröße (approximativer Test)

$$n = \frac{\left(z_\alpha + z_\beta\right)^2}{4 \cdot \left(\pi_1 - 0{,}5\right)^2}$$ bei einseitigem Test;

bei zweiseitigem Test wird auf $z_{\left(1-\frac{\alpha}{2}\right)}$ zurückgegriffen

π_1: spezifische Wahrscheinlichkeit (unter der H_1), mit der eine beliebige Differenz $x_{m1} - x_{m2}$ positiv ist

Wilcoxon-Vorzeichen-Rangtest

Anwendungsgebiet	Test auf Unterschiedlichkeit zweier Mediane aus zwei abhängigen Stichproben
Voraussetzungen	(1) Unabhängigkeit der Messwertpaare voneinander (2) Stetiges Merkmal X (3) Symmetrische Verteilung der Differenzvariablen $D = X_1 - X_2$

	Außerdem wird die Testdurchführung vereinfacht, wenn folgende Bedingungen erfüllt sind: (4) Keine Nulldifferenzen ($D = 0$) (5) Keine Rangbindungen auf der Differenzvariablen D
Überprüfung der Voraussetzungen	(1) Durch Untersuchungsplanung sicherstellen (2) Durch Untersuchungsplanung sicherstellen (3) Durch Inspektion der Häufigkeitsverteilung sicherstellen (4) Anhand der Daten überprüfen (5) Anhand der Daten überprüfen
Umgang mit Voraussetzungsverletzungen	(1) Test kann so nicht durchgeführt werden. (2) (a) Für dichotome Merkmale: McNemar-Test (S. 103) (b) Für mehrkategoriale Merkmale: Bowker-Test (S. 105) (3) Vorzeichentest (S. 100) (4) Umgang mit Nulldifferenzen: Zuweisung des Rangs $\frac{q+1}{2}$ zu den Nulldifferenzen (q: Anzahl der Nulldifferenzen) und zwar so, dass dieser Rangwert in der einen Hälfte aller Fälle negativ und in der anderen Hälfte aller Fälle positiv ist. (5) Umgang mit Rangbindungen: Exakte Tests für Wilcoxon-Vorzeichen-Rangtest (z. B. im R-Paket »exactRankTests«; Hothorn & Hornik, 2014)
Hypothesen	Siehe Vorzeichentest (S. 100)
Prüfgröße	W^+: Summe der Rangplätze der Personen mit $d_m > 0$ (die Differenzwerte $d_m = x_{m1} - x_{m2}$ werden zunächst in Absolutwerte $\lvert d_m \rvert$ transformiert; diese werden dann in Ränge transformiert: Rangplatz 1 für den geringsten Differenzbetrag, Rangplatz 2 für den zweitgeringsten etc.)
Exakter Test	Die kritischen Werte für die Prüfgröße W^+ sind tabelliert in Tabelle A.4 in Eid et al. (2015).

Approximativer Test (zulässig bei $n > 20$)

$$z = \frac{w^+ - E(W^+)}{\sigma_{W^+}} \quad \text{mit } E(W^+) = \frac{n \cdot (n+1)}{4}$$

$$\text{und } \sigma_{W^+} = \sqrt{\frac{n \cdot (n+1) \cdot (2 \cdot n + 1)}{24}}$$

Diese Prüfgröße ist approximativ standardnormalverteilt.

Effektgröße γ

Siehe Vorzeichentest (S. 100)

Konfidenzintervalle

Siehe Vorzeichentest (S. 100)

Optimale Stichprobengröße (approximativer Test)

$$n = \frac{(z_\alpha + z_\beta)^2}{3 \cdot (\pi_1 - 0{,}5)^2} \quad \text{bei einseitigem Test;}$$

bei zweiseitigem Test wird auf $z_{\left(1-\frac{\alpha}{2}\right)}$ zurückgegriffen

π_1: spezifische Wahrscheinlichkeit einer positiven Differenz $x_{m1} - x_{m2}$ unter der H_1

McNemar-Test

Anwendungsgebiet

Test auf Unterschiedlichkeit der Verteilungen eines dichotomen Merkmals, das zweimal gemessen wurde

Indizes

$i =$ 1, 2 für die beiden Ausprägungen des Merkmals bei Messung X

$j =$ 1, 2 für die beiden Ausprägungen des Merkmals bei Messung Y

Darstellung einer Vierfeldertafel mit den Zellwahrscheinlichkeiten in der Population (π_{ij}):

	$Y = y_1$	$Y = y_2$	
$X = x_1$	π_{11}	π_{12}	$\pi_{1\bullet}$
$X = x_2$	π_{21}	π_{22}	$\pi_{2\bullet}$
	$\pi_{\bullet 1}$	$\pi_{\bullet 2}$	

Relevant sind die Zellen, in denen sich die Merkmalsausprägung zwischen den beiden Messungen ändert (also die Zellen (1,2) und (2,1). Diese sind in der Tabelle grau schraffiert.

Voraussetzungen	(1) Unabhängigkeit der Messwertpaare voneinander (2) Ausprägungen des Merkmals bei Messung X bzw. Y sind disjunkt und exhaustiv.
Überprüfung der Voraussetzungen	(1) Durch Untersuchungsplanung sicherstellen (2) Durch Untersuchungsplanung sicherstellen
Umgang mit Voraussetzungsverletzungen	(1) Test kann so nicht durchgeführt werden. (2) Test kann so nicht durchgeführt werden.

Hypothesen

Nullhypothesen	$H_0\colon \pi_{12} = \pi_{21}$ oder $H_0\colon \pi_{1\bullet} = \pi_{\bullet 1}$ $H_0\colon \pi_{12} \leq \pi_{21}$ oder $H_0\colon \pi_{1\bullet} \leq \pi_{\bullet 1}$ $H_0\colon \pi_{12} \geq \pi_{21}$ oder $H_0\colon \pi_{1\bullet} \geq \pi_{\bullet 1}$
Alternativhypothesen	$H_1\colon \pi_{12} \neq \pi_{21}$ oder $H_1\colon \pi_{1\bullet} \neq \pi_{\bullet 1}$ $H_1\colon \pi_{12} > \pi_{21}$ oder $H_1\colon \pi_{1\bullet} > \pi_{\bullet 1}$ $H_1\colon \pi_{12} < \pi_{21}$ oder $H_1\colon \pi_{1\bullet} < \pi_{\bullet 1}$

Prüfgröße

Exakter Test

Die Häufigkeit n_{12} (bzw. n_{21}) folgt unter der Nullhypothese einer Binomialverteilung mit den Parametern $\pi_0 = 0{,}50$ und $(n_{12} + n_{21})$.

Asymptotische Tests

z-Verteilung (ab $n \geq 40$)

$$z = \frac{n_{12} - n_{21}}{\sqrt{n_{12} + n_{21}}}$$

Diese Prüfgröße ist approximativ standardnormalverteilt.

χ^2-Verteilung

$$\chi^2 = \frac{(n_{12} - n_{21})^2}{n_{12} + n_{21}}$$

Diese Prüfgröße ist unter der Nullhypothese approximativ χ^2-verteilt mit $df = 1$.

Kontinuitätskorrektur

$$\chi_c^2 = \frac{(|n_{12} - n_{21}| - 0{,}5)^2}{n_{12} + n_{21}}$$

Effektgrößen

Effektgröße γ'

Population $\gamma' = \pi_{1\bullet} - \pi_{\bullet 1}$

Stichprobe $g' = \frac{n_{1\bullet}}{n} - \frac{n_{\bullet 1}}{n}$

Odds-Ratio (*OR*)

Population $OR_{\text{pop}} = \frac{\pi_{12}}{\pi_{21}}$

Stichprobe $OR = \frac{n_{12}}{n_{21}}$

Konfidenzintervalle

Effektgröße γ'

Ungerichtete Hypothese $\left[\left(g' - z_{(1-\alpha/2)} \cdot \hat{\sigma}_{G'}\right); \left(g' + z_{(1-\alpha/2)} \cdot \hat{\sigma}_{G'}\right)\right]$

$$\hat{\sigma}_{G'} = \sqrt{\frac{\left[\left(h_{21} + h_{12}\right) - \left(h_{21} - h_{12}\right)^2\right]}{n}}$$

h_{ij}: relative Häufigkeit der Zelle ij

Gerichtete Hypothese $\left[\left(g' - z_{(1-\alpha)} \cdot \hat{\sigma}_{G'}\right); 1\right]$ für H_1: $\pi_{12} > \pi_{21}$

$\left[-1; \left(g' + z_{(1-\alpha)} \cdot \hat{\sigma}_{G'}\right)\right]$ für H_1: $\pi_{12} < \pi_{21}$

Optimale Stichprobengröße Mittels Computerprogramm

Bowker-Test

Anwendungsgebiet Test auf Unterschiedlichkeit der Verteilungen eines polytomen Merkmals, das zweimal gemessen wurde

Indizes

$j =$ 1, ..., k für die Ausprägungen des Merkmals bei Messung X

$j' =$ 1, ..., k für die Ausprägungen des Merkmals bei Messung Y

Voraussetzungen	(1) Unabhängigkeit der Messwertpaare voneinander (2) Ausprägungen des Merkmals bei Messung X bzw. Y sind disjunkt und exhaustiv. (3) Erwartete Häufigkeit ε_{ij} in jeder Zelle ≥ 1 und in mindestens 80% der Zellen ≥ 5
Überprüfung der Voraussetzungen	(1) Durch Untersuchungsplanung sicherstellen (2) Durch Untersuchungsplanung sicherstellen (3) In den Daten überprüfen
Umgang mit Voraussetzungsverletzungen	(1) Test kann so nicht durchgeführt werden. (2) Test kann so nicht durchgeführt werden. (3) Bei kleinen Stichproben: Exakter Test (Krauth, 1973)
Hypothesen	
Nullhypothese	$H_0\colon \pi_{jj'} = \pi_{j'j}$ für alle $j \neq j'$
Alternativhypothese	$H_1\colon \pi_{jj'} \neq \pi_{j'j}$ für mindestens ein Paar $j \neq j'$
Prüfgröße	$\chi^2 = \sum_{j=1}^{k} \sum_{j'=1}^{k} \frac{\left(n_{jj'} - n_{j'j}\right)^2}{n_{jj'} + n_{j'j}}$ mit $j > j'$ Diese Prüfgröße ist unter der Nullhypothese approximativ χ^2-verteilt mit $df = \frac{k \cdot (k-1)}{2}$ Freiheitsgraden.

13 Varianzanalyse ohne Messwiederholung und verwandte Verfahren

Einfaktorielle Varianzanalyse ohne Messwiederholung

Anwendungsgebiet

Test auf Unterschiedlichkeit von Mittelwerten zwischen zwei oder mehreren Bedingungen im Falle unabhängiger Stichproben

---

Voraussetzungen

(1) Unabhängigkeit der Messwerte innerhalb jeder Bedingung (Unabhängigkeit der Residuen)
(2) Unabhängigkeit der Messwerte zwischen den Bedingungen
(3) Stetiges Merkmal X
(4) Normalverteilung des Merkmals X innerhalb jeder Bedingung auf Populationsebene
(5) Homoskedastizität

Überprüfung der Voraussetzungen

(1) Durch Untersuchungsplanung sicherstellen
(2) Durch Untersuchungsplanung sicherstellen
(3) Durch Untersuchungsplanung sicherstellen
(4) Ggf. mit Kolmogorov-Smirnov-Anpassungstest überprüfen (S. 77)
(5) Ggf. mit Levene-Test überprüfen (S. 92)

Umgang mit Voraussetzungsverletzungen

(1) Falls die Nicht-Unabhängigkeit auf mehrstufige Auswahlverfahren zurückzuführen ist: Mehrebenenmodell als Alternative (s. Kap. 20)
(2) Bei abhängigen Stichproben: Einfaktorielle Varianzanalyse mit Messwiederholung (S. 128)
(3) Test für andere Merkmale, z. B. Logit-Modelle (s. Kap 21) oder Logistische Regressionsmodelle (s. Kap. 22) für kategoriale Variablen
(4) Verletzung der Normalverteilungsannahme
    (a) Relative Robustheit für $n_j \geq 30$

(b) Bei kleinen Stichproben: nonparametrische Verfahren, z. B. Kruskal-Wallis-Test (S. 125)
(c) Transformation der Variablen (s. Abschn. 19.13.7 in Eid et al., 2015)
(d) Falls durch Ausreißer bedingt: robuste Verfahren, z. B. Vergleich getrimmter Mittelwerte (s. Abschn. 6.4.2 in Eid et al., 2015)

(5) Verletzung der Homoskedastizität:
(a) Relative Robustheit bei gleich großen Stichproben
(b) Bei ungleich großen Stichproben: Brown-Forsythe-Test oder Welch-Test (s. u.: »Prüfgrößen«)
(c) Falls durch Ausreißer bedingt: robuste Verfahren, z. B. Vergleich getrimmter Mittelwerte (s. Abschn. 6.4.2 in Eid et al., 2015)

Indizes — $m = 1, \ldots, n$ für Personen bzw. Messwerte; $j = 1, \ldots, J$ für Bedingungen

---

Messwertzerlegung

Mittelwertsdarstellung
$$x_{mj} = \bar{x}_j + \left(x_{mj} - \bar{x}_j\right) = \bar{x}_j + e_{mj}$$

Effektdarstellung
$$x_{mj} = \bar{x}_j + e_{mj} = \bar{x} + \left(\bar{x}_j - \bar{x}\right) + e_{mj} = \bar{x} + t_j + e_{mj}$$

Effekt
$$t_j = \bar{x}_j - \bar{x}$$

Quadratsummenzerlegung

Totale Quadratsumme
$$QS_{\text{tot}} = \sum_{j=1}^{J}\sum_{m=1}^{n_j}\left(x_{mj} - \bar{x}\right)^2$$

Zwischen-Quadratsumme
$$QS_{\text{zw}} = \sum_{j=1}^{J}\sum_{m=1}^{n_j}\left(\bar{x}_j - \bar{x}\right)^2$$

Innerhalb-Quadratsumme
$$QS_{\text{inn}} = \sum_{j=1}^{J}\sum_{m=1}^{n_j}\left(x_{mj} - \bar{x}_j\right)^2$$

Additivität der Quadratsummen
$$QS_{\text{tot}} = QS_{\text{zw}} + QS_{\text{inn}}$$

Populationsmodell

Erwartungswert-darstellung
$$x_{mj} = \mu_j + \varepsilon_{mj}$$

Effektdarstellung
$$x_{mj} = \mu + \tau_j + \varepsilon_{mj}$$

Effekt
$$\tau_j = \mu_j - \mu$$

Schätzung der Populationsparameter

Populationsmittelwert μ

$$\hat{\mu} = \bar{x} = \frac{\sum_{j=1}^{J}\sum_{m=1}^{n_j} x_{mj}}{n}$$

Effekt τ_j

$$\hat{\tau}_j = t_j = \bar{x}_j - \bar{x}, \qquad \sum_{j=1}^{J} \frac{n_j}{n} \cdot t_j = 0$$

Populationsresidualvarianz $\hat{\sigma}_\varepsilon^2$

Gleich große Stichproben

$$\hat{\sigma}_\varepsilon^2 = MQS_{\text{inn}} = \frac{\sum_{j=1}^{J} MQS_j}{J}$$

Unterschiedlich große Stichproben

$$\hat{\sigma}_\varepsilon^2 = MQS_{\text{inn}} = \frac{\sum_{j=1}^{J} MQS_j \cdot (n_j - 1)}{\sum_{j=1}^{J} (n_j - 1)}$$

Mittlere Quadratsumme für die Bedingung a_j

$$MQS_j = \frac{\sum_{m=1}^{n_j} (x_{mj} - \bar{x}_j)^2}{n_j - 1}$$

Residualwert $\hat{\varepsilon}_{mj}$

$$\hat{\varepsilon}_{mj} = e_{mj} = x_{mj} - \bar{x}_j$$

Hypothesen

Erwartungswertdarstellung

Nullhypothese H_0: $\mu_i = \mu_j$ für alle Paare (i, j), $i \neq j$

Alternativhypothese H_1: $\mu_i \neq \mu_j$ für mindestens ein Paar (i, j), $i \neq j$

Effektdarstellung

Nullhypothese H_0: $\tau_j = 0$ für alle j

Alternativhypothese H_1: $\tau_j \neq 0$ für mindestens ein j

Prüfgrößen

F-Test

$$F = \frac{MQS_{\text{zwischen}}}{MQS_{\text{innerhalb}}} = \frac{MQS_{\text{zw}}}{MQS_{\text{inn}}}$$

Diese Prüfgröße ist unter der Nullhypothese F-verteilt mit $df_1 = df_{\text{zw}} = J - 1$ und $df_2 = df_{\text{inn}} = n - J$.

n: Gesamtstichprobengröße

Mittlere Zwischen-Quadratsumme

$$MQS_{\text{zw}} = \frac{QS_{\text{zw}}}{df_{\text{zw}}} = \frac{\sum_{j=1}^{J} n_j \cdot \left(\bar{x}_j - \bar{x}\right)^2}{J-1}$$

$$E\left(MQS_{\text{zw}}\right) = \sigma_\varepsilon^2 + \frac{\sum_{j=1}^{J} \tau_j^2 \cdot n_j}{J-1}$$

Mittlere Innerhalb-Quadratsumme

$$MQS_{\text{inn}} = \frac{QS_{\text{inn}}}{df_{\text{inn}}} = \frac{\sum_{j=1}^{J}\sum_{m=1}^{n_j} \left(x_{mj} - \bar{x}_j\right)^2}{n-J}$$

$$E\left(MQS_{\text{inn}}\right) = \sigma_\varepsilon^2$$

Brown-Forsythe-Test

$$F_{\text{BF}} = \frac{\sum_{j=1}^{J} n_j \cdot \left(\bar{x}_j - \bar{x}\right)^2}{\sum_{j=1}^{J} \left(1 - \frac{n_j}{n}\right) \cdot \hat{\sigma}_j^2}$$

Die Brown-Forsythe-Prüfgröße folgt unter der Nullhypothese approximativ einer F-Verteilung mit $df_1 = J - 1$ und:

$$df_2 = \frac{1}{\sum_{j=1}^{J} \frac{g_j^2}{n_j - 1}} \quad \text{mit} \quad g_j = \left(\frac{\left(1 - \frac{n_j}{n}\right)\hat{\sigma}_j^2}{\sum_{j=1}^{J} \left(1 - \frac{n_j}{n}\right)\hat{\sigma}_j^2} \right)$$

Welch-Test

$$F_W = \frac{\frac{1}{J-1} \cdot \sum_{j=1}^{J} \frac{n_j}{\hat{\sigma}_j^2} \cdot \left(\bar{x}_j - \frac{\sum_j^J \frac{n_j}{\hat{\sigma}_j^2} \cdot \bar{x}_j}{\sum_j^J \frac{n_j}{\hat{\sigma}_j^2}} \right)^2}{1 + \frac{2 \cdot (J-2)}{3 \cdot df_2}}$$

Die Welch-Prüfgröße folgt unter der Nullhypothese approximativ einer F-Verteilung mit $df_1 = J - 1$ und:

$$df_2 = \frac{J^2 - 1}{3 \cdot \sum_{j=1}^{J} \left(1 - \frac{\frac{n_j}{\hat{\sigma}_j^2}}{\sum_{j=1}^{J} \frac{n_j}{\hat{\sigma}_j^2}} \right)^2 \cdot \frac{1}{n_j - 1}}$$

Effektgrößen

Effektgröße η^2

Population

$$\eta^2 = \frac{\sigma_\tau^2}{\sigma_\tau^2 + \sigma_\varepsilon^2}$$

σ_τ^2: Populationseffektvarianz

σ_ε^2: Populationsresidualvarianz

Stichprobe

$$\hat{\eta}^2 = \frac{F \cdot df_{\text{zw}}}{F \cdot df_{\text{zw}} + df_{\text{inn}}}$$ oder

$$\hat{\eta}^2 = \frac{QS_{\text{zw}}}{QS_{\text{tot}}} = \frac{\sum_{j=1}^{J} n_j \cdot \left(\bar{x}_j - \bar{x}\right)^2}{\sum_{j=1}^{J} \sum_{m=1}^{n_j} \left(x_{mj} - \bar{x}\right)^2}$$

Korrigierter Schätzer $\hat{\omega}^2$

$$\hat{\omega}^2 = \frac{QS_{\text{zw}} - (J-1) \cdot MQS_{\text{inn}}}{QS_{\text{tot}} + MQS_{\text{inn}}}$$

Konventionen

$\eta^2 \approx 0{,}01$: kleiner Effekt

$\eta^2 \approx 0{,}06$: mittlerer Effekt

$\eta^2 \approx 0{,}14$: großer Effekt

Signal-zu-Rauschen-Quotient ϕ^2

Population

$$\phi^2 = \frac{\sigma_\tau^2}{\sigma_\varepsilon^2} = \frac{\eta^2}{1 - \eta^2}$$

Stichprobe

$$f^2 = \hat{\phi}^2 = \frac{\hat{\eta}^2}{1 - \hat{\eta}^2}$$

Konventionen

$\phi^2 \approx 0{,}01$: kleiner Effekt

$\phi^2 \approx 0{,}0625$: mittlerer Effekt

$\phi^2 \approx 0{,}16$: großer Effekt

Effektgrößenmaß ϕ

Population

$$\phi = \sqrt{\frac{\sigma_\tau^2}{\sigma_\varepsilon^2}}$$

Stichprobe

$$f = \hat{\phi} = \sqrt{\frac{\hat{\eta}^2}{1-\hat{\eta}^2}}$$

Konventionen

$\phi \approx 0{,}10$: kleiner Effekt

$\phi \approx 0{,}25$: mittlerer Effekt

$\phi \approx 0{,}40$: großer Effekt

Konfidenzintervalle

Effektgröße η^2

$$\left[\left(\frac{\lambda_\text{u}}{\lambda_\text{u}+n}\right);\left(\frac{\lambda_\text{o}}{\lambda_\text{o}+n}\right)\right]$$

λ_u, λ_o: Grenzen des Konfidenzintervalls für den Nonzentralitätsparameter λ einer nonzentralen F-Verteilung

Geschätzter Nonzentralitätsparameter

$$\hat{\lambda} = n \cdot f^2 = n \cdot \frac{\hat{\eta}^2}{1-\hat{\eta}^2}$$

Effektgrößenschätzer $\hat{\omega}^2$

$$\left[\left(\frac{\hat{\eta}_\text{u}^2 \cdot QS_\text{tot} - \frac{(J-1)}{df_\text{inn}} \cdot (1-\hat{\eta}_\text{u}^2) \cdot QS_\text{tot}}{QS_\text{tot} + \frac{(1-\hat{\eta}_\text{u}^2) \cdot QS_\text{tot}}{df_\text{inn}}}\right); \left(\frac{\hat{\eta}_\text{o}^2 \cdot QS_\text{tot} - \frac{(J-1)}{df_\text{inn}} \cdot (1-\hat{\eta}_\text{o}^2) \cdot QS_\text{tot}}{QS_\text{tot} + \frac{(1-\hat{\eta}_\text{o}^2) \cdot QS_\text{tot}}{df_\text{inn}}}\right)\right]$$

Signal-zu-Rauschen-Quotient ϕ^2

$$\left[\left(\frac{\lambda_\text{u}}{n}\right);\left(\frac{\lambda_\text{o}}{n}\right)\right]$$

Effektgrößenmaß ϕ

$$\left[\left(\sqrt{\frac{\lambda_u}{n}}\right);\left(\sqrt{\frac{\lambda_o}{n}}\right)\right]$$

Optimale Stichprobengröße

$$n = \frac{\lambda_1}{\phi_1^2}$$

λ_1: Nonzentralitätsparameter einer nonzentralen F-Verteilung für einen spezifischen Populationseffekt unter der H_1

ϕ_1^2: Spezifischer Populationseffekt unter der H_1

Post-hoc-Tests für die einfaktorielle Varianzanalyse

Anwendungsgebiet

Test auf Unterschiedlichkeit zweier Mittelwerte (»Paarvergleich«) in einem einfaktoriellen Design ohne Messwiederholung

---

Voraussetzungen

Siehe Einfaktorielle Varianzanalyse ohne Messwiederholung (S. 107)

Hypothesen

Nullhypothesen

H_0: $\mu_j - \mu_{j'} = 0$

H_0: $\mu_j - \mu_{j'} \leq 0$ mit $j \neq j'$

H_0: $\mu_j - \mu_{j'} \geq 0$

Alternativhypothesen

H_1: $\mu_j - \mu_{j'} \neq 0$

H_1: $\mu_j - \mu_{j'} > 0$ mit $j \neq j'$

H_1: $\mu_j - \mu_{j'} < 0$

Prüfgrößen

t-Test

$$t = \frac{\bar{x}_j - \bar{x}_{j'}}{\sqrt{\left(\frac{1}{n_j} + \frac{1}{n_{j'}}\right) \cdot MQS_{inn}}}$$

MQS_{inn}: Mittlere Quadratsumme innerhalb der Bedingungen aus der einfaktoriellen Varianzanalyse

Diese Prüfgröße folgt unter der Nullhypothese einer t-Verteilung mit $df = n - J$ Freiheitsgraden.

Adjustierung des Signifikanzniveaus für die Überprüfung eines spezifischen Paarvergleichs

Šidák-Adjustierung

$$\alpha_r = 1 - \sqrt[s]{1 - \alpha_{\text{fam}}}$$

α_r: Signifikanzniveau für einen spezifischen Paarvergleich P_r

s: Anzahl der vorgenommenen Paarvergleiche

α_{fam}: Signifikanzniveau für eine Familie von Paarvergleichen (»family-wise error rate«) simultan (kumulierte Irrtumswahrscheinlichkeit)

Bonferroni-Adjustierung

$$\alpha_r = \frac{\alpha_{\text{fam}}}{s}$$

Bonferroni-Holm-Methode

(1) Festlegung von α_{fam}
(2) Durchführung der s Paarvergleiche und Ermittlung der jeweiligen p_r-Werte. Ein p_r-Wert ist der p-Wert des r-ten Paarvergleichs.
(3) Sortieren der Paarvergleiche nach den p_r-Werten in aufsteigender Reihenfolge, sodass P_1 der Mittelwertsunterschied mit dem »signifikantesten« Effekt, P_2 der Mittelwertsunterschied mit dem »zweitsignifikantesten« Effekt etc. und P_s der Mittelwertsunterschied mit dem am wenigsten signifikanten Effekt ist.
(4) Bestimmung des adjustierten spezifischen Signifikanzniveaus auf der Basis der Gleichung

$$\alpha_r = \frac{\alpha_{\text{fam}}}{s - (r - 1)}$$

Tukey-HSD-Test

$$P_{\text{krit}} = q_{(\alpha, J, df_{\text{inn}})} \cdot \sqrt{\frac{J \cdot \hat{\sigma}_\varepsilon^2}{n}}$$

P_{krit}: Kritischer Wert eines Paarvergleichs bei gegebenem Signifikanzniveau (α), gegebener Anzahl Bedingungen (J) und gegebener Anzahl Freiheitsgrade innerhalb der Bedingungen (df_{inn})

q: Kritischer Wert unter der q-Verteilung (s. Online-Materialien zu Eid et al., 2015)

$\hat{\sigma}_\varepsilon^2$: Geschätzte Populationsresidualvarianz

n: Gesamtstichprobengröße

Anwendungsgebiet: Überprüfung aller möglichen Paarvergleiche

Dunnett-Test

$$P_{\text{krit}} = d_{\text{krit}} \cdot \sqrt{\frac{2 \cdot J \cdot \hat{\sigma}_{\varepsilon}^2}{n}}$$

P_{krit}: Kritischer Wert eines Paarvergleichs bei gegebenem Signifikanzniveau (α), gegebener Anzahl Bedingungen (J) und gegebener Anzahl Freiheitsgrade innerhalb der Bedingungen (df_{inn})

d_{krit}: Kritischer Wert unter der d-Verteilung (s. Online-Materialien zu Eid et al., 2015)

Anwendungsgebiet: Überprüfung von J–1 Paarvergleichen, z. B. Vergleich aller Experimentalbedingungen mit einer Kontrollbedingung

---

Effektgrößen: Siehe t-Test für unabhängige Stichproben (S. 83)

Einfaktorielle Kontrastanalyse

Anwendungsgebiet: Testung spezifischer Hypothesen über die Struktur von Mittelwertsunterschieden in einfaktoriellen Designs ohne Messwiederholung

---

Voraussetzungen: Siehe Einfaktorielle Varianzanalyse ohne Messwiederholung (S. 107)

Definition eines Kontrasts

Population

$$\Lambda = K_1 \cdot \mu_1 + K_2 \cdot \mu_2 + K_3 \cdot \mu_3 + \ldots + K_J \cdot \mu_J$$

K_j: Kontrastkoeffizient (Gewichtung des Mittelwerts einer Bedingung j; hypothesengeleitet festzulegen) mit

$$\sum_{j=1}^{J} K_j = 0$$

Stichprobe

$$L = \hat{\Lambda} = K_1 \cdot \bar{x}_1 + K_2 \cdot \bar{x}_2 + K_3 \cdot \bar{x}_3 + \ldots + K_J \cdot \bar{x}_J$$

Orthogonale Kontraste

$$\sum_{j=1}^{J} \frac{K_{ij} \cdot K_{i'j}}{n_j} = 0$$

Die Indizes i und i' zeigen verschiedene Kontraste Λ_i und $\Lambda_{i'}$ an.

Spezielle Kontraste: Trendtests

Stufen	Effekt	K_1	K_2	K_3	K_4	K_5
$J = 2$	linear	−1	+1			
$J = 3$	linear	−1	0	+1		
	quadratisch	+1	−2	+1		
$J = 4$	linear	−3	−1	+1	+3	
	quadratisch	+1	−1	−1	+1	
	kubisch	−1	+3	−3	+1	
$J = 5$	linear	−2	−1	0	+1	+2
	quadratisch	+2	−1	−2	−1	+2
	kubisch	−1	+2	0	−2	+1
	quartisch	+1	−4	+6	−4	+1

Weitere spezielle Kontraste

Name des Kontrastes	Kontrasthypothesen (Beispiele)	Kontrastkoeffizienten K_1	K_2	K_3	K_4
Einfacher Kontrast	$\mu_1 < \mu_2$	−1	1	0	0
	$\mu_1 < \mu_3$	−1	0	1	0
	$\mu_1 < \mu_4$	−1	0	0	1
Abweichungs-kontrast	$\mu_1 < \frac{\mu_2 + \mu_3 + \mu_4}{3}$	−3	1	1	1
	$\mu_2 < \frac{\mu_1 + \mu_3 + \mu_4}{3}$	1	−3	1	1
	$\mu_3 < \frac{\mu_1 + \mu_2 + \mu_4}{3}$	1	1	−3	1
Wiederholter Kontrast	$\mu_1 < \mu_2$	−1	1	0	0
	$\mu_2 < \mu_3$	0	−1	1	0
	$\mu_3 < \mu_4$	0	0	−1	1
Helmert-Kontrast	$\mu_1 < \frac{\mu_2 + \mu_3 + \mu_4}{3}$	−3	1	1	1
	$\mu_2 < \frac{\mu_3 + \mu_4}{2}$	0	−2	1	1
	$\mu_3 < \mu_4$	0	0	−1	1
Differenz-kontrast	$\mu_1 < \mu_2$	−1	1	0	0
	$\frac{\mu_1 + \mu_2}{2} < \mu_3$	−1	−1	2	0
	$\frac{\mu_1 + \mu_2 + \mu_3}{3} < \mu_4$	−1	−1	−1	3

Hypothesen

Nullhypothesen

$H_0\colon \Lambda = 0$

$H_0\colon \Lambda \geq 0$

$H_0\colon \Lambda \leq 0$

Alternativhypothesen

$H_1\colon \Lambda \neq 0$

$H_1\colon \Lambda < 0$

$H_1\colon \Lambda > 0$

Prüfgrößen

***t*-Test**

$$t_{\text{Kontrast}} = \frac{\sum_{j=1}^{J} K_j \cdot \bar{x}_j}{\sqrt{MQS_{\text{inn}} \cdot \sum_{j=1}^{J} \frac{K_j^2}{n_j}}}$$

Diese Prüfgröße folgt unter der Nullhypothese einer *t*-Verteilung mit $df = n - J$ Freiheitsgraden.

***F*-Test**

$$F_{\text{Kontrast}} = \frac{QS_{\text{Kontrast}}}{MQS_{\text{inn}}}$$

$$QS_{\text{Kontrast}} = \frac{\left(\sum_{j=1}^{J} K_j \cdot \bar{x}_j\right)^2}{\sum_{j=1}^{J} \frac{K_j^2}{n_j}}$$

MQS_{inn}: Mittlere Quadratsumme innerhalb der Bedingungen aus der einfaktoriellen Varianzanalyse

Diese Prüfgröße ist unter der Nullhypothese *F*-verteilt mit $df_1 = 1$ und $df_2 = n - J$ Freiheitsgraden (n = Gesamtstichprobengröße).

Adjustierung des Signifikanzniveaus für die Überprüfung eines einzelnen linearen Kontrastes

Scheffé-Test

$F_{\text{adj}} = F_{\text{krit}} \cdot (J - 1)$

F_{adj}: Adjustierter kritischer *F*-Wert zur inferenzstatistischen Absicherung eines Kontrasts

F_{krit}: Kritischer Wert unter der (normalen) *F*-Verteilung bei gegebenem α, df_1 und df_2

Effektgrößen

Cohens δ'

Population

$$\delta' = \frac{\Lambda}{\sigma_\varepsilon}$$

Stichprobe

$$d' = \frac{L}{\sqrt{MQS_{\text{inn}}}}$$

L: Kontrast (gewichtete Summe der Bedingungsmittelwerte)

Effektgröße $\hat{\eta}_{\text{K}}$

Stichprobe

$$\hat{\eta}_{\text{K}} = \sqrt{\frac{F_{\text{Kontrast}}}{\frac{QS_{\text{zw}}}{MQS_{\text{inn}}} + df_{\text{inn}}}}$$

$$F_{\text{Kontrast}} = \frac{QS_{\text{Kontrast}}}{MQS_{\text{inn}}}$$

QS_{zw}: Quadratsumme zwischen den Bedingungen aus der einfaktoriellen Varianzanalyse

df_{inn}: Freiheitsgrade innerhalb der Bedingungen aus der einfaktoriellen Varianzanalyse

Konventionen

$\eta_{\text{K}} \approx 0{,}10$: schwacher Effekt

$\eta_{\text{K}} \approx 0{,}30$: mittlerer Effekt

$\eta_{\text{K}} \approx 0{,}50$: großer Effekt

Konfidenzintervalle

Kontrast Λ

$$\left[\left(\hat{\Lambda} - \sqrt{F_{(1-\alpha;1;df_{\text{inn}})}} \cdot \sqrt{MQS_{\text{inn}} \cdot \sum_{j=1}^{J} \frac{K_j^2}{n_j}}\right);\right.$$
$$\left.\left(\hat{\Lambda} + \sqrt{F_{(1-\alpha;1;df_{\text{inn}})}} \cdot \sqrt{MQS_{\text{inn}} \cdot \sum_{j=1}^{J} \frac{K_j^2}{n_j}}\right)\right]$$

Zweifaktorielle Varianzanalyse ohne Messwiederholung (mit gleich großen Zellenstichproben)

Anwendungsgebiet	Test auf Unterschiedlichkeit von Mittelwerten in zweifaktoriellen Versuchsplänen im Falle unabhängiger Stichproben
Voraussetzungen	(1) Unabhängigkeit der Messwerte innerhalb jeder Bedingungskombination (2) Unabhängigkeit der Messwerte zwischen den Bedingungskombinationen (3) Stetiges Merkmal X (4) Normalverteilung des Merkmals X innerhalb jeder Bedingungskombination (5) Homoskedastizität
Überprüfung der Voraussetzungen	(1) Durch Untersuchungsplanung sicherstellen (2) Durch Untersuchungsplanung sicherstellen (3) Durch Untersuchungsplanung sicherstellen (4) Ggf. mit Kolmogorov-Smirnov-Anpassungstest überprüfen (S. 77) (5) Ggf. mit Levene-Test überprüfen (S. 92)
Umgang mit Voraussetzungsverletzungen	(1) Falls die Nicht-Unabhängigkeit auf mehrstufige Auswahlverfahren zurückzuführen ist: Mehrebenenmodell als Alternative (s. Kap. 20) (2) Zweifaktorielle Varianzanalyse mit Messwiederholung auf beiden Faktoren (S. 135) (3) Test für andere Merkmale, z. B. Logit-Modelle (s. Kap. 21) oder Logistische Regressionsmodelle (s. Kap. 22) für kategoriale Variablen (4) Verletzung der Normalverteilungsannahme (a) Relative Robustheit für $n_{jk} \geq 30$ (b) Bei kleinen Stichproben: nonparametrische Verfahren, z. B. Kruskal-Wallis-Test (S. 125) (c) Transformation der Variablen (s. Abschn. 19.13.7 in Eid et al., 2015) (d) Falls durch Ausreißer bedingt: robuste Verfahren, z. B. Vergleich getrimmter Mittelwerte (s. Abschn. 6.4.2 in Eid et al., 2015) (5) Verletzung der Homoskedastizität: (a) Relative Robustheit bei gleich großen Stichproben (b) Bei ungleich großen Stichproben: Brown-Forsythe-Test oder Welch-Test (s. u.: »Prüfgrößen«)

(c) Falls durch Ausreißer bedingt: robuste Verfahren, z. B. Vergleich getrimmter Mittelwerte (s. Abschn. 6.4.2 in Eid et al., 2015)

Indizes

$m = 1, \ldots, n$ für Personen bzw. Messwerte

$j = 1, \ldots, J$ für die Stufen des Faktors A

$k = 1, \ldots, K$ für die Stufen des Faktors B

n_{Zelle}: Stichprobengröße einer Zelle

Messwertzerlegung

Mittelwertdarstellung

$$x_{mjk} = \bar{x}_{jk} + e_{mjk}$$

Effektdarstellung

Zerlegung der Zellenmittelwerte $\bar{x}_{jk}$ in

$$\bar{x}_{jk} = \bar{x} + t_{a_j} + t_{b_k} + t_{(a \times b)_{jk}}$$

Haupteffekte des Faktors A

$$t_{a_j} = \bar{x}_{j\bullet} - \bar{x}$$

Haupteffekte des Faktors B

$$t_{b_k} = \bar{x}_{\bullet k} - \bar{x}$$

Interaktionseffekte $A \times B$

$$t_{(a \times b)_{jk}} = \bar{x}_{jk} - \left[(\bar{x}_{j\bullet} - \bar{x}) + (\bar{x}_{\bullet k} - \bar{x}) + \bar{x}\right]$$
$$= \bar{x}_{jk} - \left[t_{a_j} + t_{b_k} + \bar{x}\right]$$
$$= \bar{x}_{jk} - t_{a_j} - t_{b_k} - \bar{x}$$

Interaktion

Definition

Eine Interaktion zwischen zwei Faktoren A und B liegt dann vor, wenn sich die bedingten Haupteffekte eines Faktors zwischen den Stufen des jeweils anderen Faktors unterscheiden.

Formen

Ordinal

Eine Interaktion in einem Design mit zwei Faktoren, die jeweils zwei Stufen aufweisen, ist ordinal, wenn die bedingten Unterschiede (die bedingten Mittelwertsdifferenzen) zwischen a_1 und a_2 in beiden Stufen des Faktors B gleiche Vorzeichen haben und wenn die bedingten Unterschiede zwischen b_1 und b_2 in beiden Stufen des Faktors A gleiche Vorzeichen haben.

Disordinal

Eine Interaktion in einem Design mit zwei Faktoren, die jeweils zwei Stufen aufweisen, ist disordinal, wenn die bedingten Unterschiede zwischen a_1 und a_2 in den Stufen des Fak-

	tors B unterschiedliche Vorzeichen haben und wenn die bedingten Unterschiede zwischen b_1 und b_2 in den Stufen des Faktors A unterschiedliche Vorzeichen haben.
Semidisordinal (hybrid)	Eine Interaktion in einem Design mit zwei Faktoren, die jeweils zwei Stufen aufweisen, ist semidisordinal, wenn die bedingten Unterschiede zwischen a_1 und a_2 in den Stufen des Faktors B unterschiedliche Vorzeichen haben, während die bedingten Unterschiede zwischen b_1 und b_2 in den Stufen des Faktors A keine unterschiedlichen Vorzeichen haben (oder umgekehrt).

Quadratsummenzerlegung

Totale Quadratsumme

$$QS_{\text{tot}} = \sum_{k=1}^{K}\sum_{j=1}^{J}\sum_{m=1}^{n_{\text{Zelle}}}\left(x_{mjk} - \overline{x}\right)^2$$

Zwischen-Quadratsumme

$$QS_{\text{zw}} = \sum_{k=1}^{K}\sum_{j=1}^{J}\sum_{m=1}^{n_{\text{Zelle}}}\left(\overline{x}_{jk} - \overline{x}\right)^2$$

$$= n_{\text{Zelle}} \cdot \sum_{k=1}^{K}\sum_{j=1}^{J}\left(\overline{x}_{jk} - \overline{x}\right)^2$$

Innerhalb-Quadratsumme

$$QS_{\text{inn}} = \sum_{k=1}^{K}\sum_{j=1}^{J}\sum_{m=1}^{n_{\text{Zelle}}}\left(x_{mjk} - \overline{x}_{jk}\right)^2$$

Haupteffekte Faktor *A*

$$QS_A = \sum_{k=1}^{K}\sum_{j=1}^{J}\sum_{m=1}^{n_{\text{Zelle}}}\left(\overline{x}_{j\bullet} - \overline{x}\right)^2$$

$$= K \cdot n_{\text{Zelle}} \cdot \sum_{j=1}^{J}\left(\overline{x}_{j\bullet} - \overline{x}\right)^2$$

Haupteffekte Faktor *B*

$$QS_B = \sum_{k=1}^{K}\sum_{j=1}^{J}\sum_{m=1}^{n_{\text{Zelle}}}\left(\overline{x}_{\bullet k} - \overline{x}\right)^2$$

$$= J \cdot n_{\text{Zelle}} \cdot \sum_{k=1}^{K}\left(\overline{x}_{\bullet k} - \overline{x}\right)^2$$

Interaktionseffekte *A* × *B*

$$QS_{A\times B} = \sum_{k=1}^{K}\sum_{j=1}^{J}\sum_{m=1}^{n_{\text{Zelle}}}\left(\overline{x}_{jk} - \overline{x}_{j\bullet} - \overline{x}_{\bullet k} + \overline{x}\right)^2$$

$$= n_{\text{Zelle}} \cdot \sum_{k=1}^{K}\sum_{j=1}^{J}\left(\overline{x}_{jk} - \overline{x}_{j\bullet} - \overline{x}_{\bullet k} + \overline{x}\right)^2$$

Additivität

$$QS_{\text{tot}} = QS_{\text{zw}} + QS_{\text{inn}}$$

$$QS_{\text{tot}} = QS_A + QS_B + QS_{A\times B} + QS_{\text{inn}}$$

Populationsmodell

Erwartungswert-darstellung	$x_{mjk} = \mu_{jk} + \varepsilon_{mjk}$
Effektdarstellung	$x_{mjk} = \mu + \tau_{a_j} + \tau_{b_k} + \tau_{(a \times b)_{jk}} + \varepsilon_{mjk}$
Haupteffekte des Faktors A	$\tau_{a_j} = \mu_{j\bullet} - \mu, \quad \sum_{j=1}^{J} \tau_{a_j} = 0$
Haupteffekte des Faktors B	$\tau_{b_k} = \mu_{\bullet k} - \mu, \quad \sum_{k=1}^{K} \tau_{b_k} = 0$
Interaktionseffekte $A \times B$	$\tau_{(a \times b)_{jk}} = \mu_{jk} - \mu_{j\bullet} - \mu_{\bullet k} + \mu$ $\sum_{j=1}^{J} \tau_{(a \times b)_{jk}} = \sum_{k=1}^{K} \tau_{(a \times b)_{jk}} = \sum_{j=1}^{J} \sum_{k=1}^{K} \tau_{(a \times b)_{jk}} = 0$

Schätzung der Populationsparameter

Populationsmittelwert μ	$\hat{\mu} = \bar{x} = \frac{\sum_{k=1}^{K} \sum_{j=1}^{J} \sum_{m=1}^{n_{\text{Zelle}}} x_{mjk}}{J \cdot K \cdot n_{\text{Zelle}}}$
Schätzung der Haupteffekte τ_{a_j}	$t_{a_j} = \hat{\tau}_{a_j} = \bar{x}_{j\bullet} - \bar{x}$
Schätzung der Haupteffekte τ_{b_j}	$t_{b_k} = \hat{\tau}_{b_k} = \bar{x}_{\bullet k} - \bar{x}$
Schätzung der Interaktionseffekte $\tau_{(a \times b)_{jk}}$	$t_{(a \times b)_{jk}} = \hat{\tau}_{(a \times b)_{jk}} = (\bar{x}_{jk} - \bar{x}) - (\bar{x}_{j\bullet} - \bar{x}) - (\bar{x}_{\bullet k} - \bar{x})$ $= \bar{x}_{jk} - \bar{x}_{j\bullet} - \bar{x}_{\bullet k} + \bar{x}$
Populationsresidualvarianz σ_ε^2	$\hat{\sigma}_\varepsilon^2 = \frac{\sum_{k=1}^{K} \sum_{j=1}^{J} \sum_{m=1}^{n_{\text{Zelle}}} \left(x_{mjk} - \bar{x}_{jk}\right)^2}{J \cdot K \cdot \left(n_{\text{Zelle}} - 1\right)}$
Residualwert $\hat{\varepsilon}_{mjk}$	$\hat{\varepsilon}_{mjk} = x_{mjk} - \bar{x}_{jk}$

Hypothesen

Nullhypothesen

Haupteffekte Faktor A	$H_0\colon \tau_{a_j} = 0$ für alle j
Haupteffekte Faktor B	$H_0\colon \tau_{b_k} = 0$ für alle k
Interaktionseffekte $A \times B$	$H_0\colon \tau_{(a \times b)_{jk}} = 0$ für alle jk

Alternativhypothesen

Haupteffekte Faktor *A*	H_1: $\tau_{a_j} \neq 0$ für mindestens ein j
Haupteffekte Faktor *B*	H_1: $\tau_{b_k} \neq 0$ für mindestens ein k
Interaktionseffekte $A \times B$	H_1: $\tau_{(a \times b)_{jk}} \neq 0$ für mindestens ein jk

---

Prüfgrößen

Haupteffekte Faktor *A*

$$F = \frac{MQS_A}{MQS_{\text{inn}}}$$

Diese Prüfgröße ist unter der Nullhypothese F-verteilt mit $df_1 = df_A = J - 1$ und $df_2 = df_{\text{inn}} = J \cdot K \cdot (n_{\text{Zelle}} - 1)$ Freiheitsgraden.

Mittlere Quadratsummen

Faktor A

$$MQS_A = \frac{QS_A}{df_A} = \frac{K \cdot n_{\text{Zelle}} \cdot \sum_{j=1}^{J} (\bar{x}_{j\bullet} - \bar{x})^2}{J - 1} \quad \text{mit}$$

$$E(MQS_A) = \sigma_\varepsilon^2 + K \cdot n_{\text{Zelle}} \cdot \sum_{j=1}^{J} \frac{\tau_{a_j}^2}{J - 1}$$

Innerhalb (Residuum)

$$MQS_{\text{inn}} = \frac{QS_{\text{inn}}}{df_{\text{inn}}} = \frac{\sum_{k=1}^{K} \sum_{j=1}^{J} \sum_{m=1}^{n_{\text{Zelle}}} (x_{mjk} - \bar{x}_{jk})^2}{J \cdot K \cdot (n_{\text{Zelle}} - 1)} \quad \text{mit } E(MQS_{\text{inn}}) = \sigma_\varepsilon^2$$

Haupteffekte Faktor *B*

$$F = \frac{MQS_B}{MQS_{\text{inn}}}$$

Diese Prüfgröße ist unter der Nullhypothese F-verteilt mit $df_1 = df_B = K - 1$ und $df_2 = df_{\text{inn}} = J \cdot K \cdot (n_{\text{Zelle}} - 1)$ Freiheitsgraden.

Mittlere Quadratsumme Faktor *B*

$$MQS_B = \frac{QS_B}{df_B} = \frac{J \cdot n_{\text{Zelle}} \cdot \sum_{k=1}^{K} (\bar{x}_{\bullet k} - \bar{x})^2}{K - 1} \quad \text{mit}$$

$$E(MQS_B) = \sigma_\varepsilon^2 + J \cdot n_{\text{Zelle}} \cdot \sum_{k=1}^{K} \frac{\tau_{b_j}^2}{K - 1}$$

Interaktionseffekte $A \times B$

$$F = \frac{MQS_{A\times B}}{MQS_{\text{inn}}}$$

Diese Prüfgröße ist unter der Nullhypothese F-verteilt mit $df_1 = df_{A\times B} = (J-1)\cdot(K-1)$ und $df_2 = df_{\text{inn}} = J\cdot K\cdot\left(n_{\text{Zelle}}-1\right)$ Freiheitsgraden.

Mittlere Quadratsumme Interaktion $A \times B$

$$MQS_{A\times B} = \frac{QS_{A\times B}}{df_{A\times B}} = \frac{n_{\text{Zelle}}\cdot\sum_{k=1}^{K}\sum_{j=1}^{J}(\bar{x}_{jk}-\bar{x}_{j\bullet}-\bar{x}_{\bullet k}+\bar{x})^2}{\left(J-1\right)\cdot\left(K-1\right)} \text{ mit}$$

$$E\left(MQS_{A\times B}\right) = \sigma_\varepsilon^2 + n_{\text{Zelle}}\cdot\sum_{j=1}^{J}\sum_{k=1}^{K}\frac{\tau^2_{(a\times b)_{jk}}}{(J-1)\cdot(K-1)}$$

Effektgrößen

Effektgröße η^2_{Effekt}

Population

$$\eta^2_{\text{Effekt}} = \frac{\sigma^2_{\text{Effekt}}}{\sigma_A^2+\sigma_B^2+\sigma_{A\times B}^2+\sigma_\varepsilon^2}$$

Stichprobe

$$\hat{\eta}^2_{\text{Effekt}} = \frac{QS_{\text{Effekt}}}{QS_{\text{total}}} \text{ oder}$$

$$\hat{\eta}^2_{\text{Effekt}} = \frac{F_{\text{Effekt}}\cdot df_{\text{Effekt}}}{F_A\cdot df_A + F_B\cdot df_B + F_{A\times B}\cdot df_{A\times B} + df_{\text{inn}}}$$

Korrigierter Schätzer $\hat{\omega}^2_{\text{Effekt}}$

$$\hat{\omega}^2_{\text{Effekt}} = \frac{QS_{\text{Effekt}} - df_{\text{Effekt}}\cdot MQS_{\text{inn}}}{QS_{\text{tot}} + MQS_{\text{inn}}} \text{ oder}$$

$$\hat{\omega}^2_{\text{Effekt}} = \frac{df_{\text{Effekt}}\cdot(F_{\text{Effekt}}-1)}{df_A\cdot F_A + df_B\cdot F_B + df_{A\times B}\cdot F_{A\times B} + df_{\text{inn}} + 1}$$

Konventionen

$\eta^2 \approx 0{,}01$: kleiner Effekt

$\eta^2 \approx 0{,}06$: mittlerer Effekt

$\eta^2 \approx 0{,}14$: großer Effekt

Partielle Effektgröße $\eta^2_{\text{p\_Effekt}}$

Population

$$\eta^2_{\text{p\_Effekt}} = \frac{\sigma^2_{\text{Effekt}}}{\sigma^2_{\text{Effekt}}+\sigma^2_\varepsilon}$$

Stichprobe	$\hat{\eta}^2_{p\_Effekt} = \frac{QS_{Effekt}}{QS_{Effekt} + QS_{inn}}$ oder $\hat{\eta}^2_{p\_Effekt} = \frac{F_{Effekt} \cdot df_{Effekt}}{F_{Effekt} \cdot df_{Effekt} + df_{inn}}$
Korrigierter Schätzer ω^2	$\hat{\omega}^2_{p\_Effekt} = \frac{QS_{Effekt} - df_{Effekt} \cdot MQS_{inn}}{QS_{Effekt} + (n - df_{Effekt}) \cdot MQS_{inn}}$ oder $= \frac{df_{Effekt} \cdot (F_{Effekt} - 1)}{df_{Effekt} \cdot (F_{Effekt} - 1) + n}$

Konfidenzintervall

Effektgröße $\eta^2_{p\_Effekt}$	$\left[\left(\frac{\lambda_u}{\lambda_u + (J \cdot K \cdot n_{Zelle})}\right); \left(\frac{\lambda_o}{\lambda_o + (J \cdot K \cdot n_{Zelle})}\right)\right]$ λ_u, λ_o: Grenzen des Konfidenzintervalls für den Nonzentralitätsparameter λ einer nonzentralen F-Verteilung
Geschätzter Nonzentralitätsparameter	$\hat{\lambda}_{p\_Effekt} = f^2_{p\_Effekt} \cdot n_{Zelle} \cdot J \cdot K$

Optimale Stichprobengröße

Auf Basis der Effektgröße $\eta^2_{p\_Effekt}$	$n_{Zelle} = \frac{\lambda_1 \cdot \left(1 - \eta^2_{(p\_Effekt)1}\right)}{\eta^2_{(p\_Effekt)1} \cdot J \cdot K}$ λ_1: Nonzentralitätsparameter einer nonzentralen F-Verteilung für einen spezifischen Populationseffekt unter der H_1 $\eta^2_{(p\_Effekt)1}$: Spezifischer Populationseffekt unter der H_1

H-Test (Kruskal-Wallis-Test)

Anwendungsgebiet	Test auf Unterschiedlichkeit von Medianen zwischen zwei oder mehreren Bedingungen im Falle unabhängiger Stichproben
Voraussetzungen	(1) Unabhängigkeit der Messwerte innerhalb jeder Bedingung (2) Unabhängigkeit der Messwerte zwischen den Bedingungen (3) Stetiges Merkmal X (4) Gleiche Verteilung des Merkmals X in allen Bedingungen (5) Homoskedastizität

Außerdem wird die Testdurchführung vereinfacht, wenn folgende Bedingungen erfüllt sind:

(6) Gleich große Stichproben
(7) Keine Rangbindungen zwischen den Stichproben

Überprüfung der Voraussetzungen

(1) Durch Untersuchungsplanung sicherstellen
(2) Durch Untersuchungsplanung sicherstellen
(3) Durch Untersuchungsplanung sicherstellen
(4) Häufigkeitsverteilungen bzw. Verteilungsfunktionen zwischen den Bedingungen vergleichen

Umgang mit Voraussetzungsverletzungen

(1) Test kann so nicht durchgeführt werden.
(2) Bei abhängigen Stichproben: Friedman-Test (S. 145)
(3) Test für andere Merkmale, z. B. Logit-Modelle (s. Kap. 21) oder Logistische Regressionsmodelle (s. Kap. 22) für kategoriale Variablen
(4) Test kann so nicht durchgeführt werden.
(5) Welch-Test (S. 110) auf Ebene der Rangwerte
(6) Exakten Test durchführen (s. Hartung et al., 2009)
(7) Korrektur der Prüfgröße (s. Hartung et al., 2009)

Indizes

$m = 1, \ldots, n$ für Personen bzw. Messwerte

$j = 1, \ldots, J$ für Bedingungen

Hypothesen

Nullhypothesen

$H_0\colon \eta_j = \eta_{j'}$ für alle j (mit $j \neq j'$)

Alternativhypothesen

$H_1\colon \eta_j \neq \eta_{j'}$ für mindestens ein j (mit $j \neq j'$)

Prüfgröße

Approximativer Test

$$H = \frac{12}{n \cdot (n+1)} \cdot \sum_{j=1}^{J} \frac{RS_j^2}{n_j} - 3 \cdot (n+1)$$

n: Gesamtstichprobengröße

n_j: Stichprobengröße der Bedingung j

RS_j: Rangsumme der Werte in Bedingung j

Diese Prüfgröße ist unter der Nullhypothese approximativ χ^2-verteilt mit $df = J - 1$ Freiheitsgraden.

Post-hoc-Test

Die Differenz zwischen zwei mittleren Rängen (Differenz zwischen den bedingungsspezifischen Rangsummen RS_j geteilt durch die Anzahl von Personen innerhalb der jeweiligen Bedingung) ist signifikant von 0 verschieden, wenn sie größer ist als der folgende kritische Wert R_{krit}:

$$R_{\text{krit}} = z_{\text{adj}} \cdot \sqrt{\frac{n \cdot (n+1)}{12} \cdot \left(\frac{1}{n_j} + \frac{1}{n_{j'}} \right)}$$

z_{adj} ist derjenige Wert, der unter der Standardnormalverteilung einen Flächenanteil von $\alpha_{\text{fam}}/(2 \cdot s)$ im Falle einer ungerichteten Alternativhypothese bzw. α_{fam}/s im Falle einer gerichteten Alternativhypothese abschneidet. Der adjustierte z-Wert basiert auf einer Bonferroni-Korrektur der α-Niveaus, auf denen die s Paarvergleiche durchgeführt werden.

14 Varianzanalyse mit Messwiederholung und verwandte Verfahren

Einfaktorielle Varianzanalyse mit Messwiederholung

Anwendungsgebiet

Test auf Unterschiedlichkeit von Mittelwerten zwischen zwei oder mehreren Bedingungen im Falle abhängiger Stichproben (»Messwiederholung«)

Voraussetzungen

(1) Stetige Variablen X_j
(2) Die zufälligen Personeffekte π_m (s. Populationsmodell) sind unabhängig und identisch normalverteilt mit $N(0, \sigma_\pi^2)$.
(3) Die Residuen ε_{mj} (s. Populationsmodell) sind unabhängig und identisch normalverteilt mit $N(0, \sigma_\varepsilon^2)$.
(4) Die Kovarianz der Personeffekte und der Residuen ist gleich 0: $Cov(\pi_m, \varepsilon_{mj}) = 0$

Aus den Voraussetzungen folgt:

(5) Compound-Symmetry-Struktur der Kovarianz-Matrix (gleiche Varianzen und Kovarianzen der Variablen X_j)

Überprüfung der Voraussetzungen

(1) Durch Untersuchungsplanung sicherstellen
(2) Unabhängigkeit durch Untersuchungsplanung sicherstellen, Prüfung der Normalverteilung über entsprechende Tests (s. S. 77)
(3) Unabhängigkeit durch Untersuchungsplanung sicherstellen, Prüfung der Normalverteilung über entsprechende Tests
(4) Durch Untersuchungsplanung sicherstellen
(5) Verletzung der Compound-Symmetry-Struktur unproblematisch, sofern Sphärizität gegeben ist. Sphärizität bedeutet Gleichheit der Varianzen aller möglichen Differenzvariablen. Sphärizität ggf. mit Mauchly-Test überprüfen (s. Abschn. 14.1.7 in Eid et al., 2015).

Umgang mit Voraussetzungsverletzungen

(1) Test für andere Merkmale, z. B. Eingruppen-Markov-Modell für kategoriale Variablen
(2) Falls die Nicht-Unabhängigkeit auf mehrstufige Auswahlverfahren zurückzuführen ist: Mehrebenenmodell als Alternative (s. Kap. 20)
Bei Verletzung der Normalverteilungsannahme:
  (a) Nonparametrische Verfahren (s. Lüpsen, 2015), z. B. Friedman-Test (S. 154)
  (b) Transformation in Variablen, die eher einer Normalverteilung folgen (s. Abschn. 19.13.7 in Eid et al., 2015)
  (c) Falls durch Ausreißer bedingt: robuste Verfahren, (z. B. Vergleich getrimmter Mittelwerte; s. Wilcox, 2003, 2012)
(3) Falls die Nicht-Unabhängigkeit auf mehrstufige Auswahlverfahren zurückzuführen ist: Mehrebenenmodell als Alternative (s. Kap. 20)
Bei Verletzung der Normalverteilungsannahme:
  (a) Nonparametrische Verfahren (s. Lüpsen, 2015), z. B. Friedman-Test (S. 154)
  (b) Transformation in Variablen, die eher einer Normalverteilung folgen (s. Abschn. 19.13.7 in Eid et al., 2015)
  (c) Falls durch Ausreißer bedingt: robuste Verfahren, (z. B. Vergleich getrimmter Mittelwerte; s. Wilcox, 2003, 2012)
(4) Test kann nicht durchgeführt werden.
(5) Verletzung der Sphärizitätsannahme:
  (a) Greenhouse-Geisser-Korrektur (s. Korrektur der Freiheitsgrade)
  (b) Huynh-Feldt-Korrektur (s. Korrektur der Freiheitsgrade)
  (c) Multilevel-Modelle für Längsschnittdaten (s. Kap. 20)
  (d) Multivariate Varianzanalyse (s. Kap. 15)

Indizes

$m = 1, \ldots, n$ für Personen bzw. Messwerte

$j = 1, \ldots, J$ für Bedingungen

Messwertzerlegung

$x_{mj} = \bar{x} + t_j + p_m + e_{mj}$

Haupteffekte des Faktors *A*

$t_j = \bar{x}_{\bullet j} - \bar{x}$

Abweichung des Bedingungsmittelwerts $\bar{x}_{\bullet j}$ vom Gesamtmittelwert $\bar{x}$

Haupteffekt der *m*-ten Person

$$p_m = \bar{x}_{m\bullet} - \bar{x}$$

Abweichung des Mittelwerts $\bar{x}_{m\bullet}$ einer Person m (über alle J Bedingungen hinweg) vom Gesamtmittelwert $\bar{x}$

Residualwert

$$e_{mj} = x_{mj} - \bar{x} - t_j - p_m$$

Quadratsummenzerlegung

Totale Quadratsumme

$$QS_{\text{tot}} = \sum_{j=1}^{J}\sum_{m=1}^{n}\left(x_{mj} - \bar{x}\right)^2$$

Zwischen Personen

$$QS_{\text{zwP}} = J \cdot \sum_{m=1}^{n}\left(\bar{x}_{m\bullet} - \bar{x}\right)^2$$

Zwischen Bedingungen (Haupteffekte Faktor *A*)

$$QS_{\text{zw}A} = n \cdot \sum_{j=1}^{J}\left(\bar{x}_{\bullet j} - \bar{x}\right)^2$$

Residuum

$$QS_{\text{Res}} = \sum_{j=1}^{J}\sum_{m=1}^{n}\left((x_{mj} - \bar{x}) - (\bar{x}_{\bullet j} - \bar{x}) - (\bar{x}_{m\bullet} - \bar{x})\right)^2$$

$$= \sum_{j=1}^{J}\sum_{m=1}^{n}\left(x_{mj} - \bar{x}_{\bullet j} - \bar{x}_{m\bullet} + \bar{x}\right)^2$$

Additivität der Quadratsummen

$$QS_{\text{tot}} = QS_{\text{zw}A} + QS_{\text{zwP}} + QS_{\text{Res}}$$

Populationsmodell

$$x_{mj} = \mu + \tau_j + \pi_m + \left(\pi\tau\right)_{mj} + \varepsilon_{mj}$$

Annahme, dass alle Interaktionseffekte $(\pi\tau)_{mj}$ gleich 0 sind, daher im Weiteren:

$$x_{mj} = \mu + \tau_j + \pi_m + \varepsilon_{mj}$$

Haupteffekte des Faktors *A*

$$\tau_j = \mu_{\bullet j} - \mu \quad \text{mit} \sum_{j=1}^{J}\tau_j = 0$$

Haupteffekt der *m*-ten Person

$$\pi_m = \mu_{m\bullet} - \mu \quad \text{mit} \sum_{m=1}^{n}\pi_m = 0$$

Residualwert

$$\varepsilon_{mj} = x_{mj} - \mu - \tau_j - \pi_m$$

$$= x_{mj} - \mu - \left(\mu_{\bullet j} - \mu\right) - \left(\mu_{m\bullet} - \mu\right)$$

$$= x_{mj} - \mu - \mu_{\bullet j} + \mu - \mu_{m\bullet} + \mu$$

$$= x_{mj} - \mu_{\bullet j} - \mu_{m\bullet} + \mu$$

Kovarianzstruktur der Variablen X_j (Beispiel dreier Variablen): Compound Symmetry

$$\Sigma_X = \begin{pmatrix} \sigma_\pi^2 + \sigma_\varepsilon^2 & \sigma_\pi^2 & \sigma_\pi^2 \\ \sigma_\pi^2 & \sigma_\pi^2 + \sigma_\varepsilon^2 & \sigma_\pi^2 \\ \sigma_\pi^2 & \sigma_\pi^2 & \sigma_\pi^2 + \sigma_\varepsilon^2 \end{pmatrix}$$

Schätzung der Populationsparameter

Populationsmittelwert μ

$$\hat{\mu} = \bar{x} = \frac{\sum_{j=1}^{J}\sum_{m=1}^{n} x_{mj}}{J \cdot n}$$

Bedingungs-Haupteffekte τ_j

$$\hat{\tau}_j = \bar{x}_{\bullet j} - \bar{x}$$

Personen-Haupteffekte π_m

$$\hat{\pi}_m = \bar{x}_{m\bullet} - \bar{x}$$

Residuum ε_{mj}

$$\hat{\varepsilon}_{mj} = e_{mj} = \left(x_{mj} - \bar{x}\right) - \left(\bar{x}_{\bullet j} - \bar{x}\right) - \left(\bar{x}_{m\bullet} - \bar{x}\right)$$
$$= x_{mj} - \bar{x}_{\bullet j} - \bar{x}_{m\bullet} + \bar{x}$$

Hypothesen

Nullhypothese

H_0: $\mu_{\bullet j} = \mu$ für alle j

Alternativhypothese

H_1: $\mu_{\bullet j} \neq \mu$ für mindestens ein j

Prüfgröße

$$F = \frac{MQS_{\text{zwA}}}{MQS_{\text{Res}}}$$

Diese Prüfgröße ist unter der Nullhypothese F-verteilt mit $df_1 = df_{\text{zwA}} = J - 1$ und $df_2 = df_{\text{Res}} = (n-1) \cdot (J-1)$ Freiheitsgraden.

n: Stichprobengröße

Mittlere Quadratsumme zwischen Bedingungen

$$MQS_{\text{zwA}} = \frac{QS_{\text{zwA}}}{df_{\text{zwA}}} = \frac{n \cdot \sum_{j=1}^{J} \left(\bar{x}_{\bullet j} - \bar{x}\right)^2}{J-1}$$

$$E\left(MQS_{\text{zwA}}\right) = \sigma_\varepsilon^2 + \frac{n}{J-1} \cdot \sum_{j=1}^{J} \tau_j^2$$

$E\left(MQS_{\text{zwA}}\right) = \sigma_\varepsilon^2$ (bei Gültigkeit der Nullhypothese)

Mittlere Quadratsumme der Residuen

$$MQS_{\text{Res}} = \frac{QS_{\text{Res}}}{df_{\text{Res}}} = \frac{\sum_{j=1}^{J}\sum_{m=1}^{n} \left(x_{mj} - \bar{x}_{\bullet j} - \bar{x}_{m\bullet} + \bar{x}\right)^2}{(n-1) \cdot (J-1)}$$

$$E\left(MQS_{\text{Res}}\right) = \sigma_\varepsilon^2$$

Mittlere Quadratsumme zwischen Personen

$$MQS_{\text{zwP}} = \frac{QS_{\text{zwP}}}{df_{\text{zwP}}} = \frac{J \cdot \sum_{m=1}^{n} \left(\bar{x}_{m\bullet} - \bar{x}\right)^2}{n-1}$$

$$E\left(MQS_{\text{zwP}}\right) = \sigma_\varepsilon^2 + J \cdot \sigma_\pi^2$$

Korrektur der Freiheitsgrade

Greenhouse-Geisser-Korrektur

$$df_1 = (J-1) \cdot \hat{\varepsilon}_{\text{GG}}$$
$$df_2 = (n-1) \cdot (J-1) \cdot \hat{\varepsilon}_{\text{GG}}$$

$\hat{\varepsilon}_{\text{GG}}$: Greenhouse-Geisser-Epsilon (wird vom Statistikprogramm berechnet und standardmäßig ausgegeben)

Huynh-Feldt-Korrektur

$$df_1 = (J-1) \cdot \hat{\varepsilon}_{\text{HF}}$$
$$df_2 = (n-1) \cdot (J-1) \cdot \hat{\varepsilon}_{\text{HF}}$$

$\hat{\varepsilon}_{\text{HF}}$: Huynh-Feldt-Epsilon (wird vom Statistikprogramm berechnet und standardmäßig ausgegeben). Berechnung aus $\hat{\varepsilon}_{\text{GG}}$:

$$\hat{\varepsilon}_{\text{HF}} = \frac{n \cdot (J-1) \cdot \hat{\varepsilon}_{\text{GG}} - 2}{(J-1) \cdot \left((n-1) - (J-1) \cdot \hat{\varepsilon}_{\text{GG}}\right)}$$

Effektgrößen

Nicht-partielle Effektgröße η^2

Population

$$\eta^2 = \frac{\sigma_A^2}{\sigma_A^2 + \sigma_\pi^2 + \sigma_\varepsilon^2} \quad \text{mit } \sigma_A^2 = \frac{1}{J} \cdot \sum_{j=1}^{J} \tau_{a_j}^2$$

Stichprobe

$$\hat{\eta}^2 = \frac{QS_{\text{zwA}}}{QS_{\text{tot}}} = \frac{QS_{\text{zwA}}}{QS_{\text{zwA}} + QS_{\text{zwP}} + QS_{\text{Res}}}$$

Korrigierter Schätzer $\hat{\omega}^2$

$$\hat{\omega}^2 = \frac{df_{\text{zwA}} \cdot \left(MQS_{\text{zwA}} - MQS_{\text{Res}}\right)}{QS_{\text{tot}} + MQS_{\text{zwP}}}$$

Partielle Effektgröße η_{p}^2

Population

$$\eta_{\text{p}}^2 = \frac{\sigma_A^2}{\sigma_A^2 + \sigma_\varepsilon^2} \quad \text{mit } \sigma_A^2 = \frac{1}{J} \cdot \sum_{j=1}^{J} \tau_{a_j}^2$$

Stichprobe

$$\hat{\eta}_{\text{p}}^2 = \frac{QS_{\text{zwA}}}{QS_{\text{zwA}} + QS_{\text{Res}}}$$

Korrigierter Schätzer $\hat{\omega}^2_{\text{P}}$

$$\hat{\omega}^2_{\text{P}} = \frac{df_{\text{zw}A} \cdot \left(MQS_{\text{zw}A} - MQS_{\text{Res}}\right)}{QS_{\text{zw}A} + MQS_{\text{Res}} \cdot \left(n - df_{\text{zw}A}\right)}$$

Effektgrößenmaß ϕ'^2

Population

$$\phi'^2 = \frac{\eta^2}{(1-\rho)\cdot(1-\eta^2)} \text{ mit } \rho = \frac{\sigma^2_\pi}{\sigma^2_\pi + \sigma^2_\varepsilon}$$

ρ : Intraklassen-Korrelation

Stichprobe

$$\hat{\phi}'^2 = \frac{\hat{\eta}^2}{(1-\hat{\rho})\cdot(1-\hat{\eta}^2)}$$

$$\text{mit } \hat{\rho} = \frac{\hat{\sigma}^2_\pi}{\hat{\sigma}^2_\pi + \hat{\sigma}^2_\varepsilon} = \frac{MQS_{\text{zwP}} - MQS_{\text{Res}}}{MQS_{\text{zwP}} + (J-1)\cdot MQS_{\text{Res}}}$$

Konventionen

Werden für $\eta'^2 = \frac{\phi'^2}{1+\phi'^2}$ wie folgt festgelegt, wobei sich η^2 auf die Effektgrößen bei der Varianzanalyse ohne Messwiederholung bezieht:

Intraklassen-Korrelation	Kleiner Effekt ($\eta^2 = 0{,}01$)	Mittlerer Effekt ($\eta^2 = 0{,}06$)	Großer Effekt ($\eta^2 = 0{,}14$)
$\rho = 0{,}20$	0,012	0,072	0,167
$\rho = 0{,}40$	0,016	0,094	0,211
$\rho = 0{,}60$	0,024	0,135	0,286
$\rho = 0{,}80$	0,048	0,238	0,444

Konfidenzintervalle

Effektgrößenmaß ϕ'^2

$$\left[\left(\frac{\lambda'_{\text{u}}}{n\cdot J}\right);\left(\frac{\lambda'_{\text{o}}}{n\cdot J}\right)\right]$$

λ': Nonzentralitätsparameter einer nonzentralen F-Verteilung

Optimale Stichprobengröße

$$n = \frac{\lambda'_1}{J\cdot\phi'^2_1}$$

λ'_1: Nonzentralitätsparameter für einen spezifischen Populationseffekt unter der H_1

ϕ'^2_1 : Spezifischer Populationseffekt unter der H_1

Einfaktorielle Kontrastanalyse

Anwendungsgebiet — Testung spezifischer Hypothesen über die Struktur von Mittelwertsunterschieden in einfaktoriellen Designs mit Messwiederholung

Voraussetzungen — Siehe Einfaktorielle Varianzanalyse mit Messwiederholung (S. 128)

Definition eines Kontrastes

Population

$$\Lambda = K_1 \cdot \mu_{\bullet 1} + K_2 \cdot \mu_{\bullet 2} + K_3 \cdot \mu_{\bullet 3} + \ldots + K_J \cdot \mu_{\bullet J} \text{ mit } \sum_{j=1}^{J} K_j = 0$$

K_j: Kontrastkoeffizient (Gewichtung des Mittelwerts einer Faktorstufe j; hypothesengeleitet festzulegen)

Stichprobe

$$L = \sum_{j=1}^{J} K_j \cdot \bar{x}_{\bullet j}$$

Hypothesen

Nullhypothesen

H_0: $\Lambda = 0$
H_0: $\Lambda \geq 0$
H_0: $\Lambda \leq 0$

Alternativhypothesen

H_1: $\Lambda \neq 0$
H_1: $\Lambda < 0$
H_1: $\Lambda > 0$

Prüfgröße

$$F = \frac{n \cdot \left(\sum_{j=1}^{J} K_j \cdot \bar{x}_{\bullet j} \right)^2}{\sum_{j=1}^{J} K_j^2 \cdot MQS_{\text{Res}}}$$

MQS_{Res}: Mittlere Quadratsumme des Residuums aus der einfaktoriellen Varianzanalyse mit Messwiederholung

Diese Prüfgröße ist unter der Nullhypothese F-verteilt mit $df_1 = 1$ und $df_2 = (n-1) \cdot (J-1)$ Freiheitsgraden.

n: Stichprobengröße

Zweifaktorielle Varianzanalyse mit Messwiederholung auf beiden Faktoren

Anwendungsgebiet	Test auf Unterschiedlichkeit von Mittelwerten in zweifaktoriellen Versuchsplänen im Falle abhängiger Stichproben (»Messwiederholung«)
Voraussetzungen	Zusätzlich zu den Annahmen der einfaktoriellen Varianzanalyse mit Messwiederholung (S. 128): (1) Die Interaktionseffekte $(\tau_a\pi)_{mj}$ (s. Populationsmodell) sind voneinander unabhängig und folgen einer Normalverteilung mit dem Mittelwert 0 und der Varianz $\sigma^2_{\pi A}$. (2) Die Interaktionseffekte $(\tau_b\pi)_{mk}$ sind voneinander unabhängig und folgen einer Normalverteilung mit dem Mittelwert 0 und der Varianz $\sigma^2_{\pi B}$. (3) Die Residuen, Personeffekte und Interaktionseffekte sind voneinander unabhängig. Aus den Voraussetzungen folgt: (4) eine komplexe Kovarianzstruktur (s. Fahrmeier et al., 1996)
Überprüfung der Voraussetzungen	Siehe einfaktorielle Varianzanalyse mit Messwiederholung (S. 128) (1) Unabhängigkeit durch Untersuchungsplanung sicherstellen, Prüfung der Normalverteilung durch entsprechende Tests (s. S. 77) (2) Unabhängigkeit durch Untersuchungsplanung sicherstellen, Prüfung der Normalverteilung durch entsprechende Tests (s. S. 77) (3) Unabhängigkeit durch Untersuchungsplanung sicherstellen (4) Verletzung der Kovarianzstruktur unproblematisch, sofern Sphärizität gegeben ist, ggf. mit Mauchly-Test überprüfen (s. Abschnitt 14.1.7 in Eid et al., 2015)
Umgang mit Voraussetzungsverletzungen	Siehe einfaktorielle Varianzanalyse mit Messwiederholung (S. 128) (1)–(3) Verletzung der Normalverteilungsannahme: s. einfaktorielle Varianzanalyse mit Messwiederholung (S. 128) (1)–(3) Verletzung der Unabhängigkeitsannahme: Falls die Nicht-Unabhängigkeit auf mehrstufige Auswahlverfahren zurückzuführen ist: Mehrebenenmodell als Alternative (s. Kap. 20) (4) Verletzung der Sphärizitätsannahme: Siehe einfaktorielle Varianzanalyse mit Messwiederholung (S. 128)

Indizes	$m = 1, ..., n$ für Personen bzw. Messwerte $j = 1, ..., J$ für die Stufen des Faktors A $k = 1, ..., K$ für die Stufen des Faktors B
Messwertzerlegung	$x_{mjk} = \bar{x} + t_{a_j} + t_{b_k} + t_{(a\times b)_{jk}} + p_m + (t_a p)_{mj} + (t_b p)_{mk} + e_{mjk}$
Haupteffekte des Faktors *A*	$t_{a_j} = \bar{x}_{\bullet j \bullet} - \bar{x}$
Haupteffekte des Faktors *B*	$t_{b_k} = \bar{x}_{\bullet\bullet k} - \bar{x}$
Interaktionseffekte *A* × *B*	$t_{(a\times b)_{jk}} = (\bar{x}_{\bullet jk} - \bar{x}) - (\bar{x}_{\bullet j \bullet} - \bar{x}) - (\bar{x}_{\bullet\bullet k} - \bar{x}) = \bar{x}_{\bullet jk} - \bar{x}_{\bullet j \bullet} - \bar{x}_{\bullet\bullet k} + \bar{x}$
Haupteffekt einer Person *m*	$p_m = \bar{x}_{m\bullet\bullet} - \bar{x}$
Interaktionseffekte Person × Faktor *A*	$(t_a p)_{mj} = \bar{x}_{mj\bullet} - \bar{x}_{\bullet j \bullet} - \bar{x}_{m\bullet\bullet} + \bar{x}$
Interaktionseffekte Person × Faktor *B*	$(t_b p)_{mk} = \bar{x}_{m\bullet k} - \bar{x}_{\bullet\bullet k} - \bar{x}_{m\bullet\bullet} + \bar{x}$
Residuum	$e_{mjk} = x_{mjk} - \bar{x}_{\bullet jk} - \bar{x}_{mj\bullet} - \bar{x}_{m\bullet k} + \bar{x}_{\bullet j \bullet} + \bar{x}_{\bullet\bullet k} + \bar{x}_{m\bullet\bullet} - \bar{x}$
Quadratsummenzerlegung	
Totale Quadratsumme	$QS_{\text{tot}} = \sum_{k=1}^{K}\sum_{j=1}^{J}\sum_{m=1}^{n}(x_{mjk} - \bar{x})^2$
Haupteffekte Faktor *A*	$QS_A = K \cdot n \cdot \sum_{j=1}^{J}(\bar{x}_{\bullet j \bullet} - \bar{x})^2$
Haupteffekte Faktor *B*	$QS_B = J \cdot n \cdot \sum_{k=1}^{K}(\bar{x}_{\bullet\bullet k} - \bar{x})^2$
Interaktionseffekte *A* × *B*	$QS_{A\times B} = n \cdot \sum_{k=1}^{K}\sum_{j=1}^{J}(\bar{x}_{\bullet jk} - \bar{x}_{\bullet j \bullet} - \bar{x}_{\bullet\bullet k} + \bar{x})^2$
Zwischen Personen	$QS_P = J \cdot K \cdot \sum_{m=1}^{n}(\bar{x}_{m\bullet\bullet} - \bar{x})^2$

Interaktionseffekte Person × Faktor *A*	$QS_{P\times A} = K \cdot \sum_{j=1}^{J}\sum_{m=1}^{n}\left(\bar{x}_{mj\bullet} - \bar{x}_{\bullet j\bullet} - \bar{x}_{m\bullet\bullet} + \bar{x}\right)^2$
Interaktionseffekte Person × Faktor *B*	$QS_{P\times B} = J \cdot \sum_{k=1}^{K}\sum_{m=1}^{n}\left(\bar{x}_{m\bullet k} - \bar{x}_{\bullet\bullet k} - \bar{x}_{m\bullet\bullet} + \bar{x}\right)^2$
Residuum	$QS_{Res} = \sum_{k=1}^{K}\sum_{j=1}^{J}\sum_{m=1}^{n}(x_{mjk} - \bar{x}_{\bullet jk} - \bar{x}_{mj\bullet} - \bar{x}_{m\bullet k} + \bar{x}_{\bullet j\bullet} + \bar{x}_{\bullet\bullet k} + \bar{x}_{m\bullet\bullet} - \bar{x})^2$
Quadratsumme innerhalb von Personen	$QS_{innP} = QS_A + QS_B + QS_{A\times B} + QS_{P\times A} + QS_{P\times B} + QS_{Res}$
Additivität der Quadratsummen	$QS_{tot} = QS_{innP} + QS_P$ $QS_{tot} = QS_A + QS_B + QS_{A\times B} + QS_{P\times A} + QS_{P\times B} + QS_P + QS_{Res}$

Populationsmodell	$x_{mjk} = \mu + \tau_{a_j} + \tau_{b_k} + \tau_{(a\times b)_{jk}} + \pi_m + (\tau_a\pi)_{mj} + (\tau_b\pi)_{mk} + \varepsilon_{mjk}$
Haupteffekte des Faktors *A*	$\tau_{a_j} = \mu_{\bullet j\bullet} - \mu$
Haupteffekte des Faktors *B*	$\tau_{b_k} = \mu_{\bullet\bullet k} - \mu$
Interaktionseffekte *A* × *B*	$\tau_{(a\times b)_{jk}} = \mu_{\bullet jk} - \mu_{\bullet j\bullet} - \mu_{\bullet\bullet k} + \mu$
Haupteffekt einer Person *m*	$\pi_m = \mu_{m\bullet\bullet} - \mu$
Interaktionseffekte Person × Faktor *A*	$(\tau_a\pi)_{mj} = (\mu_{mj\bullet} - \mu) - (\mu_{\bullet j\bullet} - \mu) - (\mu_{m\bullet\bullet} - \mu) = \mu_{mj\bullet} - \mu_{\bullet j\bullet} - \mu_{m\bullet\bullet} + \mu$
Interaktionseffekte Person × Faktor *B*	$(\tau_b\pi)_{mk} = (\mu_{m\bullet k} - \mu) - (\mu_{\bullet\bullet k} - \mu) - (\mu_{m\bullet\bullet} - \mu) = \mu_{m\bullet k} - \mu_{\bullet\bullet k} - \mu_{m\bullet\bullet} + \mu$
Residuum	$\varepsilon_{mjk} = (x_{mjk} - \mu) - (\mu_{\bullet j\bullet} - \mu) - (\mu_{\bullet\bullet k} - \mu) - (\mu_{\bullet jk} - \mu_{\bullet j\bullet} - \mu_{\bullet\bullet k} + \mu) - (\mu_{m\bullet\bullet} - \mu) - (\mu_{mj\bullet} - \mu_{\bullet j\bullet} - \mu_{m\bullet\bullet} + \mu) - (\mu_{m\bullet k} - \mu_{\bullet\bullet k} - \mu_{m\bullet\bullet} + \mu) = x_{mjk} - \mu_{\bullet jk} - \mu_{mj\bullet} - \mu_{m\bullet k} + \mu_{\bullet j\bullet} + \mu_{\bullet\bullet k} + \mu_{m\bullet\bullet} - \mu$

Schätzung der Populationsparameter

Populationsmittelwert μ	$\hat{\mu} = \sum_{k=1}^{K}\sum_{j=1}^{J}\sum_{m=1}^{n} x_{mjk}$
Haupteffekte des Faktors *A*	$\hat{\tau}_{a_j} = \bar{x}_{\bullet j \bullet} - \bar{x}$
Haupteffekte des Faktors *B*	$\hat{\tau}_{b_k} = \bar{x}_{\bullet\bullet k} - \bar{x}$
Interaktionseffekte *A* × *B*	$\hat{\tau}_{(a\times b)_{jk}} = (\bar{x}_{\bullet jk} - \bar{x}) - (\bar{x}_{\bullet j \bullet} - \bar{x}) - (\bar{x}_{\bullet\bullet k} - \bar{x})$ $= \bar{x}_{\bullet jk} - \bar{x}_{\bullet j \bullet} - \bar{x}_{\bullet\bullet k} + \bar{x}$
Haupteffekt einer Person *m*	$\hat{\pi}_m = \bar{x}_{m\bullet\bullet} - \bar{x}$
Interaktionseffekte Person × Faktor *A*	$\left(\widehat{\tau_a \pi}\right)_{mj} = \bar{x}_{mj\bullet} - \bar{x}_{\bullet j \bullet} - \bar{x}_{m\bullet\bullet} + \bar{x}$
Interaktionseffekte Person × Faktor *B*	$\left(\widehat{\tau_b \pi}\right)_{mk} = \bar{x}_{m\bullet k} - \bar{x}_{\bullet\bullet k} - \bar{x}_{m\bullet\bullet} + \bar{x}$
Residuum	$\hat{\varepsilon}_{mjk} = x_{mjk} - \bar{x}_{\bullet jk} - \bar{x}_{mj\bullet} - \bar{x}_{m\bullet k} + \bar{x}_{\bullet j \bullet}$ $+ \bar{x}_{\bullet\bullet k} + \bar{x}_{m\bullet\bullet} - \bar{x}$

Hypothesen

Nullhypothesen

Haupteffekte Faktor *A*	$H_0\colon \tau_{a_j} = 0$ für alle j
Haupteffekte Faktor *B*	$H_0\colon \tau_{b_k} = 0$ für alle k
Interaktionseffekte $A \times B$	$H_0\colon \tau_{(a\times b)_{jk}} = 0$ für alle jk

Alternativhypothesen

Haupteffekte Faktor *A*	$H_1\colon \tau_{a_j} \neq 0$ für mindestens ein j
Haupteffekte Faktor *B*	$H_1\colon \tau_{b_k} \neq 0$ für mindestens ein k
Interaktionseffekte $A \times B$	$H_1\colon \tau_{(a\times b)_{jk}} \neq 0$ für mindestens ein jk

Prüfgröße

Haupteffekte *A*

$$F_A = \frac{MQS_A}{MQS_{P\times A}} = \frac{\dfrac{K\cdot n\cdot \sum_{j=1}^{J}\left(\bar{x}_{\bullet j\bullet} - \bar{x}\right)^2}{J-1}}{\dfrac{K\cdot \sum_{j=1}^{J}\sum_{m=1}^{n}\left(\bar{x}_{mj\bullet} - \bar{x}_{\bullet j\bullet} - \bar{x}_{m\bullet\bullet} + \bar{x}\right)^2}{(J-1)\cdot(n-1)}}$$

Diese Prüfgröße ist unter der Nullhypothese *F*-verteilt mit $df_1 = df_A = J-1$ und $df_2 = df_{P\times A} = (J-1)\cdot(n-1)$ Freiheitsgraden.

Haupteffekte *B*

$$F_B = \frac{MQS_B}{MQS_{P\times B}} = \frac{\dfrac{J\cdot n\cdot \sum_{k=1}^{K}\left(\bar{x}_{\bullet\bullet k} - \bar{x}\right)^2}{K-1}}{\dfrac{J\cdot \sum_{k=1}^{K}\sum_{m=1}^{n}\left(\bar{x}_{m\bullet k} - \bar{x}_{\bullet\bullet k} - \bar{x}_{m\bullet\bullet} + \bar{x}\right)^2}{(K-1)\cdot(n-1)}}$$

Diese Prüfgröße ist unter der Nullhypothese *F*-verteilt mit $df_1 = df_B = K-1$ und $df_2 = df_{P\times B} = (K-1)\cdot(n-1)$ Freiheitsgraden.

Interaktionseffekte *A×B*

$$F_{A\times B} = \frac{MQS_{A\times B}}{MQS_{\text{Res}}}$$

$$= \frac{\dfrac{n\cdot \sum_{k=1}^{K}\sum_{j=1}^{J}\left(\bar{x}_{\bullet jk} - \bar{x}_{\bullet j\bullet} - \bar{x}_{\bullet\bullet k} + \bar{x}\right)^2}{(J-1)\cdot(K-1)}}{\dfrac{\sum_{k=1}^{K}\sum_{j=1}^{J}\sum_{m=1}^{n}\left(x_{mjk} - \bar{x}_{\bullet jk} - \bar{x}_{mj\bullet} - \bar{x}_{m\bullet k} + \bar{x}_{\bullet j\bullet} + \bar{x}_{\bullet\bullet k} + \bar{x}_{m\bullet\bullet} - \bar{x}\right)^2}{(J-1)\cdot(K-1)\cdot(n-1)}}$$

Diese Prüfgröße ist unter der Nullhypothese *F*-verteilt mit $df_1 = df_{A\times B} = (J-1)\cdot(K-1)$ und $df_2 = df_{\text{Res}} = (J-1)\cdot(K-1)\cdot(n-1)$ Freiheitsgraden.

Effektgrößen

Nicht-partielle Effektgröße $\hat{\eta}^2_{\text{Effekt}}$

Haupteffekte A $\qquad \hat{\eta}^2_A = \dfrac{QS_A}{QS_{\text{tot}} - QS_B - QS_{A\times B}}$

Haupteffekte B $\qquad \hat{\eta}^2_B = \dfrac{QS_B}{QS_{\text{tot}} - QS_A - QS_{A\times B}}$

Interaktionseffekte $A\times B$ $\qquad \hat{\eta}^2_{A\times B} = \dfrac{QS_{A\times B}}{QS_{\text{tot}} - QS_A - QS_B}$

Partielle Effektgröße $\hat{\eta}^2_{\text{p\_Effekt}}$

Haupteffekte A $\qquad \hat{\eta}^2_{\text{p\_}A} = \dfrac{QS_A}{QS_A + QS_{\text{P}\times A}}$

Haupteffekte B $\qquad \hat{\eta}^2_{\text{p\_}B} = \dfrac{QS_B}{QS_B + QS_{\text{P}\times B}}$

Interaktionseffekte $A \times B$ $\qquad \hat{\eta}^2_{\text{p\_}A\times B} = \dfrac{QS_{A\times B}}{QS_{A\times B} + QS_{\text{Res}}}$

Zweifaktorielle Varianzanalyse mit Messwiederholung auf einem Faktor

Anwendungsgebiet

Test auf Unterschiedlichkeit von Mittelwerten in zweifaktoriellen Versuchsplänen im Falle abhängiger Stichproben (»Messwiederholung«)

Voraussetzungen

(1) Stetige Variablen X_{jk}
(2) Die bedingten Personeffekte $\pi_{m(j)}$ innerhalb einer Gruppe j (s. Populationsmodell) sind voneinander unabhängig und folgen einer Normalverteilung mit dem Mittelwert 0 und der Varianz $\sigma^2_{\pi(j)}$.
(3) Die Residuen ε_{mjk} sind voneinander unabhängig und folgen einer Normalverteilung mit dem Mittelwert 0 und der Varianz σ^2_{ε}.
(4) Personeffekte und Residuen sind voneinander unabhängig.

Aus den Voraussetzungen folgt:

(5) Compound-Symmetry-Struktur der Kovarianzmatrizen innerhalb der Stufen des nicht-messwiederholten Faktors
(6) Homogenität der Varianz-Kovarianz-Matrizen zwischen den Stufen des nicht-messwiederholten Faktors

Überprüfung der Voraussetzungen

(1) Durch Untersuchungsplanung sicherstellen
(2) Unabhängigkeit durch Untersuchungsplanung sicherstellen, mit Tests auf Normalverteilung überprüfen
(3) Mit Tests auf Normalverteilung überprüfen
(4) Unabhängigkeit durch Untersuchungsplanung sicherstellen
(5) Ggf. mit Mauchly-Test überprüfen (s. Abschn. 14.1.7 in Eid et al., 2015)
(6) Ggf. mit Box-Test überprüfen

Umgang mit Voraussetzungsverletzungen

(1) Tests für andere Merkmale
(2) und (3) Falls die Nicht-Unabhängigkeit auf mehrstufige Auswahlverfahren zurückzuführen ist: Mehrebenenmodell als Alternative (s. Kap. 20 in Eid et al., 2015).
Verletzung der Normalverteilungsannahme:
  (a) nonparametrische Verfahren (s. Lüpsen, 2015)
  (b) Transformation in Variablen, die eher einer Normalverteilung folgen (s. Abschn. 19.13.7 in Eid et al., 2015)
  (c) Falls durch Ausreißer bedingt: robuste Verfahren, z. B. Vergleich getrimmter Mittelwerte (s. Wilcox, 2003, 2012)
(4) Test kann nicht durchgeführt werden.
(5) Verletzung der Sphärizitätsannahme:
  (a) Greenhouse-Geisser-Korrektur (S. 132)
  (b) Huynh-Feldt-Korrektur (S. 132)
  (c) Multilevel-Modelle für Längsschnittdaten (s. Kap. 20)
  (d) Multivariate Varianzanalyse (s. Kap. 15)
(6) Verletzung der Homogenitätsannahme:
  (a) Relative Robustheit bei gleich großen Stichproben
  (b) Falls durch Ausreißer bedingt: robuste Verfahren, z. B. Vergleich getrimmter Mittelwerte (s. Wilcox, 2003, 2012)

Indizes

$m = 1, \ldots, n_{\text{Zelle}}$ für Messwerte innerhalb einer Zelle ij des Versuchsplans (es wird nur der Spezialfall behandelt, dass die Anzahl der Messwerte innerhalb einer Zelle des Versuchsplans gleich sind)

$j = 1, \ldots, J$ für die Stufen des Faktors A

$k = 1, \ldots, K$ für die Stufen des Faktors B

Messwertzerlegung	$x_{mjk} = \bar{x} + t_{a_j} + t_{b_k} + t_{(a\times b)_{jk}} + p_{m(j)} + e_{mjk}$
Haupteffekte des Faktors *A*	$t_{a_j} = \bar{x}_{\bullet j\bullet} - \bar{x}$
Haupteffekte des Faktors *B*	$t_{b_k} = \bar{x}_{\bullet\bullet k} - \bar{x}$
Interaktionseffekte *A* × *B*	$t_{(a\times b)_{jk}} = (\bar{x}_{\bullet jk} - \bar{x}) - (\bar{x}_{\bullet j\bullet} - \bar{x}) - (\bar{x}_{\bullet\bullet k} - \bar{x})$ $= \bar{x}_{\bullet jk} - \bar{x}_{\bullet j\bullet} - \bar{x}_{\bullet\bullet k} + \bar{x}$
Effekt einer Person *m* innerhalb einer Bedingung *j*	$p_{m(j)} = \bar{x}_{mj\bullet} - \bar{x}_{\bullet j\bullet}$
Residuum	$e_{mjk} = x_{mjk} - \bar{x}_{\bullet jk} - \bar{x}_{mj\bullet} + \bar{x}_{\bullet j\bullet}$
Quadratsummenzerlegung	
Totale Quadratsumme	$QS_{\text{tot}} = \sum_{k=1}^{K}\sum_{j=1}^{J}\sum_{m=1}^{n_{\text{Zelle}}}(x_{mjk} - \bar{x})^2$
Haupteffekte des Faktors *A*	$QS_A = K \cdot n_{\text{Zelle}} \cdot \sum_{j=1}^{J}(\bar{x}_{\bullet j\bullet} - \bar{x})^2$
Haupteffekte des Faktors *B*	$QS_B = J \cdot n_{\text{Zelle}} \cdot \sum_{k=1}^{K}(\bar{x}_{\bullet\bullet k} - \bar{x})^2$
Interaktionseffekte *A* × *B*	$QS_{A\times B} = n_{\text{Zelle}} \cdot \sum_{k=1}^{K}\sum_{j=1}^{J}(\bar{x}_{\bullet jk} - \bar{x}_{\bullet j\bullet} - \bar{x}_{\bullet\bullet k} + \bar{x})^2$
Person *m* innerhalb einer Bedingung *j*	$QS_{\text{P\_in\_A}} = K \cdot \sum_{j=1}^{J}\sum_{m=1}^{n_{\text{Zelle}}}(\bar{x}_{mj\bullet} - \bar{x}_{\bullet j\bullet})^2$
Residuum	$QS_{\text{Res}} = \sum_{k=1}^{K}\sum_{j=1}^{J}\sum_{m=1}^{n_{\text{Zelle}}}(x_{mjk} - \bar{x}_{\bullet jk} - \bar{x}_{mj\bullet} + \bar{x}_{\bullet j\bullet})^2$
Populationsmodell	$x_{mjk} = \mu + \tau_{a_j} + \tau_{b_k} + \tau_{(a\times b)_{jk}} + \pi_{m(j)} + \varepsilon_{mjk}$
Haupteffekte des Faktors *A*	$\tau_{a_j} = \mu_{\bullet j\bullet} - \mu$
Haupteffekte des Faktors *B*	$\tau_{b_k} = \mu_{\bullet\bullet k} - \mu$
Interaktionseffekte *A* × *B*	$\tau_{(a\times b)_{jk}} = \mu_{\bullet jk} - \mu_{\bullet j\bullet} - \mu_{\bullet\bullet k} + \mu$

Effekt einer Person *m* innerhalb einer Bedingung *j*

$$\pi_{m(j)} = \mu_{mj\bullet} - \mu_{\bullet j\bullet}$$

Residuum

$$\varepsilon_{mjk} = (x_{mjk} - \mu) - (\mu_{\bullet j\bullet} - \mu) - (\mu_{\bullet\bullet k} - \mu) - (\mu_{\bullet jk} - \mu_{\bullet j\bullet} - \mu_{\bullet\bullet k} + \mu) - (\mu_{mj\bullet} - \mu_{\bullet j\bullet}) = x_{mjk} - \mu_{\bullet jk} - \mu_{mj\bullet} + \mu_{\bullet j\bullet}$$

Schätzung der Populationsparameter

Populationsmittelwert μ

$$\hat{\mu} = \sum_{k=1}^{K}\sum_{j=1}^{J}\sum_{m=1}^{n_{\text{Zelle}}} x_{mjk}$$

Haupteffekte des Faktors *A*

$$\hat{\tau}_{a_j} = \bar{x}_{\bullet j\bullet} - \bar{x}$$

Haupteffekte des Faktors *B*

$$\hat{\tau}_{b_k} = \bar{x}_{\bullet\bullet k} - \bar{x}$$

Interaktionseffekte *A* × *B*

$$\hat{\tau}_{(a\times b)_{jk}} = \left(\bar{x}_{\bullet jk} - \bar{x}\right) - \left(\bar{x}_{\bullet j\bullet} - \bar{x}\right) - \left(\bar{x}_{\bullet\bullet k} - \bar{x}\right) = \bar{x}_{\bullet jk} - \bar{x}_{\bullet j\bullet} - \bar{x}_{\bullet\bullet k} + \bar{x}$$

Effekt einer Person *m* innerhalb einer Bedingung *j*

$$\hat{\pi}_{m(j)} = \bar{x}_{mj\bullet} - \bar{x}_{\bullet j\bullet}$$

Residuum

$$\hat{\varepsilon}_{mjk} = x_{mjk} - \bar{x}_{\bullet jk} - \bar{x}_{mj\bullet} + \bar{x}_{\bullet j\bullet}$$

Hypothesen

Siehe zweifaktorielle Varianzanalyse mit Messwiederholung auf beiden Faktoren (S. 135)

Prüfgröße

Haupteffekte *A*

$$F_A = \frac{MQS_A}{MQS_{\text{P\_in\_}A}} = \frac{K \cdot n_{\text{Zelle}} \cdot \frac{\sum_{j=1}^{J}\left(\bar{x}_{j\bullet} - \bar{x}\right)^2}{J-1}}{K \cdot \frac{\sum_{j=1}^{J}\sum_{m=1}^{n_{\text{Zelle}}}\left(\bar{x}_{mj\bullet} - \bar{x}_{j\bullet}\right)^2}{J\cdot\left(n_{\text{Zelle}} - 1\right)}}$$

Diese Prüfgröße ist unter der Nullhypothese *F*-verteilt mit $df_1 = df_A = J - 1$ und $df_2 = df_{\text{P\_in\_}A} = J \cdot (n_{\text{Zelle}} - 1)$ Freiheitsgraden.

Haupteffekte *B*

$$F_B = \frac{MQS_B}{MQS_{\text{Res}}} = \frac{J \cdot n_{\text{Zelle}} \cdot \frac{\sum_{k=1}^{K} \left(\bar{x}_{\bullet\bullet k} - \bar{x}\right)^2}{K-1}}{\frac{\sum_{k=1}^{K}\sum_{j=1}^{J}\sum_{m=1}^{n}\left(\bar{x}_{mjk} - \bar{x}_{\bullet jk} - \bar{x}_{mj\bullet} + \bar{x}_{\bullet j\bullet}\right)^2}{J \cdot (K-1) \cdot (n_{\text{Zelle}} - 1)}}$$

Diese Prüfgröße ist unter der Nullhypothese F-verteilt mit $df_1 = df_B = K - 1$ und $df_2 = df_{\text{Res}} = J \cdot (K-1) \cdot (n_{\text{Zelle}} - 1)$ Freiheitsgraden.

Interaktionseffekte *A* × *B*

$$F_{A\times B} \frac{MQS_{A\times B}}{MQS_{\text{Res}}} = \frac{\frac{n_{\text{Zelle}} \cdot \sum_{k=1}^{K}\sum_{j=1}^{J}\left(\bar{x}_{\bullet jk} - \bar{x}_{\bullet j\bullet} - \bar{x}_{\bullet\bullet k} + \bar{x}\right)^2}{(J-1)\cdot(K-1)}}{\frac{\sum_{k=1}^{K}\sum_{j=1}^{J}\sum_{m=1}^{n}\left(x_{mjk} - \bar{x}_{\bullet jk} - \bar{x}_{mj\bullet} + \bar{x}_{\bullet j\bullet}\right)^2}{J \cdot (K-1) \cdot (n_{\text{Zelle}} - 1)}}$$

Diese Prüfgröße ist unter der Nullhypothese F-verteilt mit $df_1 = df_{A\times B} = (J-1)\cdot(K-1)$ und $df_2 = df_{\text{Res}} = (J-1)\cdot(K-1)\cdot(n_{\text{Zelle}} - 1)$ Freiheitsgraden.

Effektgrößen

Nicht-partielle Effektgröße η^2_{Effekt}

Siehe zweifaktorielle Varianzanalyse mit Messwiederholung auf beiden Faktoren (S. 135)

Partielle Effektgröße $\eta^2_{\text{p\_Effekt}}$

Siehe zweifaktorielle Varianzanalyse mit Messwiederholung auf beiden Faktoren (S. 135)

Effektgrößen ϕ_{Effekt} bzw. ϕ^2_{Effekt}

Siehe zweifaktorielle Varianzanalyse mit Messwiederholung auf beiden Faktoren (S. 135)

Effektgröße δ_{TK}

Population

$$\delta_{\text{TK}} = \frac{\mu_{\text{Tg1}} - \mu_{\text{Tg2}}}{\sigma_1} - \frac{\mu_{\text{Kg1}} - \mu_{\text{Kg2}}}{\sigma_1}$$

Tg1: Index für die Treatmentgruppe zum 1. MZP

Tg2: Index für die Treatmentgruppe zum 2. MZP

Kg1: Index für die Kontrollgruppe zum 1. MZP

Kg2: Index für die Kontrollgruppe zum 2. MZP

Stichprobe

$$\hat{\delta}_{TK} = \frac{\bar{x}_{Tg1} - \bar{x}_{Tg2}}{\hat{\sigma}_1} - \frac{\bar{x}_{Kg1} - \bar{x}_{Kg2}}{\hat{\sigma}_1}$$

$$\text{mit } \hat{\sigma}_1 = \sqrt{\frac{\hat{\sigma}^2_{Tg1} \cdot (n_{Tg1} - 1) + \hat{\sigma}^2_{Kg1} \cdot (n_{Kg1} - 1)}{(n_{Tg1} - 1) + (n_{Kg1} - 1)}}$$

Effektgröße δ_V

Population

$$\delta_V = \frac{\mu_{Tg1} - \mu_{Tg2}}{\sigma_D} - \frac{\mu_{Kg1} - \mu_{Kg2}}{\sigma_D}$$

Tg1: Index für die Treatmentgruppe zum 1. MZP

Tg2: Index für die Treatmentgruppe zum 2. MZP

Kg1: Index für die Kontrollgruppe zum 1. MZP

Kg2: Index für die Kontrollgruppe zum 2. MZP

Stichprobe

$$\hat{\delta}_V = \frac{\bar{x}_{Tg1} - \bar{x}_{Tg2}}{\hat{\sigma}_D} - \frac{\bar{x}_{Kg1} - \bar{x}_{Kg2}}{\hat{\sigma}_D}$$

$$\text{mit } \hat{\sigma}_D = \sqrt{\frac{\hat{\sigma}^2_{TgD} \cdot (n_{Tg} - 1) + \hat{\sigma}^2_{KgD} \cdot (n_{Kg} - 1)}{(n_{Tg} - 1) + (n_{Kg} - 1)}}$$

Optimale Stichprobengröße

für Innerhalb-Personen-Effekte

$$n_{Zelle} = \frac{\lambda'_1 \cdot (1 - \rho)}{J \cdot K \cdot \phi^2_1}$$

λ'_1: Nonzentralitätsparameter für einen spezifischen Populationseffekt unter der H_1

ϕ^2_1: Spezifischer Populationseffekt unter der H_1

für Zwischen-Personen-Effekte

$$n_{Zelle} = \frac{\lambda'_1 \cdot (1 + (K - 1) \cdot \rho)}{J \cdot K \cdot \phi^2_1}$$

Friedman-Test

Anwendungsgebiet

Test auf Unterschiedlichkeit von Medianen zwischen zwei oder mehreren Bedingungen im Falle abhängiger Populationen

---

Voraussetzungen

(1) Unabhängigkeit der Messwerte innerhalb jeder Faktorstufe
(2) Stetiges Merkmal X
(3) Gleiche Verteilung des Merkmals X in allen Bedingungen

Überprüfung der Voraussetzungen	(1) Durch Untersuchungsplanung sicherstellen (2) Durch Untersuchungsplanung sicherstellen (3) Häufigkeitsverteilungen bzw. Verteilungsfunktionen zwischen den Bedingungen vergleichen
Umgang mit Voraussetzungsverletzungen	(1) Test kann so nicht durchgeführt werden. (2) Test für andere Merkmale, z. B. Eingruppen-Markov-Modell für kategoriale Variablen

Hypothesen

Nullhypothesen	$H_0: \eta_j = \eta_{j'}$ für alle j mit $(j \neq j')$
Alternativhypothesen	$H_1: \eta_j \neq \eta_{j'}$ für mindestens ein j mit $(j \neq j')$

Prüfgröße

Exakter Test

$$S = \sum_{j=1}^{J} \left(RS_{\bullet j} - \frac{n \cdot (J+1)}{2} \right)^2$$

n: Gesamtstichprobengröße

$RS_{\bullet j}$: Rangsumme der Werte in Faktorstufe j (aufsummiert über Personen)

Die kritischen Werte sind in den Online-Materialien zu Eid et al. (2015) tabelliert.

Approximativer Test (geeignet ab $n > 8$)

$$Q = \frac{12 \cdot \sum_{j=1}^{J} RS_{\bullet j}^2}{J \cdot n \cdot (J+1)} - 3 \cdot n \cdot (J+1)$$

Diese Prüfgröße ist unter der Nullhypothese approximativ χ^2-verteilt mit $df = J - 1$ Freiheitsgraden.

Alternativ kann Q aus S berechnet werden:

$$Q = \frac{12 \cdot S}{J \cdot n \cdot (J+1)}$$ falls keine Rangbindungen vorliegen;

$$Q = \frac{12 \cdot (J-1) \cdot S}{J \cdot n \cdot (J^2 - 1) - \sum_{m=1}^{n} t_m \cdot (t_m^2 - 1)}$$

falls Rangbindungen vorliegen

t_m: Anzahl von Rangbindungen pro Person

15 Multivariate Varianzanalyse

Einfaktorielle multivariate Varianzanalyse (MANOVA): Grundlagen

Anwendungsgebiet	Vergleich von Mittelwerten mehrerer abhängiger Variablen zwischen mehreren unabhängigen Stichproben (Gruppen)
Voraussetzungen	(1) Stetige abhängige Variablen (2) Unabhängigkeit der Residuen (3) Gleichheit der Kovarianzmatrizen zwischen den Bedingungen (4) Multivariate Normalverteilung der abhängigen Variablen
Überprüfung der Voraussetzungen	(1) Durch Untersuchungsplanung sicherstellen (2) Durch Untersuchungsplanung sicherstellen (voneinander unabhängige Zufallsstichproben) (3) Box-M-Test (Box, 1949) (4) Test auf multivariate Normalverteilung von Mardia (1970)
Umgang mit Voraussetzungsverletzungen	(1) Multivariate Verfahren für Variablen anderen Typs (2) Abhängige Stichproben: MANOVA für abhängige Stichproben Abhängige Beobachtungen innerhalb einer Gruppe: multivariate Mehrebenenanalyse (3) Verletzung der Gleichheit der Kovarianz-Matrizen: (a) Relative Robustheit bei gleich großen Stichproben (b) Bei multivariater Normalverteilung: Transformationen der *F*-Werte nach Yao, Kim, Brown und Forsythe (s. Eid et al., 2015) (c) Robuste Teststatistiken auf Basis der getrimmten Mittelwerte und winsorisierten Varianzen (d) Rangbasierte Verfahren mit der Prüfgröße $\chi^2 = (n-1) \cdot V_{\text{rank}}$ V_{rank}: Pillai-Spur-Kriterium (e) Konfirmatorische Faktorenanalyse (4) Verletzung der multivariaten Normalverteilung: (a) Relativ geringe Auswirkung auf α-Fehler; Reduktion der Power bei breitgipfligen, schiefen Verteilungen der abhängigen Variablen (b) Bei Gleichheit der Kovarianz-Matrizen: Pillai-Spur-Kriterium

Indizes

Personen	$m = 1, \ldots, n$
Gruppen	$j = 1, \ldots, J$, auch l
Abhängige Variablen	$i = 1, \ldots, p$, auch h
Diskriminanzfunktionen	$s = 1, \ldots, t$; $t = \min(J - 1, p)$

Modellgleichung

Population

Erwartungswertdarstellung

$$x_{mij} = \mu_{ij} + \varepsilon_{mij}$$

μ_{ij}: Erwartungswert (Bedingungspopulationsmittelwert)

ε_{mij}: Residualwert

Effektdarstellung

$$x_{mij} = \mu_i + \tau_{ij} + \varepsilon_{mij} \text{ mit } \tau_{ij} = \mu_{ij} - \mu_i$$

Stichprobe

Mittelwertdarstellung

$$x_{mij} = \bar{x}_{ij} + e_{mij}$$

$\bar{x}_{ij}$: Bedingungsmittelwert

e_{mij}: Residualwert

Effektdarstellung

$$x_{mij} = \bar{x}_i + t_{ij} + e_{mij} \text{ mit } t_{ij} = \bar{x}_{ij} - \bar{x}_i$$

Quadratsummenzerlegung

Zwischen-Quadratsummen

$$QS_{\text{zw}(i)} = \sum_{j=1}^{J} n_j \cdot \left(\bar{x}_{ij} - \bar{x}_i\right)^2 = \sum_{j=1}^{J} n_j \cdot t_{ij}^2$$

Innerhalb-Quadratsummen

$$QS_{\text{inn}(i)} = \sum_{j=1}^{J} \sum_{m=1}^{n_j} \left(x_{mij} - \bar{x}_{ij}\right)^2$$

Totale Quadratsummen

$$QS_{\text{tot}(i)} = QS_{\text{zw}(i)} + QS_{\text{inn}(i)} = \sum_{j=1}^{J} \sum_{m=1}^{n_j} \left(x_{mij} - \bar{x}_i\right)^2$$

Kreuzproduktsummenzerlegung

Zwischen-Kreuzproduktsummen

$$KPS_{\text{zw}(h,i)} = \sum_{j=1}^{J} n_j \cdot \left(\bar{x}_{hj} - \bar{x}_h\right) \cdot \left(\bar{x}_{ij} - \bar{x}_i\right)$$

Innerhalb-Kreuzproduktsummen

$$KPS_{\text{inn}(h,i)} = \sum_{j=1}^{J} \sum_{m=1}^{n_j} \left(x_{mhj} - \bar{x}_{hj}\right) \cdot \left(x_{mij} - \bar{x}_{ij}\right)$$

Totale Kreuzproduktsummen

$$KPS_{\text{tot}(h,i)} = \sum_{j=1}^{J}\sum_{m=1}^{n_j}\left(x_{mhj} - \bar{x}_h\right)\cdot\left(x_{mij} - \bar{x}_i\right)$$

Zusammenfassende Darstellung (Beispiel: 3 abhängige Variablen)

Zwischen-Quadrat- und Kreuzproduktsumme

$$\mathbf{B} = \begin{pmatrix} QS_{\text{zw}(1)} & KPS_{\text{zw}(1,2)} & KPS_{\text{zw}(1,3)} \\ KPS_{\text{zw}(2,1)} & QS_{\text{zw}(2)} & KPS_{\text{zw}(2,3)} \\ KPS_{\text{zw}(3,1)} & KPS_{\text{zw}(3,2)} & QS_{\text{zw}(3)} \end{pmatrix}$$

Innerhalb-Quadrat- und Kreuzproduktsumme

$$\mathbf{W} = \begin{pmatrix} QS_{\text{inn}(1)} & KPS_{\text{inn}(1,2)} & KPS_{\text{inn}(1,3)} \\ KPS_{\text{inn}(2,1)} & QS_{\text{inn}(2)} & KPS_{\text{inn}(2,3)} \\ KPS_{\text{inn}(3,1)} & KPS_{\text{inn}(3,2)} & QS_{\text{inn}(3)} \end{pmatrix}$$

Totale Quadrat- und Kreuzproduktsumme

$$\mathbf{T} = \begin{pmatrix} QS_{\text{tot}(1)} & KPS_{\text{tot}(1,2)} & KPS_{\text{tot}(1,3)} \\ KPS_{\text{tot}(2,1)} & QS_{\text{tot}(2)} & KPS_{\text{tot}(2,3)} \\ KPS_{\text{tot}(3,1)} & KPS_{\text{tot}(3,2)} & QS_{\text{tot}(3)} \end{pmatrix}$$

$$\mathbf{T} = \mathbf{B} + \mathbf{W}$$

Diskrimanzfunktionen

Diskriminanzfunktionen (Beispiel: *J* = 3, *p* = 2)

$D_1 = g_{11}\cdot X_1 + g_{12}\cdot X_2$ und $D_2 = g_{21}\cdot X_1 + g_{22}\cdot X_2$

Anzahl

Anzahl entspricht der kleineren Anzahl von $(J - 1)$ und p.

Bestimmung der Gewichte

(1) Das Verhältnis aus der Zwischen- und der Innerhalb-Quadratsumme der ersten Diskriminanzfunktion soll maximal sein. Die zweite Diskriminanzfunktion wird so gebildet, dass sie in Bezug auf die verbleibenden Unterschiede das maximale Verhältnis aus Zwischen- und Innerhalb-Quadratsumme aufweist. Für die weiteren Diskriminanzfunktionen wird entsprechend verfahren. Die Diskriminanzfunktionen lassen sich somit in eine Rangreihe der durch sie erfassten Bedingungsunterschiede bringen.

(2) Die Diskriminanzfunktionen sind innerhalb der Bedingungen, zwischen den Bedingungen und insgesamt unkorreliert.

Normierte Gewichte

Diskriminanzfunktionen werden so transformiert, dass sie einen Mittelwert von 0 und eine Innerhalb-Varianz von 1 haben.

Standardisierte Gewichte	Gewichte auf Grundlage standardisierter abhängiger Variablen
Kanonische Korrelation	Korrelation einer Diskriminanzfunktion mit der nominalskalierten Bedingungsvariablen

Einfaktorielle MANOVA: Hypothesenüberprüfung

Hypothesen

Nullhypothese

$H_0\colon \mu_{i1} = \mu_{i2} = \ldots = \mu_{ij} = \ldots = \mu_{iJ}$ bzw.

$H_0\colon \tau_{ij} = 0$ für alle i und j

Alternativhypothese

$H_1\colon \mu_{ij} \neq \mu_{il}$ für mindestens ein i und ein Paar $(j,l), j \neq l$ bzw.

$H_1\colon \tau_{ij} \neq 0$ für mindestens ein i und ein j

Prüfgrößen

Wilks' Λ

$$\Lambda = \prod_{s=1}^{t} \frac{1}{1+\delta_s} = \prod_{s=1}^{t} \left(\frac{QS_{\text{inn(Ds)}}}{QS_{\text{tot(Ds)}}} \right)$$

(1) Die Anzahl der Freiheitsgrade ist abhängig von der Anzahl der abhängigen Variablen und Bedingungen.

(2) Bei einer Diskriminanzfunktion folgt das transformierte Λ unter der Nullhypothese einer zentralen F-Verteilung mit $df_1 = p$ und $df_2 = n - J - p + 1$.

(3) δ_s: Eigenwerte der Matrix, die auf der Diagonalen das Verhältnis aus der Zwischen-Quadratsumme ($QS_{\text{zw(Ds)}}$) und der Innerhalb-Quadratsumme ($QS_{\text{inn(Ds)}}$) der Diskriminanzfunktionen enthält. Beide Quadratsummen addieren sich zur totalen Quadratsumme ($QS_{\text{tot(Ds)}}$).

Pillai-Spur-Kriterium

$$V = \sum_{s=1}^{t} \frac{\delta_s}{1+\delta_s} = \sum_{s=1}^{t} \left(\frac{QS_{\text{zw(Ds)}}}{QS_{\text{tot(Ds)}}} \right) = \sum_{s=1}^{t} \hat{\eta}^2_{\text{Ds}}$$

Hotelling-Spur-Kriterium

$$U = \sum_{s=1}^{t} \delta_s = \sum_{s=1}^{t} \left(\frac{QS_{\text{zw(Ds)}}}{QS_{\text{inn(Ds)}}} \right)$$

Größter Eigenwert nach Roy

$$\theta = \frac{\delta_1}{1+\delta_1} = \frac{QS_{\text{zw(D1)}}}{QS_{\text{tot(D1)}}} = \hat{\eta}^2_{\text{D1}}$$

Einfaktorielle MANOVA: Effektgrößen

Effektgrößen auf Basis von Wilks Λ

Effektgröße $\eta^2_{\text{mult}-\Lambda}$

Population

$$\eta^2_{\text{mult}-\Lambda} = 1 - \Lambda_{\text{pop}}$$

$$\Lambda_{\text{pop}} = \frac{|\mathbf{\Sigma}_{\text{inn}}|}{|\mathbf{\Sigma}_{\text{tot}}|} = \frac{|\mathbf{\Sigma}_{\text{inn}}|}{|\mathbf{\Sigma}_{\text{inn}} + \mathbf{\Sigma}_{\text{zw}}|}$$

$\mathbf{\Sigma}_{\text{inn}}$: Innerhalb-Populationskovarianzmatrix

$\mathbf{\Sigma}_{\text{zw}}$: Zwischen-Populationskovarianzmatrix

$\mathbf{\Sigma}_{\text{tot}}$: totale Populationskovarianzmatrix

Stichprobe

$$\hat{\eta}^2_{\text{mult}-\Lambda} = 1 - \Lambda$$

$$\Lambda = \prod_{s=1}^{t}(1 - \hat{\eta}^2_{\text{D}s}) = \prod_{s=1}^{t}\left(\frac{QS_{\text{inn(D}s\text{)}}}{QS_{\text{tot(D}s\text{)}}}\right)$$

Konfidenzintervall [zweiseitiges (1 – α)-Konfidenzintervall]

$$\left[\left(1 - \left(\frac{v + u + 1}{\lambda_{\text{u}} + v + u + 1}\right)^r\right); \left(1 - \left(\frac{v + u + 1}{\lambda_{\text{o}} + v + u + 1}\right)^r\right)\right]$$

Bestimmung:

$$F = \frac{1 - \Lambda^{1/r}}{\Lambda^{1/r}} \cdot \frac{v}{u}$$

folgt approximativ einer nonzentralen F-Verteilung mit

$$df_1 = u = p \cdot (J - 1)$$

$$df_2 = v = w \cdot r + 1 - u / 2$$

$$w = n - (p + J) / 2 - 1$$

und Nonzentralitätsparameter $\lambda = \frac{1 - \Lambda^{1/r}_{\text{pop}}}{\Lambda^{1/r}_{\text{pop}}} \cdot (v + u + 1)$

$$r = \sqrt{\frac{p^2 \cdot (J - 1)^2 - 4}{p^2 + (J - 1)^2 - 5}}$$

Korrekturformeln

$$\hat{\eta}^2_{\text{mult}-\Lambda-\text{adj}} = \hat{\eta}^2_{\text{mult}-\Lambda} - \frac{(p^2 + df_1^2) \cdot (1 - \hat{\eta}^2_{\text{mult}-\Lambda})}{3 \cdot n}$$

$$\hat{\omega}^2_{\text{mult}-\Lambda} = 1 - \frac{n \cdot \Lambda}{n - J + \Lambda}$$

$$\hat{\omega}^2_{\text{mult}-\Lambda-\text{adj}} = \hat{\omega}^2_{\text{mult}-\Lambda} - \frac{(p^2 + df_1^2) \cdot (1 - \hat{\omega}^2_{\text{mult}-\Lambda})}{3 \cdot n}$$

Effektgrößenschätzer f^2

Stichprobe $f^2 = \Lambda^{-1/r} - 1$

Effektgröße τ^2

Population $\tau^2 = 1 - \Lambda_{\text{pop}}^{1/t}$

Stichprobe $\hat{\tau}^2 = 1 - \Lambda^{1/t}$

$\Lambda^{1/t}$: geometrischer Mittelwert der nicht durch die Diskriminanzfunktionen erklärten Varianz der abhängigen Variablen

---

Andere Effektgrößen

Effektgrößen auf Basis von Pillais Spur

Stichprobe
$$\hat{\eta}^2_{\text{mult-}V} = \frac{V}{t} = \frac{1}{t} \cdot \sum_{s=1}^{t} \left(\frac{QS_{\text{zw(D}s\text{)}}}{QS_{\text{tot(D}s\text{)}}} \right) = \frac{1}{t} \cdot \sum_{s=1}^{t} \hat{\eta}^2_{\text{D}s}$$

Effektgrößen auf Basis von Hotellings Spur

Stichprobe
$$\hat{\eta}^2_{\text{mult-}U} = \frac{U/t}{1+U/t} = \frac{\frac{1}{t} \cdot \sum_{s=1}^{t} \left(\frac{QS_{\text{zw(D}s\text{)}}}{QS_{\text{inn(D}s\text{)}}} \right)}{1 + \frac{1}{t} \cdot \sum_{s=1}^{t} \left(\frac{QS_{\text{zw(D}s\text{)}}}{QS_{\text{inn(D}s\text{)}}} \right)}$$

Effektgrößen auf Basis des Größten Eigenwert nach Roy

Stichprobe
$$\theta = \frac{\delta_1}{1+\delta_1} = \frac{QS_{\text{zw(D1)}}}{QS_{\text{tot(D1)}}} = \hat{\eta}^2_{\text{D1}}$$

Optimale Stichprobengröße Bestimmung anhand der a priori festgelegten Effektgröße, α- und β-Fehler anhand von Computerprogrammen

16 Zusammenhänge zwischen zwei Variablen: Korrelations- und Assoziationsmaße

Überblick

Anwendungsgebiet

Korrelations- und Assoziationsmaße beschreiben den Zusammenhang zwischen zwei Variablen *X* und *Y*. Welcher Korrelationskoeffizient sich hierfür eignet, hängt vom Skalenniveau der Variablen ab. Wegen der vielen möglichen Kombinationen von Variablen mit unterschiedlichen Skalenniveaus gibt es viele Korrelationskoeffizienten. Die Tabelle auf der folgenden Seite gibt einen Überblick über die wichtigsten Korrelationskoeffizienten.

Indizes

Personen $m = 1, \dots, n$

Kategorien einer kategorialen Variablen	$i = 1, \ldots, k$ $j = 1, \ldots, l$

Empfohlene Koeffizienten für den Zusammenhang zweier Variablen *X* und *Y*

X \ **Y**	**Metrisch**	**Ordinal** Singuläre Variable	**Ordinal** Rangklassen	**Dichotom**	**Nominal**
Metrisch	Produkt-Moment-Korrelation	Kendalls τ (ohne Rangbindungen) Wilsons *e* (Rangbindungen)	Polyseriale Korrelation	Punktbiseriale Korrelation (natürliche Dichotomie) Biseriale Korrelation (künstliche Dichotomie)	Koeffizient η
Ordinal Singuläre Variable		Kendalls τ (ohne Rangbindungen) Wilsons *e* (Rangbindungen)	Somers d_{YX} Kims $d_{Y \cdot X}$	Rangbiseriale Korrelation (ohne Rangbindungen) Somers d_{YX} Kims $d_{Y \cdot X}$	Singuläre Variable in Rangklassen aufteilen
Ordinal Rangklassen			Koeffizient γ	Koeffizient γ	Cramérs *V* Multiples *R* in einer Probit-regression
Dichotom				Yules *Q* Odds Ratio φ-Koeffizient	Cramérs *V*
Nominal					Cramérs *V*

Kreuzproduktsumme

Anwendungsgebiet Darstellung des Zusammenhangs zweier metrischer Variablen

Formel	$KPS_{XY} = \sum_{m=1}^{n} (x_m - \bar{x}) \cdot (y_m - \bar{y})$
Eigenschaften	(1) Positiv wird ein Produkt bei Merkmalsträgern, die entweder auf beiden Variablen überdurchschnittliche oder auf beiden Variablen unterdurchschnittliche Werte haben. (2) Negativ wird ein Produkt bei Merkmalsträgern, die auf einer Variablen einen überdurchschnittlichen Wert, auf der anderen Variablen einen unterdurchschnittlichen Wert haben. (3) Der Wert der Kreuzproduktsumme hängt von der Anzahl der Merkmalsträger (*n*) und von der Streuung der beiden beteiligten Variablen ab.

Kovarianz

Anwendungsgebiet	Darstellung des Zusammenhangs zweier metrischer Variablen. Im Unterschied zur Kreuzproduktsumme ist die Kovarianz unabhängig von der Stichprobengröße.
Formel	
Empirische Kovarianz	$s_{XY} = \frac{1}{n} \cdot \sum_{m=1}^{n} (x_m - \bar{x}) \cdot (y_m - \bar{y})$
Population	$Cov(X,Y) = \sigma_{XY} = E([X - E(X)] \cdot [Y - E(Y)])$
Stichprobenkovarianz	$\hat{\sigma}_{XY} = \frac{1}{n-1} \cdot \sum_{m=1}^{n} (x_m - \bar{x}) \cdot (y_m - \bar{y})$
Rechenregeln für Kovarianzen	(1) $Cov(X,Y) = 0$, falls $X = \alpha$ (2) $Cov(\alpha \cdot X, \beta \cdot Y) = \alpha \cdot \beta \cdot Cov(X,Y)$ (3) $Cov(\alpha + X, \beta + Y) = Cov(X,Y)$ (4) $Cov(\alpha_1 \cdot X_1 + \alpha_2 \cdot X_2, \beta_1 \cdot Y_1 + \beta_2 \cdot Y_2) =$ $\alpha_1 \cdot \beta_1 \cdot Cov(X_1,Y_1) + \alpha_1 \cdot \beta_2 \cdot Cov(X_1,Y_2)$ $+\alpha_2 \cdot \beta_1 \cdot Cov(X_2,Y_1) + \alpha_2 \cdot \beta_2 \cdot Cov(X_2,Y_2)$ X, X_1, X_2, Y, Y_1, Y_2: Zufallsvariablen $\alpha, \alpha_1, \alpha_2, \beta, \beta_1, \beta_2$: reelle Konstanten

Produkt-Moment-Korrelation

Anwendungsgebiet	Kovarianz zwischen z-standardisierten Variablen. Gibt den Zusammenhang zwischen zwei metrischen Variablen unabhängig von der Maßeinheit an, in der diese gemessen wurden
Formel	
Empirische Korrelation	$r_{XY} = \frac{1}{n} \cdot \sum_{m=1}^{n} z_{x_m} \cdot z_{y_m} = \frac{1}{n} \cdot \frac{\sum_{m=1}^{n} (x_m - \bar{x}) \cdot (y_m - \bar{y})}{s_X \cdot s_Y} = \frac{s_{XY}}{s_X \cdot s_Y}$
Population	$Kor(X,Y) = \rho_{XY} = \frac{Cov(X,Y)}{\sqrt{Var(X) \cdot Var(Y)}} = \frac{\sigma_{XY}}{\sigma_X \cdot \sigma_Y}$
Stichprobenkorrelation	$\hat{\rho}_{XY} = \frac{s_{XY}}{s_X \cdot s_Y}$
Eigenschaften	(1) Gibt das Ausmaß des *linearen* Zusammenhangs zwischen zwei Variablen an (bei nicht-linearen Zusammenhängen Berechnung der multiplen Korrelation in einer nicht-linearen Regressionsanalyse) (2) Wenn beide z-Werte eines Merkmalsträgers positiv oder negativ sind, wird das Produkt positiv. (3) Wenn ein z-Wert positiv, der andere negativ ist, wird das Produkt negativ. (4) Wenn positive z-Wert-Produkte überwiegen, ist die Korrelation positiv. (5) Wenn negative z-Wert-Produkte überwiegen, ist die Korrelation negativ. (6) Wenn sich positive und negative z-Wert-Produkte die Waage halten, ist die Korrelation 0. (7) Reagiert sensitiv auf Ausreißerwerte (bei Ausreißern mit gravierendem Einfluss: winsorisierte Korrelation)
Interpretation	Wertebereich [-1;1] $\lvert r_{XY} \rvert \approx 0{,}1$: schwacher Zusammenhang $\lvert r_{XY} \rvert \approx 0{,}3$: mittlerer Zusammenhang $\lvert r_{XY} \rvert \approx 0{,}5$: starker Zusammenhang

Mittelung von Korrelationskoeffizienten	$\bar{G} = \frac{\sum_{i=1}^{k} n_i \cdot G_i}{\sum_{i=1}^{k} n_i}$
Korrektur nach Olkin und Pratt (1958)	$G_i = r_i \cdot \left(1 + \frac{1 - r_i^2}{2 \cdot (n_i - 1 - 3)}\right)$ n_i: Stichprobengröße der i-ten Stichprobe, aus der die Korrelation r_i stammt

Produkt-Moment-Korrelation: Hypothesenüberprüfung – statistische Absicherung einer Produkt-Moment-Korrelation gegen 0

Anwendungsgebiet	Statistische Absicherung einer Produkt-Moment-Korrelation gegen 0
Voraussetzungen	Bivariate Normalverteilung
Überprüfung der Voraussetzungen	Test von Mardia (1970)
Umgang mit Voraussetzungsverletzungen	(1) Test auch bei Verletzung der bivariaten Normalverteilungsannahme robust (2) Ausreißer eliminieren (3) Robuste Korrelation verwenden (4) Transformation der Variablen auf Normalität (5) Korrelationskoeffizienten für ordinale Variablen verwenden
Hypothesen	
Nullhypothesen	$H_0: \rho_{XY} = 0$ $H_0: \rho_{XY} \leq 0$ $H_0: \rho_{XY} \geq 0$
Alternativhypothesen	$H_1: \rho_{XY} \neq 0$ $H_1: \rho_{XY} > 0$ $H_1: \rho_{XY} < 0$
Prüfgröße	$t = \frac{r \cdot \sqrt{n-2}}{\sqrt{1-r^2}}$ mit $df = n - 2$

Konfidenzintervall	Fisher-Z-Transformation des Korrelationskoeffizienten: $Z_r = \frac{1}{2} \cdot \ln \frac{1+r}{1-r}$ Zweiseitiges Vertrauensintervall für Z: $Z_r \pm z_{\left(1-\frac{\alpha}{2}\right)} \cdot \sigma_Z = Z_r \pm z_{\left(1-\frac{\alpha}{2}\right)} \cdot \frac{1}{\sqrt{n-3}}$ Fisher-Z-Retransformation der Intervallgrenzen: $r = \frac{e^{2 \cdot Z_r} - 1}{e^{2 \cdot Z_r} + 1}$
Optimale Stichprobengröße	$n = \frac{4 \cdot z^2_{\left(1-\frac{\alpha}{2}\right)}}{b^2_{\text{KI}}} + 3$ b^2_{KI}: Breite des gewünschten Konfidenzintervalls

Produkt-Moment-Korrelation: Hypothesenüberprüfung – statistische Absicherung einer Produkt-Moment-Korrelation gegen einen Wert ≠ 0

Anwendungsgebiet	Statistische Absicherung einer Produkt-Moment-Korrelation gegen einen Wert $\neq 0$
Voraussetzungen	Wie bei statistischer Absicherung einer Produkt-Moment-Korrelation gegen 0 (S. 157), allerdings ist Robustheit des Tests bei der Verletzung der bivariaten Normalverteilungsannahme nicht gegeben.
Hypothesen	
Nullhypothesen	$H_0: \rho_{XY} = \alpha$ $H_0: \rho_{XY} \leq \alpha$ $H_0: \rho_{XY} \geq \alpha$
Alternativhypothesen	$H_1: \rho_{XY} \neq \alpha$ $H_1: \rho_{XY} > \alpha$ $H_1: \rho_{XY} < \alpha$

Prüfgröße

$$z = \frac{Z_r - \zeta}{\sigma_Z}$$

$$\zeta = E(Z) = \frac{1}{2} \cdot \ln \frac{1+\rho}{1-\rho} + \frac{\rho}{2 \cdot (n-1)}$$: Erwartungswert von Z

$$\sigma_Z = \sqrt{\frac{1}{n-3}} = \sqrt{Var(Z)}$$: Standardfehler von Z

Produkt-Moment-Korrelation: Hypothesenüberprüfung – Vergleich zweier Produkt-Moment-Korrelationskoeffizienten aus unabhängigen Stichproben

Anwendungsgebiet

Vergleich zweier Produkt-Moment-Korrelationskoeffizienten aus unabhängigen Stichproben

Voraussetzungen

(1) Unabhängige Stichproben
(2) Bivariate Normalverteilung in beiden Populationen

Überprüfung der Voraussetzungen

(1) Durch Untersuchungsplanung sicherstellen
(2) Test von Mardia (1970)

Umgang mit Voraussetzungsverletzungen

(1) Abhängige Stichproben: Test für abhängige Stichproben
(2) Verletzte Normalverteilung: Siehe statistische Absicherung einer Produkt-Moment-Korrelation gegen 0 (S. 157)

Hypothesen

Nullhypothesen

$H_0: \rho_1 = \rho_2$ bzw. $H_0: \rho_1 - \rho_2 = 0$
$H_0: \rho_1 \leq \rho_2$ bzw. $H_0: \rho_1 \quad \rho_2 \leq 0$
$H_0: \rho_1 \geq \rho_2$ bzw. $H_0: \rho_1 - \rho_2 \geq 0$

Alternativhypothesen

$H_1: \rho_1 \neq \rho_2$ bzw. $H_1: \rho_1 - \rho_2 \neq 0$
$H_1: \rho_1 > \rho_2$ bzw. $H_1: \rho_1 - \rho_2 > 0$
$H_1: \rho_1 < \rho_2$ bzw. $H_1: \rho_1 - \rho_2 < 0$

Prüfgröße

$$z = \frac{Z_{r_1} - Z_{r_2}}{\sigma_{Z_{r_1} - Z_{r_2}}}$$

$$\sigma_{Z_{r_1} - Z_{r_2}} = \sqrt{\frac{1}{n_1 - 3} + \frac{1}{n_2 - 3}}$$

Optimale Stichprobengröße

Mittels Computerprogrammen

Produkt-Moment-Korrelation: Hypothesenüberprüfung – Vergleich zweier Produkt-Moment-Korrelationskoeffizienten aus abhängigen Stichproben

Anwendungsgebiet

Vergleich zweier Produkt-Moment-Korrelationskoeffizienten aus abhängigen Stichproben

---

Voraussetzungen

(1) Abhängige Stichproben
(2) Bivariate Normalverteilung in beiden Populationen

Überprüfung der Voraussetzungen

(1) Durch Untersuchungsplanung sicherstellen
(2) Test von Mardia (1970)

Umgang mit Voraussetzungsverletzungen

(1) Unabhängige Stichproben: Test für unabhängige Stichproben
(2) Verletzte Normalverteilung: Siehe statistische Absicherung einer Produkt-Moment-Korrelation gegen 0 (S. 157)

Hypothesen

Nullhypothesen

$H_0: \rho_{12} = \rho_{13}$ bzw. $H_0: \rho_{12} - \rho_{13} = 0$
$H_0: \rho_{12} \leq \rho_{13}$ bzw. $H_0: \rho_{12} - \rho_{13} \leq 0$
$H_0: \rho_{12} \geq \rho_{13}$ bzw. $H_0: \rho_{12} - \rho_{13} \geq 0$

Alternativhypothesen

$H_1: \rho_{12} \neq \rho_{13}$ bzw. $H_1: \rho_{12} - \rho_{13} \neq 0$
$H_1: \rho_{12} > \rho_{13}$ bzw. $H_1: \rho_{12} - \rho_{13} > 0$
$H_1: \rho_{12} < \rho_{13}$ bzw. $H_1: \rho_{12} - \rho_{13} < 0$

Prüfgröße

$$z = \frac{Z_{r_{12}} - Z_{r_{13}}}{\hat{\sigma}_{Z_{r_{12}} - Z_{r_{13}}}} \qquad \hat{\sigma}_{Z_{r_{12}} - Z_{r_{13}}} = \sqrt{\frac{2 - 2 \cdot \hat{\sigma}_{12/13}}{n-3}}$$

$$\hat{\sigma}_{12/13} = \frac{1}{\left(1 - r_1^2\right)^2} \cdot \left(r_{23} \cdot \left(1 - 2 \cdot r_1^2\right) - 0{,}5 \cdot r_1^2 \cdot \left(1 - 2 \cdot r_1^2 - r_{23}^2\right)\right)$$

$$r_1 = \frac{r_{12} + r_{13}}{2}$$

Optimale Stichprobengröße

Mittels Computerprogrammen

Rangkorrelation nach Kendall

Anwendungsgebiet

Quantifizierung des Zusammenhangs zweier singulärer Rangvariablen ohne Rangbindung

Voraussetzungen	Singuläre Variablen ohne Rangbindungen
Überprüfung der Voraussetzungen	Durch Untersuchungsplanung sicherstellen
Umgang mit Voraussetzungsverletzungen	(1) Bei kategorialen Daten mit geordneten Antwortkategorien: γ-Koeffizient oder polychorische Korrelation (2) Bei singulären Daten mit Rangbindungen: Wilsons *e* (3) Bei einer singulären Variablen und einer Variablen mit geordneten Antwortkategorien: d_{YX} nach Somers bzw. $d_{Y \cdot X}$ nach Kim
Formel	
Population	$\tau = \pi_K - \pi_D$ π_K: Wahrscheinlichkeit, dass ein zufällig aus der Population gezogenes Paar in einer konkordanten Beziehung steht π_D: Wahrscheinlichkeit, dass ein zufällig aus der Population gezogenes Paar in einer diskordanten Beziehung steht (Rangbindungen ausgeschlossen)
Stichprobe	$\hat{\tau} = \frac{n_K - n_D}{\frac{n \cdot (n-1)}{2}} = \frac{2 \cdot (n_K - n_D)}{n \cdot (n-1)} = \frac{n_K - n_D}{n_K + n_D}$ n_K: Anzahl Konkordanzen n_D: Anzahl Diskordanzen
Interpretation	Wertebereich [-1;1]

γ-Koeffizient

Anwendungsgebiet	Quantifizierung des Zusammenhangs zweier kategorialer Variablen mit geordneten Kategorien
Voraussetzungen	Kategoriale Daten mit geordneten Kategorien
Überprüfung der Voraussetzungen	Durch Untersuchungsplanung sicherstellen
Umgang mit Voraussetzungsverletzungen	(1) Bei singulären Daten ohne Rangbindungen: Rangkorrelationskoeffizient nach Kendall (2) Bei singulären Daten mit Rangbindungen: Wilsons *e* (3) Bei einer singulären Variablen und einer Variablen mit geordneten Antwortkategorien: d_{YX} nach Somers bzw. $d_{Y \cdot X}$ nach Kim

Formel

Population

$$\gamma = \frac{\pi_K - \pi_D}{\pi_K + \pi_D}$$

Stichprobe

$$\hat{\gamma} = \frac{n_K - n_D}{n_K + n_D}$$

Anzahl Konkordanzen

$$n_K = \sum_{i=1}^{k-1}\sum_{j=1}^{l-1} n_{ij} \cdot \left(\sum_{a=i+1}^{k}\sum_{b=j+1}^{l} n_{ab} \right)$$

Anzahl Diskordanzen

$$n_D = \sum_{i=1}^{k-1}\sum_{j=2}^{l} n_{ij} \cdot \left(\sum_{a=i+1}^{k}\sum_{b=1}^{j-1} n_{ab} \right)$$

Interpretation Wertebereich [-1;1]

Wilsons *e*

Anwendungsgebiet Quantifizierung des Zusammenhangs zweier singulärer Rangvariablen mit Rangbindungen

Voraussetzungen Singuläre Variablen

Überprüfung der Voraussetzungen Durch Untersuchungsplanung sicherstellen

Umgang mit Voraussetzungsverletzungen Bei kategorialen Daten mit geordneten Antwortkategorien: γ-Koeffizient oder polychorische Korrelation

Formel

Population

$$e = \frac{\pi_K - \pi_D}{\pi_K + \pi_D + \pi_{B(X)} + \pi_{B(Y)}}$$

π_K: Wahrscheinlichkeit, dass ein zufällig aus der Population gezogenes Paar in einer konkordanten Beziehung steht

π_D: Wahrscheinlichkeit, dass ein zufällig aus der Population gezogenes Paar in einer diskordanten Beziehung steht (Rangbindungen ausgeschlossen)

$\pi_{B(X)}$: Wahrscheinlichkeit, dass ein zufällig gezogenes Paar nur in Bezug auf Merkmal X in Rangbindung steht

$\pi_{B(Y)}$: Wahrscheinlichkeit, dass ein zufällig gezogenes Paar nur in Bezug auf Merkmal Y in Rangbindung steht

Stichprobe	$\hat{e} = \frac{n_K - n_D}{n_K + n_D + n_{B(X)} + n_{B(Y)}}$ n_K: Anzahl Konkordanzen n_D: Anzahl Diskordanzen $n_{B(X)}$: Anzahl Paare, die nur in Bezug auf Merkmal X in Rangbindung stehen $n_{B(Y)}$: Anzahl Paare, die nur in Bezug auf Merkmal Y in Rangbindung stehen
Interpretation	Wertebereich [-1;1]

d_{YX} nach Somers bzw. $d_{Y \bullet X}$ nach Kim

Anwendungsgebiet	Quantifizierung des Zusammenhangs zwischen einer singulären Variablen und einer Variablen mit geordneten Kategorien
Voraussetzungen	Eine singuläre Variable (mit oder ohne Rangbindungen) und eine Variable mit geordneten Antwortkategorien
Überprüfung der Voraussetzungen	Durch Untersuchungsplanung sicherstellen
Umgang mit Voraussetzungsverletzungen	(1) Bei zwei singulären Variablen ohne Rangbindungen: Rangkorrelationskoeffizient nach Kendall (2) Bei zwei singulären Variablen mit Rangbindungen: Wilsons *e* (3) Bei zwei kategorialen Daten mit geordneten Antwortkategorien: γ-Koeffizient oder polychorische Korrelation
Formel	
Population	d_{YX} nach Somers: $\delta_{YX} = \frac{\pi_K - \pi_D}{\pi_K + \pi_D + \pi_{B(Y)}}$ Y: singuläre Variable mit Rangbindungen $d_{Y \bullet X}$ nach Kim: $\delta_{Y \bullet X} = \frac{\pi_K - \pi_D}{\pi_K + \pi_D + \pi_{B(X)}}$ X: singuläre Variable mit Rangbindungen
Stichprobe	d_{YX} nach Somers: $d_{YX} = \frac{n_K - n_D}{n_K + n_D + n_{B(Y)}}$ $d_{Y \bullet X}$ nach Kim: $d_{Y \bullet X} = \frac{n_K - n_D}{n_K + n_D + n_{B(X)}}$
Interpretation	Wertebereich [-1;1]

Weitere Korrelationskoeffizienten für ordinalskalierte Variablen

Polychorische Korrelation

Anwendungsgebiet	Quantifizierung des Zusammenhangs zweier kategorialer Variablen mit geordneten Kategorien. Es wird angenommen, dass den kategorialen Variablen kontinuierliche normalverteilte Variablen zugrunde liegen.
Berechnung	Kann nicht einfach per Hand berechnet werden. Berechnung mit Statistikprogrammen

Rangkorrelation nach Spearman

Anwendungsgebiet	Quantifizierung des Zusammenhangs zwischen zwei singulären ordinalskalierten Variablen ohne Rangbindung
Voraussetzungen	(1) Singuläre Daten ohne Rangbindung (2) Linearität der Ränge
Überprüfung der Voraussetzungen	Durch Untersuchungsplanung sicherstellen
Umgang mit Voraussetzungsverletzungen	Bei Rangbindungen wird die Produkt-Moment-Korrelation der Rangwerte berechnet.
Formel	
Stichprobe	$r_S = 1 - \frac{6 \cdot \sum_{m=1}^{n} d_m^{\ 2}}{n \cdot (n^2 - 1)}$ d_m: Rangplatzdifferenz des Merkmalsträgers m zwischen Rangzahl im ersten Merkmal und Rangzahl im zweiten Merkmal
Interpretation	Wertebereich [-1;1]

τ_b nach Kendall

Anwendungsgebiet	Quantifizierung des Zusammenhangs zweier singulärer Rangvariablen mit Rangbindungen
Voraussetzungen	Siehe Wilsons *e*
Formel	Zur Bedeutung der Symbole siehe Wilsons *e*
Stichprobe	$\hat{\tau}_b = \frac{n_K - n_D}{\sqrt{(n_K + n_D + n_{B(X)}) \cdot (n_K + n_D + n_{B(Y)})}}$
Interpretation	Wertebereich [-1;1]

τ, γ, Wilsons e, τ_b, d_{YX}, $d_{Y \cdot X}$: Hypothesenüberprüfung

Anwendungsgebiet	Statistische Absicherung der Koeffizienten gegen 0 (asymptotische Tests)
Voraussetzungen	Ausreichend große Stichprobe ($n > 40$)
Überprüfung der Voraussetzungen	Durch Untersuchungsplanung sicherstellen
Umgang mit Voraussetzungsverletzungen	Bei kleinen Stichproben: exakte Tests

Hypothesen

Nullhypothesen

$$H_0\colon \pi_K = \pi_D \text{ oder } H_0\colon \pi_K - \pi_D = 0$$
$$H_0\colon \pi_K \leq \pi_D \text{ oder } H_0\colon \pi_K - \pi_D \leq 0$$
$$H_0\colon \pi_K \geq \pi_D \text{ oder } H_0\colon \pi_K - \pi_D \geq 0$$

Alternativhypothesen

$$H_1\colon \pi_K \neq \pi_D \text{ oder } H_1\colon \pi_K - \pi_D \neq 0$$
$$H_1\colon \pi_K > \pi_D \text{ oder } H_1\colon \pi_K - \pi_D > 0$$
$$H_1\colon \pi_K < \pi_D \text{ oder } H_1\colon \pi_K - \pi_D < 0$$

Prüfgröße

$$z = \frac{(n_K - n_D)}{\sigma_{n_K - n_D}}$$

Standardfehler

$$\sigma^2_{n_K - n_D} = \frac{n \cdot (n-1) \cdot (2 \cdot n + 5) - \sum_i n_{X(i)} \cdot (n_{X(i)} - 1) \cdot (2 \cdot n_{X(i)} + 5) - \sum_j n_{Y(j)} \cdot (n_{Y(j)} - 1) \cdot (2 \cdot n_{Y(j)} + 5)}{18}$$
$$+ \frac{\left[\sum_i n_{X(i)} \cdot (n_{X(i)} - 1) \cdot (n_{X(i)} - 2)\right]\left[\sum_j n_{Y(j)} \cdot (n_{Y(j)} - 1) \cdot (n_{Y(j)} - 2)\right]}{9 \cdot n \cdot (n-1) \cdot (n-2)}$$
$$+ \frac{\left[\sum_i n_{X(i)} \cdot (n_{X(i)} - 1)\right]\left[\sum_j n_{Y(j)} \cdot (n_{Y(j)} - 1)\right]}{2 \cdot n \cdot (n-1)}$$

$n_{X(i)}$: Anzahl aller Werte, die bzgl. der Variablen X in einer Bindungsgruppe i stehen

$n_{Y(j)}$: Anzahl aller Werte, die bzgl. der Variablen Y in einer Bindungsgruppe j stehen

Vereinfachte Prüfgröße für τ	$z = \frac{n_K - n_D}{\sqrt{\frac{n \cdot (n-1) \cdot (2 \cdot n + 5)}{18}}}$
Vereinfachte Prüfgröße für γ	$z = \frac{\hat{\gamma}}{\sqrt{\frac{n \cdot (1 - \hat{\gamma}^2)}{n_K + n_D}}}$
Optimale Stichprobengröße für τ	Für einseitigen Test (α) oder zweiseitigen Test ($\alpha/2$) $n_{opt} = \frac{(z_\alpha - z_\beta)^2}{\frac{9}{4} \cdot \tau^2} = \frac{(z_\alpha - z_\beta)^2}{\frac{9}{4} \cdot (\pi_K - \pi_D)^2}$

Korrelationskoeffizienten für zwei dichotome Variablen

Anwendungsgebiet	Quantifizierung des Zusammenhangs zweier dichotomer Variablen
φ-Koeffizient	Identisch mit der Produkt-Moment-Korrelation der Kategorienwerte
Formel	
Stichprobe	$\hat{\varphi} = \frac{n_{11} \cdot n_{22} - n_{12} \cdot n_{21}}{\sqrt{(n_{11} + n_{21}) \cdot (n_{12} + n_{22}) \cdot (n_{11} + n_{12}) \cdot (n_{21} + n_{22})}}$ n_{ij}: Absolute Zellhäufigkeiten
Interpretation	Wertebereich [-1;1], wenn gleiche Randsummenverteilung
Yules Q	
Formel	
Stichprobe	$Q = \frac{n_{11} \cdot n_{22} - n_{12} \cdot n_{21}}{n_{11} \cdot n_{22} + n_{12} \cdot n_{21}} = \frac{n_K - n_D}{n_K + n_D} = \frac{OR - 1}{OR + 1}$ n_{ij}: absolute Zellhäufigkeiten n_K: Anzahl Konkordanzen n_D: Anzahl Diskordanzen OR: Odds ratio
Interpretation	Wertebereich [-1;1]

Odds Ratio

Formel

Stichprobe

$$OR = \frac{\frac{n_{11}}{n_{12}}}{\frac{n_{21}}{n_{22}}} = \frac{n_{11} \cdot n_{22}}{n_{12} \cdot n_{21}}$$

n_{ij}: Absolute Zellhäufigkeiten

Interpretation Wertebereich $[0; \infty)$

Tetrachorische Korrelation Spezialfall der polychorischen Korrelation. Es wird angenommen, dass den dichotomen Variablen kontinuierliche normalverteilte Variablen zugrunde liegen.

Formel

Stichprobe Näherungsformel:

$$r_{tet} = \cos\left(\frac{180^\circ}{1 + \sqrt{\frac{n_{11} \cdot n_{22}}{n_{12} \cdot n_{21}}}}\right)$$

Interpretation Wertebereich [-1; 1]

φ-Koeffizient, Yules Q, Odds Ratio und tetrachorische Korrelation: Hypothesenüberprüfung

Anwendungsgebiet Statistische Absicherung der Koeffizienten gegen 0

Hypothesen

Nullhypothese

$$H_0: \pi_{11} \cdot \pi_{22} = \pi_{12} \cdot \pi_{21} \quad \text{oder} \quad H_0: \frac{\pi_{11} \cdot \pi_{22}}{\pi_{12} \cdot \pi_{21}} = 1$$

Alternativhypothese

$$H_1: \pi_{11} \cdot \pi_{22} \neq \pi_{12} \cdot \pi_{21} \quad \text{oder} \quad H_1: \frac{\pi_{11} \cdot \pi_{22}}{\pi_{12} \cdot \pi_{21}} \neq 1$$

Prüfgröße Test ist äquivalent zur Testung der stochastischen Unabhängigkeit (Kap. 11, S. 93).

Konfidenzintervall für den φ-Koeffizienten

Grenzen

$$\left[\left(\varphi - z_{\left(1-\frac{\alpha}{2}\right)} \cdot \hat{\sigma}_\varphi\right); \left(\varphi + z_{\left(1-\frac{\alpha}{2}\right)} \cdot \hat{\sigma}_\varphi\right)\right]$$

Standardfehler

$$\hat{\sigma}_{\varphi}=\sqrt{\frac{4\sum_{i=1}^{2}\sum_{j=1}^{2}\frac{n_{ij}^{3}}{n_{i\bullet}^{2}n_{\bullet j}^{2}}-3\sum_{i=1}^{2}\frac{1}{n_{i\bullet}}\left(\sum_{j=1}^{2}\frac{n_{ij}^{2}}{n_{i\bullet}n_{\bullet j}}\right)^{2}-3\sum_{j=1}^{2}\frac{1}{n_{\bullet j}}\left(\sum_{i=1}^{2}\frac{n_{ij}^{2}}{n_{i\bullet}n_{\bullet j}}\right)^{2}+2\sum_{i=1}^{2}\sum_{j=1}^{2}\frac{n_{ij}}{n_{i\bullet}n_{\bullet j}}\left(\sum_{p=1}^{2}\frac{n_{pj}^{2}}{n_{p\bullet}n_{\bullet j}}\right)\left(\sum_{q=1}^{2}\frac{n_{iq}^{2}}{n_{i\bullet}n_{\bullet q}}\right)}{4\cdot\varphi^{2}}}$$

Konfidenzintervall für Yules Q

Grenzen

$$\left[\left(Q-z_{\left(1-\frac{\alpha}{2}\right)}\cdot\hat{\sigma}_{Q}\right);\left(Q+z_{\left(1-\frac{\alpha}{2}\right)}\cdot\hat{\sigma}_{Q}\right)\right]$$

Standardfehler

$$\hat{\sigma}_{Q}=\frac{1}{2}\cdot\left(1-Q^{2}\right)\cdot\sqrt{\frac{1}{n_{11}}+\frac{1}{n_{12}}+\frac{1}{n_{21}}+\frac{1}{n_{22}}}$$

Konfidenzintervall für das Odds Ratio

Grenzen

$$\left[\left(\ln(OR)-z_{\left(1-\frac{\alpha}{2}\right)}\cdot\hat{\sigma}_{\ln(OR)}\right);\left(\ln(OR)+z_{\left(1-\frac{\alpha}{2}\right)}\cdot\hat{\sigma}_{\ln(OR)}\right)\right]$$

Standardfehler

$$\hat{\sigma}_{\ln(OR)}=\sqrt{\frac{1}{n_{11}}+\frac{1}{n_{12}}+\frac{1}{n_{21}}+\frac{1}{n_{22}}}$$

Optimale Stichprobengröße

Siehe Vierfelder-χ^2–Test (S. 93)

Cramérs V

Anwendungsgebiet

Quantifizierung des Zusammenhangs zweier polytomer nominalskalierter Variablen

Formel

Stichprobe

$$V=\sqrt{\frac{\chi^{2}}{n\cdot(s-1)}}$$

s: geringere Anzahl der Messwertkategorien der beiden Variablen

$$\chi^{2}=\sum_{i=1}^{k}\sum_{j=1}^{l}\frac{(n_{ij}-e_{ij})^{2}}{e_{ij}}$$

$$e_{ij}=\frac{n_{i\bullet}\cdot n_{\bullet j}}{n}$$

n_{ij}: absolute Zellhäufigkeiten

Dichotome Variable

$$|\hat{\varphi}| = \sqrt{\frac{\chi^2}{n}}$$

Interpretation Wertebereich [0;1]

Cramérs *V*: Hypothesenüberprüfung

Anwendungsgebiet Testung des Koeffizienten gegen 0

Hypothesen

Nullhypothese $V_{\text{Population}} = 0$

Alternativhypothese $V_{\text{Population}} > 0$

Prüfgröße Test ist äquivalent zur Testung der stochastischen Unabhängigkeit (Kap. 11, S. 96).

Konfidenzintervall

Grenzen

$$\left[\left(V - z_{\left(1-\frac{\alpha}{2}\right)} \cdot \hat{\sigma}_V\right); \left(V + z_{\left(1-\frac{\alpha}{2}\right)} \cdot \hat{\sigma}_V\right)\right]$$

Standardfehler

$$\hat{\sigma}_V = \sqrt{\frac{4\sum_{i=1}^{k}\sum_{j=1}^{l}\frac{n_{ij}^3}{n_{i\bullet}^2 n_{\bullet j}^2} - 3\sum_{i=1}^{k}\frac{1}{n_{i\bullet}}\left(\sum_{j=1}^{l}\frac{n_{ij}^2}{n_{i\bullet}n_{\bullet j}}\right)^2 - 3\sum_{j=1}^{l}\frac{1}{n_{\bullet j}}\left(\sum_{i=1}^{k}\frac{n_{ij}^2}{n_{i\bullet}n_{\bullet j}}\right)^2 + 2\sum_{i=1}^{k}\sum_{j=1}^{l}\frac{n_{ij}}{n_{i\bullet}n_{\bullet j}}\left(\sum_{p=1}^{k}\frac{n_{pj}^2}{n_{p\bullet}n_{\bullet j}}\right)\left(\sum_{q=1}^{l}\frac{n_{iq}^2}{n_{i\bullet}n_{\bullet q}}\right)}{4\cdot(s-1)\cdot V^2}}$$

Optimale Stichprobengröße Siehe Zweistichproben-χ^2–Test (S. 96)

Korrelationskoeffizienten für gemischte Variablentypen

Punktbiseriale Korrelation

Anwendungsgebiet Quantifizierung des Zusammenhangs einer metrischen und einer dichotomen Variablen

Voraussetzungen Eine metrische und eine natürlich dichotome Variable

Überprüfung der Voraussetzungen: Durch Untersuchungsplanung sicherstellen

Umgang mit Voraussetzungsverletzungen: Bei dichotomisierten Variablen: biseriale Korrelation

Formel

Stichprobe

$$r_{\text{pbis}} = \frac{\overline{x}_2 - \overline{x}_1}{s_X} \cdot \sqrt{\frac{n_1 \cdot n_2}{n^2}}$$

$\overline{x}_1$: Mittelwert der metrischen Variablen X in Kategorie 1 der nominalskalierten Variablen

$\overline{x}_2$: Mittelwert der metrischen Variablen X in Kategorie 2 der nominalskalierten Variablen

s_X: Standardabweichung der metrischen Variablen X

n_1: Anzahl von Merkmalsträgern in Kategorie 1 der nominalskalierten Variablen

n_2: Anzahl von Merkmalsträgern in Kategorie 2 der nominalskalierten Variablen

n: Gesamtanzahl $n = n_1 + n_2$

Interpretation Wertebereich [-1;1]

Biseriale Korrelation

Anwendungsgebiet Quantifizierung des Zusammenhangs einer metrischen und einer dichotomen Variablen

Voraussetzungen Eine metrische und eine dichotomisierte Variable

Überprüfung der Voraussetzungen: Durch Untersuchungsplanung sicherstellen

Umgang mit Voraussetzungsverletzungen: Bei natürlich dichotomen Variablen: punktbiseriale Korrelation

Formel

Stichprobe

$$r_{\text{bis}} = \frac{\overline{x}_2 - \overline{x}_1}{s_X} \cdot \frac{n_1 \cdot n_2}{u \cdot n^2}$$

$\overline{x}_1$: Mittelwert der metrischen Variablen X in Kategorie 1 der nominalskalierten Variablen

$\overline{x}_2$: Mittelwert der metrischen Variablen X in Kategorie 2 der nominalskalierten Variablen

s_X: Standardabweichung der metrischen Variablen X

n_1: Anzahl von Merkmalsträgern in Kategorie 1 der nominalskalierten Variablen

n_2: Anzahl von Merkmalsträgern in Kategorie 2

u: Ordinatenwert des z-Wertes der Standardnormalverteilung, der $\frac{n_2}{n}$ bzw. $\frac{n_1}{n}$ Anteile der Fläche abschneidet

Interpretation Wertebereich [-1;1]

Rangbiseriale Korrelation

Anwendungsgebiet Quantifizierung des Zusammenhangs einer dichotomen und einer singulären Variablen ohne Rangbindungen

Voraussetzungen Singuläre ordinalskalierte Variable ohne Rangbindungen

Überprüfung der Voraussetzungen: Durch Untersuchungsplanung sicherstellen

Umgang mit Voraussetzungsverletzungen: Bei Rangbindung:

(1) Für Zusammenhang zwischen einer dichotomen und einer ordinalskaliertenVariablen mit geordneten Antwortkategorien: γ-Koeffizient
(2) Für Zusammenhang zwischen einer dichotomen und einer singulären Variablen mit Rangbindungen: d_{YX} nach Somers oder $d_{Y \cdot X}$ nach Kim

Formel

Stichprobe

$$r_{\text{rangbis}} = \frac{n_K - n_D}{n_1 \cdot n_2}$$

n_K = Anzahl Konkordanzen
n_D = Anzahl Diskordanzen

Interpretation Wertebereich [-1;1]

17 Abhängigkeiten zwischen Variablen: Einfache lineare Regression

Einfache lineare Regression: Grundlagen

Anwendungsgebiet	Vorhersage einer metrischen abhängigen Variablen durch eine metrische unabhängige Variable
Voraussetzungen	(1) Abhängige Variable ist eine metrische Variable. (2) Unabhängige Variable ist eine metrische Variable. (3) Linearer Zusammenhang zwischen abhängiger Variablen und unabhängiger Variablen
Überprüfung der Voraussetzungen	(1) Durch Untersuchungsplanung sicherstellen (2) Durch Untersuchungsplanung sicherstellen (3) Punktediagramm analysieren; nichtlineare Effekte der unabhängigen Variablen auf die abhängige Variable testen
Umgang mit Voraussetzungsverletzungen	(1) Bei kategorialer abhängiger Variable: logistische Regression (Kap. 21) (2) Kodierung der kategorialen unabhängigen Variablen durch Kodiervariablen (Kap. 19, S. 192) (3) Bei nichtlinearem Zusammenhang zwischen den Variablen: Multiple Regressionsanalyse zur Analyse nichtlinearer Zusammenhänge (Kap. 19, S. 191)

Indizes

Person	$m = 1, \ldots, n$

Kleinste-Quadrate-Kriterium

Grundgedanke

Optimale Vorhersage ist gegeben, wenn die Summe der quadrierten Differenzen zwischen den aus der unabhängigen Variablen vorhergesagten Werten der abhängigen Variablen und den beobachteten Werten der abhängigen Variablen minimal ist.

Formel

$$SAQ = \sum_{m=1}^{n} \left(y_m - \hat{y}_m \right)^2 \rightarrow \text{min!}$$

Regressionsgleichung

Population

Modellgleichung für Variablen

$$Y = E(Y \mid X) + \varepsilon$$

$$E(Y \mid X) = \beta_0 + \beta_1 \cdot X$$

$$Y = \beta_0 + \beta_1 \cdot X + \varepsilon$$

$E(Y \mid X)$: bedingte Erwartung von Y gegeben X

β_0: Achsenabschnitt

β_1: Regressionsgewicht

ε : Regressionsresiduum oder Residualvariable

Stichprobe

Modellgleichung für Variablen

$$Y = b_0 + b_1 \cdot X + E$$

Vorhersagegleichung für Variablen

$$\hat{Y} = b_0 + b_1 \cdot X$$

Vorhersagegleichung für Merkmalsträger

$$\hat{y}_m = b_0 + b_1 \cdot x_m$$

Bestimmung der Regressionskoeffizienten

Unstandardisierte Variablen

Regressionsgewicht

$$b_1 = r_{XY} \cdot \frac{s_Y}{s_X} = \frac{s_{XY}}{s_X^2}$$

Achsenabschnitt

$$b_0 = \overline{y} - b_1 \cdot \overline{x}$$

Standardisierte Variablen	
Regressionsgewicht	$b_{1s} = r_{XY}$
Achsenabschnitt	$b_{0s} = 0$

Eigenschaften der Regressionsresiduen

Summe der Regressionsresiduen	$\sum_{m=1}^{n} e_m = \sum_{m=1}^{n} (y_m - \hat{y}_m) = 0$ Die Summe aller Regressionsresiduen ist gleich 0.
Summe der quadrierten Regressionsresiduen	$\sum_{m=1}^{n} e_m^2 = \sum_{m=1}^{n} (y_m - \hat{y}_m)^2 \rightarrow \min!$ Die Summe aller quadrierten Regressionsresiduen ist minimal.
Korrelation zwischen *X* und *E*	$r_{XE} = 0$ Die Korrelation zwischen der unabhängigen Variablen und der Residualvariablen ist gleich 0.
Korrelation zwischen $\hat{Y}$ und *E*	$r_{\hat{Y}E} = 0$ Die Korrelation zwischen der vorhergesagten abhängigen Variablen und der Residualvariablen ist gleich 0.

Residualvarianz und Standardschätzfehler

Residualvarianz	$s_E^2 = \frac{\sum_{m=1}^{n} (y_m - \hat{y}_m)^2}{n}$
Standardschätzfehler	$s_E = \sqrt{\frac{\sum_{m=1}^{n} (y_m - \hat{y}_m)^2}{n}} = s_Y \cdot \sqrt{1 - r_{XY}^2}$

Quadratsummenzerlegung und Varianzzerlegung

Quadratsummen-zerlegung	$\sum_{m=1}^{n} (y_m - \bar{y})^2 = \sum_{m=1}^{n} (y_m - \hat{y}_m)^2 + \sum_{m=1}^{n} (\hat{y}_m - \bar{y})^2$ $QS_Y = QS_E + QS_{\hat{Y}}$

Varianzzerlegung	$$\frac{\sum_{m=1}^{n}(y_m-\bar{y})^2}{n}=\frac{\sum_{m=1}^{n}(y_m-\hat{y}_m)^2}{n}+\frac{\sum_{m=1}^{n}(\hat{y}_m-\bar{y})^2}{n}$$ $$s_Y^2=s_E^2+s_{\hat{Y}}^2$$

Determinationskoeffizient und Indeterminationskoeffizient

Determinations-koeffizient	$$R^2=\frac{s_{\hat{Y}}^2}{s_Y^2}=r_{XY}^2$$
Indeterminations-koeffizient	$$1-R^2=\frac{s_E^2}{s_Y^2}=1-r_{XY}^2$$

Hypothesenüberprüfung

Statistische Tests und deren Voraussetzungen werden in Kapitel 19 zur multiplen Regression behandelt.

18 Partialkorrelation und Semipartialkorrelation

Partialkorrelation: Grundlagen

Anwendungsgebiet

Bivariate Produkt-Moment-Korrelation zwischen zwei Residualvariablen (Partialvariablen), die so zustande kommt, dass aus den zu den Residualvariablen gehörenden abhängigen Variablen jeweils dieselben unabhängigen Variablen (sog. Drittvariablen) auspartialisiert wurden. Dient der Aufdeckung von Scheinkorrelationen oder maskierter Zusammenhänge

---

Formel

Population

$$\rho_{XY \bullet Z} = \frac{\rho_{XY} - \rho_{XZ} \cdot \rho_{YZ}}{\sqrt{1-\rho_{XZ}^2} \cdot \sqrt{1-\rho_{YZ}^2}} = \rho_{\varepsilon_{X(Z)}\varepsilon_{Y(Z)}}$$

$\rho_{XY}, \rho_{XZ}, \rho_{YZ}$: bivariate Produkt-Moment-Korrelationen (Korrelationen nullter Ordnung)

$\rho_{\varepsilon_{X(Z)}\varepsilon_{Y(Z)}}$: Korrelation zwischen zwei Residualvariablen, die man erhält, indem man jeweils in einer einfachen linearen Regressionsanalyse aus den Variablen X und Y den Einfluss der Variablen Z auspartialisiert

Stichprobe

$$r_{XY \bullet Z} = \frac{r_{XY} - r_{XZ} \cdot r_{YZ}}{\sqrt{1-r_{XZ}^2} \cdot \sqrt{1-r_{YZ}^2}} = r_{E_{X(Z)}E_{Y(Z)}}$$

r_{XY}, r_{XZ}, r_{YZ}: bivariate Produkt-Moment-Korrelationen

$r_{E_{X(Z)}E_{Y(Z)}}$: Korrelation zwischen zwei Residualvariablen, die man erhält, indem man jeweils in einer einfachen linearen Regressionsanalyse aus den Variablen X und Y den Einfluss der Variablen Z auspartialisiert

Partialkorrelation höherer Ordnung	Partialkorrelation zweier Variablen, aus denen mehr als eine Drittvariable auspartialisiert wurden
Interpretation	Wertebereich [-1;1]; gibt die Stärke des linearen Zusammenhangs zwischen zwei Variablen an, der nicht auf die berücksichtigten Drittvariablen zurückgeführt werden kann

Partialkorrelation: Hypothesenüberprüfung

Anwendungsgebiet	Statistische Absicherung einer Partialkorrelation gegen 0
Voraussetzungen	(1) Stetige Variablen (2) Multivariate Normalverteilung der Variablen
Überprüfung der Voraussetzungen	(1) Durch Untersuchungsplanung sicherstellen (2) Kann mit einem Test auf multivariate Normalverteilung nach Mardia (1970) überprüft werden.
Umgang mit Voraussetzungsverletzungen	(1) Ansätze für Variablen anderen Typs, z. B. log-lineare Modelle für kategoriale Variablen (s. Kap. 21), nichtparametrische Partialkorrelation (Ebuh & Oyeka, 2012; Kim, 2015) (2) (a) Transformation der Variablen auf Normalverteilung (b) nichtparametrische Partialkorrelation (Ebuh & Oyeka, 2012; Kim, 2015)
Hypothesen	
Nullhypothesen	$H_0: \rho_{XY \bullet Z} = 0$ $H_0: \rho_{XY \bullet Z} \leq 0$ $H_0: \rho_{XY \bullet Z} \geq 0$
Alternativhypothesen	$H_1: \rho_{XY \bullet Z} \neq 0$ $H_1: \rho_{XY \bullet Z} > 0$ $H_1: \rho_{XY \bullet Z} < 0$
Prüfgröße	$F = \frac{r^2_{XY \bullet Z_1, \ldots, Z_k}}{1 - r^2_{XY \bullet Z_1, \ldots, Z_k}} \cdot (n-k-2)$ $df_{\text{Zähler}} = df_1 = 1$ und $df_{\text{Nenner}} = df_2 = n-k-2$ n: Stichprobengröße k: Anzahl der auspartialisierten Drittvariablen

Semipartialkorrelation: Grundlagen

Anwendungsgebiet

Bivariate Produkt-Moment-Korrelation zwischen einer Variablen und einer Residualvariablen (Partialvariablen). Dient der Kontrolle einer oder mehrerer Drittvariablen, indem man den Einfluss dieser Drittvariablen aus einer der beiden Variablen auspartialisiert

Formel

Population

$$\rho_{(Y \bullet Z)X} = \frac{\rho_{XY} - \rho_{XZ} \cdot \rho_{YZ}}{\sqrt{1-\rho_{YZ}^2}} = \rho_{\varepsilon_{Y(Z)}X}$$

$\rho_{XY}, \rho_{XZ}, \rho_{YZ}$: bivariate Produkt-Moment-Korrelationen (Korrelationen nullter Ordnung)

$\rho_{\varepsilon_{Y(Z)}X}$: Korrelation zwischen einer Residualvariablen, die man erhält, indem man in einer einfachen linearen Regressionsanalyse aus der Variablen Y den Einfluss der Variablen Z auspartialisiert, und der Variablen X

Stichprobe

$$r_{(Y \bullet Z)X} = \frac{r_{XY} - r_{XZ} \cdot r_{YZ}}{\sqrt{1-r_{YZ}^2}} = r_{E_{Y(Z)}X}$$

r_{XY}, r_{XZ}, r_{YZ}: bivariate Produkt-Moment-Korrelationen

$r_{E_{Y(Z)}X}$: Korrelation zwischen einer Residualvariablen, die man erhält, indem man in einer einfachen linearen Regressionsanalyse aus der Variablen Y den Einfluss der Variablen Z auspartialisiert, und der Variablen X

Semipartialkorrelation höherer Ordnung

Semipartialkorrelation, bei der aus einer der beiden Variablen mehr als eine Drittvariable auspartialisiert wurde

Interpretation

Wertebereich [-1;1]; gibt die Stärke des linearen Zusammenhangs zwischen einer Variablen und dem Teil einer anderen Variablen an, der nicht auf die berücksichtigten Drittvariablen zurückgeführt werden kann

Semipartialkorrelation: Hypothesenüberprüfung

Anwendungsgebiet	Statistische Absicherung einer Semipartialkorrelation gegen 0
Voraussetzungen	(1) Stetige Variablen (2) Multivariate Normalverteilung der Variablen
Überprüfung der Voraussetzungen	(1) Durch Untersuchungsplanung sicherstellen (2) Kann mit einem Test auf multivariate Normalverteilung nach Mardia (1970) überprüft werden.
Umgang mit Voraussetzungsverletzungen	(1) Ansätze für Variablen anderen Typs, z. B. log-lineare Modelle für kategoriale Variablen (s. Kap. 21), nichtparametrische Semipartialkorrelation (Kim, 2015) (2) (a) Transformation der Variablen auf Normalverteilung (b) Nichtparametrische Semipartialkorrelation (Kim, 2015)
Hypothesen	
Nullhypothesen	H_0: $\rho_{(Y \bullet Z)X} = 0$ H_0: $\rho_{(Y \bullet Z)X} \leq 0$ H_0: $\rho_{(Y \bullet Z)X} \geq 0$
Alternativhypothesen	H_1: $\rho_{(Y \bullet Z)X} \neq 0$ H_1: $\rho_{(Y \bullet Z)X} > 0$ H_1: $\rho_{(Y \bullet Z)X} < 0$
Prüfgröße	Überprüfung der Semipartialdetermination im Rahmen der multiplen Regressionsanalyse (Kap. 19)

19 Multiple Regressionsanalyse

Multiple lineare Regression

Anwendungsgebiet	Erklärung bzw. Vorhersage der Ausprägungen einer metrischen abhängigen Variablen (Kriterium) durch mehrere unabhängige Variablen (Prädiktoren)
Deterministische Regressoren	Ausprägungen der unabhängigen Variablen sind feste Werte, die der Kontrolle des Forschenden unterliegen. Man wählt für feste Werte der unabhängigen Variablen Stichproben aus, die sich bezüglich der Werte der abhängigen Variablen unterscheiden können (Allgemeines Lineares Modell).
Voraussetzungen	(1) Homoskedastizität (2) Normalverteilung der Fehlervariablen (3) Unabhängigkeit der Residuen
Überprüfung der Voraussetzungen	(1) Residuenplots; statistische Tests (2) Histogramm der Residuen; Probability-Probability-Plot (3) Durch Untersuchungsplanung sicherstellen
Umgang mit Voraussetzungsverletzungen	(1) Gewichtete Kleinste-Quadrate-Schätzverfahren (WLS) (2) (a) Regressionsanalyse ist bei großen Stichproben relativ robust gegenüber Verletzungen der Normalverteilungsannahme (b) Falls Verletzung auf Fehlspezifikation zurückführbar, muss diese behoben werden (c) Transformation der Variablen (z. B. Box-Cox-Transformation)

	(d) Andere Regressionsmodelle (z. B. für kategoriale Variablen, Häufigkeitsvariablen, Skalen mit beschränktem Wertebereich) (3) (a) Hierarchische lineare Modelle (Mehrebenenanalyse, Kap. 20), sofern Abhängigkeit auf mehrstufiges Auswahlverfahren zurückführbar (b) Zeitreihenanalytische Ansätze bei serialer Abhängigkeit im Einzelfall
Stochastische Regressoren	Bei den Werten x einer unabhängigen Variablen X handelt es sich um die Realisierungen einer Zufallsvariablen.
Voraussetzungen	(1) Alle betrachteten $k+1$ Variablen sind multivariat normalverteilt. (2) Unabhängigkeit der Beobachtungseinheiten
Überprüfung der Voraussetzungen	(1) Statistische Tests auf multivariate Normalverteilung, z. B. Test nach Mardia (1970) (2) Durch Untersuchungsplanung sicherstellen
Umgang mit Voraussetzungsverletzungen	(1) (a) Transformation der Variablen (z. B. Box-Cox-Transformation) (b) Nicht-normalverteilte unabhängige Variablen: Behandlung als deterministisch (c) Nicht-normalverteilte abhängige Variablen: Andere Regressionsmodelle (z. B. für kategoriale Variablen, Häufigkeitsvariablen, Skalen mit beschränktem Wertebereich) (2) (a) Hierarchische lineare Modelle (Mehrebenenanalyse, Kap. 20), sofern Abhängigkeit auf mehrstufiges Auswahlverfahren zurückführbar (b) Zeitreihenanalytische Ansätze bei serialer Abhängigkeit im Einzelfall

Indizes

Unabhängige Variablen	$j = 1, \ldots, k$
Personen	$m = 1, \ldots, n$

Modellgleichung

Population

Modellgleichung (Variablen)	$Y = E\left(Y \mid X_1, \ldots, X_k\right) + \varepsilon = \beta_0 + \beta_1 \cdot X_1 + \beta_2 \cdot X_2 + \ldots + \beta_j \cdot X_j + \ldots + \beta_k \cdot X_k + \varepsilon$
	Y: abhängige Variable
	X_j: unabhängige Variable
	ε: Residualvariable
	β_0: Achsenabschnitt
	β_j: Partialregressionsgewicht

Stichprobe

Modellgleichung (Variablen)	$Y = b_0 + b_1 \cdot X_1 + b_2 \cdot X_2 + \ldots + b_j \cdot X_j + \ldots + b_k \cdot X_k + E$
	E: Residualvariable
	b_0: Achsenabschnitt
	b_j: Partialregressionsgewicht
Modellgleichung (Merkmalsträger)	$y_m = b_0 + b_1 \cdot x_{m1} + b_2 \cdot x_{m2} + \ldots + b_j \cdot x_{mj} + \ldots + b_k \cdot x_{mk} + e_m$

Regressionsgleichung für vorhergesagte Werte

Modellgleichung (Merkmalsträger)	$\hat{y}_m = b_0 + b_1 \cdot x_{m1} + b_2 \cdot x_{m2} + \ldots + b_j \cdot x_{mj} + \ldots + b_k \cdot x_{mk}$
	$\hat{y}_m$: vorhergesagter Wert für Person m
Modellgleichung (Variablen)	$\hat{Y} = b_0 + b_1 \cdot X_1 + b_2 \cdot X_2 + \ldots + b_j \cdot X_j + \ldots + b_k \cdot X_k$

Bestimmung der Regressionskoeffizienten

Kleinste-Quadrate-Kriterium	$SAQ = \sum_{m=1}^{n} (y_m - \hat{y}_m)^2 \rightarrow \min!$
	SAQ: Summe der Abweichungsquadrate

Berechnung der Koeffizienten für Modell mit zwei Prädiktoren

Mittels Korrelationen nullter Ordnung

Unstandardisiertes Regressionsgewicht (erste Variable)	$b_1 = b_{1s} \cdot \frac{s_Y}{s_{X_1}}$

Standardisiertes Regressionsgewicht (erste Variable)

$$b_{1s} = \frac{r_{YX_1} - r_{YX_2} \cdot r_{X_1X_2}}{1 - r^2_{X_1X_2}}$$

Unstandardisiertes Regressionsgewicht (zweite Variable)

$$b_2 = b_{2s} \cdot \frac{s_Y}{s_{X_2}}$$

Standardisiertes Regressionsgewicht (zweite Variable)

$$b_{2s} = \frac{r_{YX_2} - r_{YX_1} \cdot r_{X_1X_2}}{1 - r^2_{X_1X_2}}$$

Achsenabschnitt

$$b_0 = \bar{y} - b_1 \cdot \bar{x}_1 - b_2 \cdot \bar{x}_2$$

Mittels Partialkorrelation und Korrelation nullter Ordnung

Unstandardisiertes Regressionsgewicht (erste Variable)

$$b_1 = r_{X_1Y \bullet X_2} \cdot \frac{\sqrt{s^2_Y \cdot \left(1 - r^2_{X_2Y}\right)}}{\sqrt{s^2_{X_1} \cdot \left(1 - r^2_{X_2X_1}\right)}}$$

Unstandardisiertes Regressionsgewicht (zweite Variable)

$$b_2 = r_{X_2Y \bullet X_1} \cdot \frac{\sqrt{s^2_Y \cdot \left(1 - r^2_{X_1Y}\right)}}{\sqrt{s^2_{X_2} \cdot \left(1 - r^2_{X_2X_1}\right)}}$$

Berechnung der Koeffizienten für ein Modell mit *j* Prädiktoren

Unstandardisierte Regressionsgewichte

$$b_j = r_{X_jY \bullet \mathbf{x}_{\setminus j}} \cdot \frac{\sqrt{s^2_Y \cdot \left(1 - R^2_{Y|\mathbf{x}_{\setminus j}}\right)}}{\sqrt{s^2_{X_j} \cdot \left(1 - R^2_{X_j|\mathbf{x}_{\setminus j}}\right)}}$$

$x_{\setminus j}$: Es werden alle k unabhängigen Variablen mit Ausnahme der Variablen X_j betrachtet.

Achsenabschnitt

$$b_0 = \bar{y} - \left(b_1 \cdot \bar{x}_1 - b_2 \cdot \bar{x}_2 + \ldots + b_j \cdot \bar{x}_j + \ldots + b_k \cdot \bar{x}_k\right)$$

Standardschätzfehler

$$\hat{\sigma}_\varepsilon = \sqrt{\frac{1}{n-k-1} \cdot \sum_{m=1}^{n} e^2_m} = \sqrt{\frac{1}{n-k-1} \cdot \sum_{m=1}^{n} \left(y_m - \hat{y}_m\right)^2}$$

Varianzzerlegung

Population

$$\sigma^2_Y = \sigma^2_{\hat{Y}} + \sigma^2_\varepsilon$$

Stichprobe

$$s^2_Y = s^2_{\hat{Y}} + s^2_E$$

Quadratsummen-zerlegung	$\sum_{m=1}^{n}(y_m-\bar{y})^2=\sum_{m=1}^{n}(y_m-\hat{y}_m)^2+\sum_{m=1}^{n}(\hat{y}_m-\bar{y})^2$ Totale Quadratsumme (*QST*) = Quadratsumme der Residuen (*QSE*) + Quadratsumme der Regression (*QSR*)

Determinationskoeffizient

Population

$$P^2=\frac{\sigma_{\hat{Y}}^2}{\sigma_Y^2}$$

P: großes griechisches Rho

Stichprobe

$$R^2=r_{Y\hat{Y}}^2=\frac{s_{\hat{Y}}^2}{s_Y^2}$$

Als Summe von Semipartialkorrelationen zunehmend höherer Ordnung (Beispiel dreier unabhängiger Variablen):

$$R_{Y|X_1,X_2,X_3}^2=r_{X_1Y}^2+r_{(X_2\bullet X_1)Y}^2+r_{(X_3\bullet X_1,X_2)Y}^2$$

Mangelnde Erwartungstreue

$$E\left(R^2\middle|P^2=0\right)=\frac{k}{n-1}$$

Korrekturformeln für den Determinationskoeffizienten

Olkin und Pratt (1958)

$$R_{\text{korr-OP}}^2=1-\frac{n-3}{n-k-1}\cdot\left[\left(1-R^2\right)+\frac{2}{n-k+1}\cdot\left(1-R^2\right)^2\right]$$

Mittlere Quadratsumme

$$R_{\text{korr-MQS}}^2=1-\frac{MQSE}{MQST}$$

Mittlere Quadratsumme der Residuen: $MQSE=\frac{\sum_{m=1}^{n}(y_m-\hat{y}_m)^2}{n-k-1}$

Totale mittlere Quadratsumme: $MQST=\frac{\sum_{m=1}^{n}(y_m-\bar{y})^2}{n-1}$

Indeterminationskoeffizient

Population $$1-P^2 = \frac{\sigma_E^2}{\sigma_Y^2}$$

Stichprobe $$1-R^2 = \frac{s_E^2}{s_Y^2}$$

Kreuzvalidierung

Prognosefehler $$PRESS = \sum_{m=1}^{n} \left(y_m - \hat{y}_{m\setminus(m)}\right)^2$$

$\hat{y}_{m\setminus(m)}$: vorhergesagter y-Wert von m, den man anhand der Parameterschätzungen in der Stichprobe ohne m gewonnen hat

Kreuzvalidierungsfehler $$CVE = \frac{1}{n} \cdot \sum_{m=1}^{n} \left(y_m - \hat{y}_{m\setminus(m)}\right)^2$$

Hypothesenüberprüfung: Multiple Korrelation und Determinationskoeffizient

Anwendungsgebiet Statistische Absicherung der multiplen Regression bzw. des Determinationskoeffizienten gegen 0

Hypothesen

Nullhypothesen H_0: $P = 0$

Äquivalent: H_0: $\beta_1 = \ldots = \beta_j = \ldots = \beta_k = 0$

Alternativhypothesen H_1: $P > 0$

Äquivalent: H_1: mindestens ein $\beta_j \neq 0$

Prüfgröße

$$F = \frac{n-k-1}{k} \cdot \frac{R^2}{(1-R^2)} = \frac{\frac{R^2}{k}}{\frac{1-R^2}{n-k-1}} = \frac{\frac{\sum_{m=1}^{n} (\hat{y}_m - \bar{y})^2}{k}}{\frac{\sum_{m=1}^{n} \left(y_m - \hat{y}_m\right)^2}{n-k-1}} = \frac{MQSR}{MQSE}$$

$df_1 = k$ und $df_2 = n-k-1$

Konfidenzintervall des Populations-Determinationskoeffizienten bei deterministischen Regressoren

Grenzen	$\left[\left(P_{\mathrm{u}}^2=\frac{\lambda_{\mathrm{u}}}{\lambda_{\mathrm{u}}+n}\right);\left(P_{\mathrm{o}}^2=\frac{\lambda_{\mathrm{o}}}{\lambda_{\mathrm{o}}+n}\right)\right]$
Nonzentralitätsparameter (*F*-Verteilung)	$\lambda=n\cdot\frac{P^2}{1-P^2}$
Schätzung des Nonzentralitätsparameters	$\hat{\lambda}=n\cdot\frac{R^2}{1-R^2}$
Konfidenzintervall bei stochastischen Regressoren	Bestimmung mit Computerprogramm

Optimale Stichprobengröße

Effektgröße	$\phi_1^2=\frac{P_1^2}{1-P_1^2}$
Stichprobengröße	$n=\lambda_1\cdot\frac{1-P_1^2}{P_1^2}$

λ_1: Nonzentralitätsparameter für den hypothetischen Populationseffekt ϕ_1^2 unter der H_1

Hypothesenüberprüfung: Einfluss einer unabhängigen Variablen

Anwendungsgebiet Statistische Absicherung eines Regressionsgewichtes gegen einen bestimmten Wert

Hypothesen

	Allgemeine Hypothesen:	Spezialfall: Test gegen 0
Nullhypothesen	$H_0\colon \beta_j=\beta_{0j}$	$H_0\colon \beta_j=0$
	$H_0\colon \beta_j\leq\beta_{0j}$	$H_0\colon \beta_j\leq 0$
	$H_0\colon \beta_j\geq\beta_{0j}$	$H_0\colon \beta_j\geq 0$
Alternativhypothesen	$H_1\colon \beta_j\neq\beta_{0j}$	$H_1\colon \beta_j\neq 0$
	$H_1\colon \beta_j>\beta_{0j}$	$H_1\colon \beta_j>0$
	$H_1\colon \beta_j<\beta_{0j}$	$H_1\colon \beta_j<0$

β_{0j}: Regressionsgewicht unter der Nullhypothese

Prüfgröße	Allgemeiner Test: $t=\frac{b_j-\beta_{0j}}{\hat{\sigma}_{B_j}}$ mit $df=n-k-1$	Spezialfall: Test gegen 0 $t=\frac{b_j}{\hat{\sigma}_{B_j}}$ mit $df=n-k-1$
Standardfehler	$\hat{\sigma}_{B_j}=\frac{s_Y}{s_{X_j}}\sqrt{\frac{1-R^2}{n-k-1}}\cdot\sqrt{\frac{1}{1-R^2_{X_j\mid \boldsymbol{X}_{\setminus j}}}}$ $R^2_{X_j\mid \boldsymbol{X}_{\setminus j}}$: quadrierte multiple Korrelation der UV X_j mit allen anderen UV	
Äquivalenter Test zum Spezialfall: Nützlichkeit eines Prädiktors	$F=(n-k-1)\cdot\frac{R_2^2-R_1^2}{(1-R_2^2)}$ $df_1=1$ und $df_2=n-k-1$ R_2^2: Determinationskoeffizient des Modells mit allen UV R_1^2: Determinationskoeffizient des Modells, das alle UV bis auf die betreffende UV X_j enthält	
Konfidenzintervall	$\left[\left(b_j-t_{\left(1-\frac{\alpha}{2};df\right)}\cdot\hat{\sigma}_{B_j}\right);\left(b_j+t_{\left(1-\frac{\alpha}{2};df\right)}\cdot\hat{\sigma}_{B_j}\right)\right]$	
Optimale Stichprobengröße	s. folgender Test	

Hypothesenüberprüfung: Einfluss mehrerer unabhängiger Variablen

Anwendungsgebiet	Statistische Absicherung des Einflusses eines Satzes unabhängiger Variablen
Hypothesen	
Nullhypothesen	$H_0: P_u^2-P_e^2=0$ $H_0: P_u^2-P_e^2\leq 0$ $H_0: P_u^2-P_e^2\geq 0$
Alternativhypothesen	$H_1: P_u^2-P_e^2\neq 0$ $H_1: P_u^2-P_e^2>0$ $H_1: P_u^2-P_e^2<0$ P_u^2: Determinationskoeffizient des uneingeschränkten Modells (Einfluss *aller* UV berücksichtigt)

	P_e^2: Determinationskoeffizient des eingeschränkten Modells (enthält alle UV bis auf die Menge der UV, deren gemeinsamer Einfluss überprüft werden soll)
Prüfgröße	$F = \frac{(n-k_u-1)}{k_u-k_e} \cdot \frac{R_u^2 - R_e^2}{(1-R_u^2)}$ R_u^2: Determinationskoeffizient des uneingeschränkten Modells (Einfluss *aller* UV berücksichtigt) R_e^2: Determinationskoeffizient des eingeschränkten Modells (enthält alle UV bis auf die Menge der UV, deren gemeinsamer Einfluss überprüft werden soll) k_u: Anzahl der UV im uneingeschränkten Modell k_e: Anzahl der UV im eingeschränkten Modell $df_1 = k_u - k_e$ und $df_2 = n - k_u - 1$
Effektgröße	
Population	$\phi_2^2 = \frac{P_u^2 - P_e^2}{1-P_u^2}$
Über partiellen Korrelationskoeffizienten	$\phi_2^2 = \frac{P^2_{YX_{u\text{-}e} \bullet X_e}}{1-P^2_{YX_{u\text{-}e} \bullet X_e}}$ $P^2_{YX_{u\text{-}e} \bullet X_e} = \sqrt{\frac{P_u^2 - P_e^2}{1-P_e^2}}$ $P^2_{YX_{u\text{-}e} \bullet X_e}$: quadrierte Korrelation zwischen der abhängigen Variablen und den unabhängigen Variablen, die im uneingeschränkten, nicht aber im eingeschränkten Modell enthalten sind, nachdem der Einfluss aller unabhängigen Variablen des eingeschränkten Modells auspartialisiert wurde
Stichprobe	$\phi_2^2 = \frac{R^2_{YX_{u\text{-}e} \bullet X_e}}{1-R^2_{YX_{u\text{-}e} \bullet X_e}} = \frac{\frac{R_u^2 - R_e^2}{1-R_e^2}}{1-\frac{R_u^2 - R_e^2}{1-R_e^2}}$

Berechnung des Nonzentralitätsparameters für $P^2_{YX_{u\text{-}e} \bullet X_e}$

Population	$\lambda = n \cdot \frac{P^2_{YX_{u\text{-}e} \bullet X_e}}{1 - P^2_{YX_{u\text{-}e} \bullet X_e}} = n \cdot \phi_2^2$
Stichprobe	$\hat{\lambda} = n \cdot \frac{R^2_{YX_{u\text{-}e} \bullet X_e}}{1 - R^2_{YX_{u\text{-}e} \bullet X_e}}$

Konfidenzintervall bei deterministischen Regressoren

Konfidenzintervall für $P^2_{YX_{u\text{-}e} \bullet X_e}$	$\left[\frac{\lambda_u}{\lambda_u + n} ; \frac{\lambda_o}{\lambda_o + n} \right]$ λ_u, λ_o: Nonzentralitätsparameter einer nonzentralen F-Verteilung
Optimale Stichprobengröße	$n = \frac{\lambda_1}{\phi_{21}^2}$ λ_1: Nonzentralitätsparameter für den hypothetischen Populationseffekt ϕ_{21}^2 unter der H_1 ϕ_{21}^2: Postulierter Populationseffekt ϕ_2^2 unter der H_1

Hypothesenüberprüfung: Achsenabschnitt

Anwendungsgebiet	Statistische Absicherung des Achsenabschnittes gegen einen bestimmten Wert	
Hypothesen		
Nullhypothesen	Allgemeine Hypothesen:	Spezialfall: Test gegen 0
	$H_0: \beta_0 = \beta_{0(0)}$	$H_0: \beta_0 = 0$
	$H_0: \beta_0 \le \beta_{0(0)}$	$H_0: \beta_0 \le 0$
	$H_0: \beta_0 \ge \beta_{0(0)}$	$H_0: \beta_0 \ge 0$
Alternativhypothesen	$H_1: \beta_0 \ne \beta_{0(0)}$	$H_1: \beta_0 \ne 0$
	$H_1: \beta_0 > \beta_{0(0)}$	$H_1: \beta_0 > 0$
	$H_1: \beta_0 < \beta_{0(0)}$	$H_1: \beta_0 < 0$
	$\beta_{0(0)}$: Achsenabschnitt unter der Nullhypothese	

Prüfgröße	Allgemeiner Test: $t=\dfrac{b_0-\beta_{0(0)}}{\hat{\sigma}_{B_0}}$ mit $df=n-k-1$	Spezialfall: Test gegen 0 $t=\dfrac{b_0}{\hat{\sigma}_{B_0}}$ mit $df=n-k-1$
Konfidenzintervall	$\left[\left(b_0-t_{\left(1-\frac{\alpha}{2};n-k-1\right)}\cdot\hat{\sigma}_{B_0}\right);\left(b_0+t_{\left(1-\frac{\alpha}{2};n-k-1\right)}\cdot\hat{\sigma}_{B_0}\right)\right]$	

Suppressorvariable

Definition nach Conger (1974)	$\lvert\beta_{1s}\rvert>\lvert\rho_{YX_1}\rvert$
Definition nach Velicer (1978)	$U_{X_j}>\rho^2_{YX_j}$ U_{X_j}: Nützlichkeit der Variablen X_j Nützlichkeit: Anteil der Varianz der abhängigen Variablen, der durch eine unabhängige Variable über alle anderen Variablen hinaus erklärt wird
Klassische Suppressorvariable	$\rho_{YX_2}=0$ $\rho_{X_1X_2}\neq 0$ $\rho^2_{Y\mid X_1,X_2}>\rho^2_{YX_1}$
Reziproke Suppression	$\rho_{YX_1}>0,\ \rho_{YX_2}>0,\ \rho_{X_1X_2}<0$ $\beta_{1s}>\rho_{YX_1},\ \beta_{2s}>\rho_{YX_2}$
Negative Suppression	$\rho_{YX_1}>0,\ \rho_{YX_2}>0,\ \rho_{X_1X_2}>0$ $\rho_{YX_2}<\rho_{YX_1}\cdot\rho_{X_1X_2}$

Moderierte Regression

Anwendungsgebiet	Analyse von Moderatoreffekten (Interaktionen zwischen unabhängigen Variablen)

Modellgleichung bei zwei Prädiktoren

Population	$Y=E\left(Y\mid X_1,X_2\right)+\varepsilon=\beta_0+\beta_1\cdot X_1+\beta_2\cdot X_2+\beta_3\cdot X_1\cdot X_2+\varepsilon$
Stichprobe	$Y=b_0+b_1\cdot X_1+b_2\cdot X_2+b_3\cdot X_1\cdot X_2+E$

Vorhersageformel	$\hat{Y} = \underbrace{(b_0 + b_1 \cdot X_1)}_{b_{02}} + \underbrace{(b_2 + b_3 \cdot X_1)}_{b_{12}} \cdot X_2$ $\hat{Y} = b_{02} + b_{12} \cdot X_2$
Zentrierte unabhängige Variablen	$\hat{Y} = b_0 + b_1 \cdot (X_1 - \overline{X}_1) + b_2 \cdot (X_2 - \overline{X}_2) + b_3 \cdot (X_1 - \overline{X}_1) \cdot (X_2 - \overline{X}_2)$ $\hat{Y} = b_0 + b_1 \cdot X_{1A} + b_2 \cdot X_{2A} + b_3 \cdot X_{1A} \cdot X_{2A}$ $X_{1A} = X_1 - \overline{X}_1$ und $X_{2A} = X_2 - \overline{X}_2$
Statistischer Test	Die statistische Absicherung eines Moderatoreffekts $H_0 = \beta_3$ erfolgt anhand der Methoden zur Überprüfung des Einflusses einer unabhängigen Variablen (S. 186)
Statistischer Test	Statistische Absicherung eines bedingten Regressionsgewichts $\beta_{x_1} = (\beta_2 + \beta_3 \cdot x_1)$ gegen 0
Hypothesen	
Nullhypothesen	$H_0{:}\ \beta_{x_1} = 0$ $H_0{:}\ \beta_{x_1} \leq 0$ $H_0{:}\ \beta_{x_1} \geq 0$
Alternativhypothesen	$H_1{:}\ \beta_{x_1} \neq 0$ $H_1{:}\ \beta_{x_1} > 0$ $H_1{:}\ \beta_{x_1} < 0$
Prüfgröße	$t = \frac{b_{x_1}}{\hat{\sigma}_{B_{x_1}}}$ mit $df = n - k - 1$
Standardfehler	$\hat{\sigma}_{B_{x_1}} = \sqrt{\hat{\sigma}^2_{B_2} + 2 \cdot x_1 \cdot \hat{\sigma}_{B_2 B_3} + x_1^2 \cdot \hat{\sigma}^2_{B_3}}$ $\hat{\sigma}^2_{B_2}$, $\hat{\sigma}^2_{B_3}$: quadrierte Standardfehler der Regressionsgewichte $\hat{\sigma}_{B_2 B_3}$: Kovarianz der Schätzer der beiden Regressionsgewichte
Konfidenzintervall	$\left[\left(b_{x_1} - \hat{\sigma}_{B_{x_1}} \cdot t_{\left(1-\frac{\alpha}{2};\, df\right)}\right); \left(b_{x_1} + \hat{\sigma}_{B_{x_1}} \cdot t_{\left(1-\frac{\alpha}{2};\, df\right)}\right)\right]$

Nicht-lineare Regression

Anwendungsgebiet	Analyse nicht-linearer Zusammenhänge zwischen der abhängigen Variablen und den unabhängigen Variablen

Modellgleichung bei einem unabhängigen Merkmal

Quadratischer Zusammenhang	$y_m = b_0 + b_1 \cdot x_m + b_2 \cdot x_m^2 + e_m$
Kubischer Zusammenhang	$y_m = b_0 + b_1 \cdot x_m + b_2 \cdot x_m^2 + b_3 \cdot x_m^3 + e_m$

Analyse kategorialer unabhängiger Variablen

Anwendungsgebiet	Analyse des Einflusses kategorialer unabhängiger Variablen
Vorgehen	Codierung einer unabhängigen Variablen. Im Allgemeinen werden zur Codierung einer unabhängigen Variablen, die aus c Kategorien besteht, $c - 1$ Codiervariablen benötigt.
Dummy-Codierung	Vorgehen: (1) Auswahl einer der c Kategorien der unabhängigen Variablen als Referenzkategorie (2) Zuweisung des Wertes 0 zu dieser Referenzkategorie auf allen Codiervariablen (3) Wertezuweisung zu allen anderen Kategorien der unabhängigen Variablen auf den $c - 1$ Codiervariablen nach folgender Regel: (a) Jede Kategorie weist nur auf einer einzigen Codiervariablen einen Wert von 1 auf, auf allen anderen Codiervariablen den Wert 0. (b) Jede Codiervariable weist nur für eine einzige Kategorie den Wert 1 auf, für alle anderen den Wert 0.

Effekt-Codierung

Ungewichtete Effekt-Codierung	Vorgehen: (1) Auswahl einer der c Kategorien der unabhängigen Variablen als Referenzkategorie (2) Zuweisung des Wertes –1 zu dieser Referenzkategorie auf allen Codiervariablen (3) Wertezuweisung zu allen anderen Kategorien der unabhängigen Variablen auf den $c - 1$ Codiervariablen nach folgender Regel: (a) Jede Kategorie weist nur auf einer einzigen Codiervariablen einen Wert von 1 auf, auf allen anderen Codiervariablen den Wert 0.

(b) Jede Codiervariable weist nur für eine einzige Kategorie den Wert 1 und für die Referenzkategorie den Wert −1 auf, für alle anderen Kategorien den Wert 0.

Gewichtete Effekt-Codierung

Vorgehen:

(1) Auswahl einer der c Kategorien der unabhängigen Variablen als Referenzkategorie
(2) Zuweisung des Wertes $-(n_{X_j}/n_R)$ zu dieser Referenzkategorie auf der Codiervariablen X_j
(3) Wertezuweisung zu allen anderen Kategorien der unabhängigen Variablen auf den $c-1$ Codiervariablen nach folgender Regel:
   (a) Jede Kategorie weist nur auf einer einzigen Codiervariablen einen Wert von 1 auf, auf allen anderen Codiervariablen den Wert 0.
   (b) Jede Codiervariable weist nur für eine einzige Kategorie den Wert 1 und für die Referenzkategorie den Wert $-(n_{X_j}/n_R)$ auf, für alle anderen Kategorien den Wert 0.

Kovarianzanalyse

Anwendungsgebiet

Gemeinsame Analyse von kategorialen und metrischen unabhängigen Variablen; rein additive Verknüpfung, keine Interaktionen zwischen kategorialen und metrischen unabhängigen Variablen

---

Adjustierter Mittelwert

Mittelwert der abhängigen Variablen innerhalb einer Kategorie einer kategorialen unabhängigen Variablen, der bestimmt wird, indem der Gesamtmittelwert der Kovariaten als Merkmalsausprägung der Kovariaten in die Regressionsgleichung eingesetzt wird und der vorhergesagte Wert der abhängigen Variablen anhand dieser Gleichung für die Kategorie berechnet wird

---

Erweiterung

Zulassung von Interaktionen zwischen kategorialen und metrischen Variablen; Bildung entsprechender Produktvariablen

Weitere Regressionsdiagnostik

Korrekte Spezifikation des Modells	(1) Aufdecken von Under- und Overfitting (2) LOWESS-Anpassungsverfahren
Messfehlerfreiheit der unabhängigen Variablen	(1) Bestimmung der Reliabilität (s. Kap. 23) (2) Lineare Strukturgleichungsmodelle (s. Kap. 26) im Falle der Messfehlerbehaftetheit

Ausreißerwerte auf unabhängigen Variablen

Mahalanobis-Distanz	$d_m = \sqrt{\frac{(x_m - \bar{x})^2}{\hat{\sigma}_X^2}}$
Hebelwert	$h_m = \frac{1}{n} + \frac{(x_m - \bar{x})^2}{(n-1) \cdot \hat{\sigma}_X^2} = \frac{1}{n} + \frac{d_m^2}{n-1}$
Zentrierter Hebelwert	$h_m(\text{zentriert}) = \frac{(x_m - \bar{x})^2}{(n-1) \cdot \hat{\sigma}_X^2} = \frac{d_m^2}{n-1}$ Auffällige Werte: $2 \cdot k/n$ (große Stichproben) bzw. $3 \cdot k/n$ (kleine Stichproben)

Ausreißerwerte auf abhängigen Variablen

Standardisiertes Residuum	Residuum einer Person geteilt durch den allgemeinen geschätzten Standardschätzfehler des Residuums
Studentisiertes Residuum	Residuum einer Person geteilt durch geschätzten Standardschätzfehler an der Stelle x_m
Gelöschtes Residuum	Herausnahme der Person aus den Daten zur Schätzung der Regressionsparameter und darauf aufbauend Schätzung des Residuums einer Person
Studentisiertes ausgeschlossenes Residuum (externally studentized residual)	Herausnahme der Person aus den Daten zur Schätzung der Regressionsparameter und darauf aufbauend Schätzung des Residuums der Person. Folgt einer t-Verteilung mit $df = n - k - 1$ Freiheitsgraden. Bewertung auf Grundlage der kritischen Werte der t-Verteilung. Häufige Empfehlung für auffällige Werte: Absolute Werte größer als 3

Einflussreiche Datenpunkte	
DfBETA	Differenz aus den geschätzten Regressionskoeffizienten mit und ohne die Beobachtungseinheit in der Stichprobe
DfBETAS	DfBETA-Wert geteilt durch den Standardfehler des Regressionskoeffizienten, den man auf der Grundlage der Stichprobe ohne die Beobachtungseinheit berechnet. Auffällige Werte: Absoluter Wert größer 1 (kleine bzw. mittlere Stichproben) bzw. $2/\sqrt{n}$ (große Stichproben)
DfFIT	Differenz aus dem vorhergesagten Wert der abhängigen Variablen, den man für eine Person erhält, wenn man ihn anhand der Regressionskoeffizienten bestimmt, die man mittels der Gesamtstichprobe gewonnen hat, und dem Wert, den man anhand der Regressionskoeffizienten vorhersagt, die man anhand der Stichprobe geschätzt hat, aus der die Person entnommen wurde
DfFITS	DfFIT-Wert geteilt durch den geschätzten Standardfehler, den man auf der Grundlage der Stichprobe ohne die Beobachtungseinheit berechnet. Auffällige Werte: Absoluter Wert größer 1 (kleine bzw. mittlere Stichproben) bzw. $2 \cdot \sqrt{(k+1)/n}$ (große Stichproben)
Cooks Distanz	Funktion des quadrierten DfFITS-Werts. Bewertung unter Rückgriff auf die Quantile der F-Verteilung mit $df_1 = k + 1$ und $df_2 = n - k - 1$. Kritische Schwelle nach Cohen et al. (2003): $\alpha = 0{,}50$-Quantil
Multikollinearität	Hohe multiple Korrelation eines Prädiktors mit anderen Prädiktoren
Toleranzfaktor	$TOL_j = 1 - R^2_{X_j \mid X_{\setminus j}}$ Auffällig: Werte kleiner als 0,1
Varianzinflations-Faktor	$VIF_j = 1/TOL_j$ Auffällig: Werte größer als 10
Behebung des Multikollinearitätsproblems	(1) Zentrierung bei Produktvariablen (2) Eliminierung von unabhängigen Variablen (3) Aggregation (4) Faktorenanalytische Reduktion

20 Hierarchische lineare Modelle (Mehrebenenanalyse)

Intercept-Only-Modell (»Leeres Modell«)

Anwendungsgebiet	Aufteilung der Varianz eines Merkmals Y auf die unterschiedlichen Ebenen in einer hierarchischen Datenstruktur (meist verwendet zur Schätzung der Intraklassenkorrelation)
Voraussetzungen	(1) Unabhängigkeit der Residuen (Level-1-Residuen und Level-2-Residuen) innerhalb der jeweiligen Ebene (2) Unabhängigkeit der Residuen zwischen den beiden Ebenen (3) Stetiges Merkmal Y (4) Normalverteilung der Level-1- sowie der Level-2-Residuen (5) Homoskedastizität (identische Varianzen der Level-1-Residuen über die Level-2-Einheiten hinweg)
Überprüfung der Voraussetzungen	(1) Durch Untersuchungsplanung sicherstellen (2) Durch Untersuchungsplanung sicherstellen (3) Durch Untersuchungsplanung sicherstellen (4) Histogramm der Residuen; Probability-Probability-Plot
Umgang mit Voraussetzungsverletzungen	(1) Falls die Nicht-Unabhängigkeit auf eine zusätzliche Ebene in der Datenstruktur zurückzuführen ist: Intercept-Only-Modell auf drei Ebenen (2) Modell ist nicht anwendbar. (3) Modelle für andere Variablen (s. Snijders & Bosker, 2012) (4) Bei Abweichungen von der Normalverteilung: (a) Modelle sind bei großen Stichproben relativ robust gegenüber Verletzungen der Normalverteilungsannahme (b) Falls Verletzung auf Fehlspezifikation zurückführbar, muss diese behoben werden. (c) Transformation der Variablen (d) Andere Modelle (s. Snijders & Bosker, 2012)

Indizes	$m = 1, \ldots, n_i$ für Untersuchungseinheiten (z. B. Personen) innerhalb einer Level-2-Einheit i $i = 1, \ldots, n_{\text{Level-2}}$ für Level-2-Einheiten (z. B. Gruppen)
Modell	
Level-1-Modell	$y_{mi} = \beta_{0i} + \varepsilon_{mi}$ β_{0i}: Achsenabschnitt einer Level-2-Einheit i ε_{mi}: Level-1-Residuum
Level-2-Modell	$\beta_{0i} = \gamma_{00} + \upsilon_{0i}$ γ_{00}: fester Achsenabschnitt υ_{0i}: zufälliger Achsenabschnitt (»random intercept«)
Gesamtmodell	$y_{mi} = \gamma_{00} + \upsilon_{0i} + \varepsilon_{mi}$
Intraklassenkorrelation	
Population	$\rho = \frac{\sigma^2_{\upsilon_0}}{\sigma^2_Y} = \frac{\sigma^2_{\upsilon_0}}{\sigma^2_{\upsilon_0} + \sigma^2_\varepsilon}$
Stichprobenschätzer	$\hat{\rho} = \frac{\hat{\sigma}^2_{\upsilon_0}}{\hat{\sigma}^2_Y} = \frac{\hat{\sigma}^2_{\upsilon_0}}{\hat{\sigma}^2_{\upsilon_0} + \hat{\sigma}^2_\varepsilon}$ Alternativ: Berechnung aus dem F-Wert einer einfaktoriellen Varianzanalyse (mit den Level-2-Einheiten als Stufen eines Faktors): $\hat{\rho} = \frac{F - 1}{F + n_{\text{Level-1}} - 1}$ ($n_i = n_{\text{Level-1}}$, gleich für alle Level-2-Einheiten)

Modelle mit Level-1-Prädiktorvariablen

Anwendungsgebiet	Erklärung eines Merkmals Y durch eine oder mehrere Level-1-Prädiktorvariablen (X) in einer hierarchischen Datenstruktur
Voraussetzungen	(1) Unabhängigkeit der Residuen (Level-1-Residuen und Level-2-Residuen) innerhalb der jeweiligen Ebene (2) Unabhängigkeit der Residuen zwischen den beiden Ebenen (3) Stetiges Merkmal Y (4) Normalverteilung der Level-1- sowie der Level-2-Residuen (5) Homoskedastizität

Überprüfung der Voraussetzungen	(1) Durch Untersuchungsplanung sicherstellen (2) Durch Untersuchungsplanung sicherstellen (3) Durch Untersuchungsplanung sicherstellen (4) Histogramm der Residuen; Probability-Probability-Plot (5) Residuenplots
Umgang mit Voraussetzungsverletzungen	(1) Falls die Nicht-Unabhängigkeit auf eine zusätzliche Ebene in der Datenstruktur zurückzuführen ist: diese zusätzliche Ebene in das Modell mit einführen (2) Modell ist so nicht anwendbar. (3) Modelle für andere Variablen (s. Snijders & Bosker, 2012) (4) Bei Abweichungen von der Normalverteilung: (a) Modelle sind bei großen Stichproben relativ robust gegenüber Verletzungen der Normalverteilungsannahme. (b) Falls Verletzung auf Fehlspezifikation zurückführbar, muss diese behoben werden. (c) Transformation der Variablen (d) Robuste Standardfehler (bei symmetrischer Verteilung und ausreichender Anzahl Level-2-Einheiten) (5) Bei Heteroskedastizität: (a) Modellierung der Heteroskedastizität durch Aufnahme derjenigen Variablen, die diese hervorruft, in das Modell (b) Falls Heteroskedastizität auf Fehlspezifikation des Modells zurückführbar, muss diese behoben werden. (c) Transformation der Variablen (z. B. logarithmische Transformation)
Indizes	$m = 1, \ldots, n_i$ für Untersuchungseinheiten (z. B. Personen) innerhalb einer Level-2-Einheit i $i = 1, \ldots, n_{\text{Level-2}}$ für Level-2-Einheiten (z. B. Gruppen) $j = 1, \ldots, k$ für die Level-1-Prädiktorvariablen X_j

Modelle

Random-Intercept-Modell (ohne zufällige Regressionsgewichte)

Level-1-Modell

$$y_{mi} = \beta_{0i} + \beta_{1i} \cdot x_{mi} + \varepsilon_{mi}$$

β_{0i}: Achsenabschnitt einer Level-2-Einheit i (»gruppenspezifischer Achsenabschnitt«)

β_{1i}: Gruppenspezifisches Regressionsgewicht der Prädiktorvariablen X in der Level-2-Einheit i

ε_{mi}: Level-1-Residuum

Level-2-Modell $\beta_{0i} = \gamma_{00} + \upsilon_{0i}$

$\beta_{1i} = \gamma_{10}$

γ_{00}: fester Achsenabschnitt

υ_{0i}: zufälliger Achsenabschnitt (»random intercept«)

Gesamtmodell $y_{mi} = \gamma_{00} + \gamma_{10} \cdot x_{mi} + \upsilon_{0i} + \varepsilon_{mi}$

Random-Coefficients-Modell (mit zufälligen Regressionsgewichten)

Level-1-Modell $y_{mi} = \beta_{0i} + \beta_{1i} \cdot x_{mi} + \varepsilon_{mi}$

Level-2-Modell $\beta_{0i} = \gamma_{00} + \upsilon_{0i}$

$\beta_{1i} = \gamma_{10} + \upsilon_{1i}$

γ_{10}: festes Regressionsgewicht der Prädiktorvariablen X

υ_{1i}: zufälliges Regressionsgewicht (»random slope«)

Gesamtmodell $y_{mi} = \gamma_{00} + \gamma_{10} \cdot x_{mi} + \upsilon_{0i} + \upsilon_{1i} \cdot x_{mi} + \varepsilon_{mi}$

$\sigma^2_{\upsilon_0}$: Varianz der zufälligen Achsenabschnitte

$\sigma^2_{\upsilon_1}$: Varianz der zufälligen Regressionsgewichte

$\sigma_{\upsilon_0\upsilon_1}$: Kovarianz zwischen zufälligen Achsenabschnitten und zufälligen Regressionsgewichten

Modelle mit Level-1- und Level-2-Prädiktorvariablen

Anwendungsgebiet Erklärung bzw. Vorhersage eines Merkmals Y durch eine oder mehrere Level-1-Prädiktorvariablen (X) sowie eine oder mehrere Level-2-Prädiktorvariablen (Z) in einer hierarchischen Datenstruktur

Voraussetzungen siehe Modelle mit Level-1-Prädiktorvariablen

Überprüfung der Voraussetzungen siehe Modelle mit festen Level-1-Effekten; siehe außerdem Snijders & Bosker (2012)

Umgang mit Voraussetzungsverletzungen siehe Modelle mit festen Level-1-Effekten; siehe außerdem Snijders & Bosker (2012)

Modelle (mit einer Level-1- und einer Level-2-Prädiktorvariablen)

Modell ohne Cross-Level-Interaktionseffekt

Level-1-Modell	$y_{mi} = \beta_{0i} + \beta_{1i} \cdot x_{mi} + \varepsilon_{mi}$
Level-2-Modell	$\beta_{0i} = \gamma_{00} + \gamma_{01} \cdot z_i + v_{0i}$ $\beta_{1i} = \gamma_{10} + v_{1i}$ γ_{10}: Regressionsgewicht einer Prädiktorvariablen Z
Gesamtmodell	$y_{mi} = \gamma_{00} + \gamma_{10} \cdot x_{mi} + \gamma_{01} \cdot z_i + v_{0i} + v_{1i} \cdot x_{mi} + \varepsilon_{mi}$ mit $\mathbf{\Sigma}_v = \begin{bmatrix} \sigma^2_{v_0} & \sigma_{v_0 v_1} \\ \sigma_{v_1 v_0} & \sigma^2_{v_1} \end{bmatrix}$

Modelle mit Kontexteffekt von X (ohne zufällige Regressionsgewichte)

Modell mit Zentrierung von X am Gruppenmittelwert (»group-mean centering«)	$y_{mi} = \gamma_{00} + \gamma_{10} \cdot (x_{mi} - \mu_{\bullet i}) + \gamma_{01} \cdot \mu_{\bullet i} + v_{0i} + \varepsilon_{mi}$ $\mu_{\bullet i}$: Gruppenmittelwert (auch »Kontextvariable«) $(x_{mi} - \mu_{\bullet i})$: Gruppenmittelwert-zentrierte Prädiktorvariable X γ_{00}: fester Achsenabschnitt (vorhergesagter y-Wert bei $\mu_{\bullet i} = 0$ und $x_{mi} - \mu_{\bullet i} = 0$) γ_{10}: Innerhalb-Gruppen-Effekt γ_{01}: Zwischen-Gruppen-Effekt (Kontextkoeffizient) $\gamma_{01} - \gamma_{10} = \beta_c$: Kontexteffekt
Modell mit Zentrierung von X am Gesamtmittelwert (»grand-mean centering«)	$y_{mi} = \gamma_{00} + \gamma_{10} \cdot (x_{mi} - \mu) + \gamma_{01} \cdot \mu_{\bullet i} + v_{0i} + \varepsilon_{mi}$ $(x_{mi} - \mu)$: Gesamtmittelwert-zentrierte Prädiktorvariable X γ_{00}: fester Achsenabschnitt (vorhergesagter y-Wert bei $\mu_{\bullet i} = 0$ und $x_{mi} = \mu$) γ_{10}: Innerhalb-Gruppen-Effekt γ_{01}: Kontexteffekt
Modell ohne Zentrierung von X	$y_{mi} = \gamma_{00} + \gamma_{10} \cdot x_{mi} + \gamma_{01} \cdot \mu_{\bullet i} + v_{0i} + \varepsilon_{mi}$ γ_{00}: fester Achsenabschnitt (vorhergesagter y-Wert bei $\mu_{\bullet i} = 0$ und $x_{mi} = 0$) γ_{10}: Innerhalb-Gruppen-Effekt γ_{01}: Kontexteffekt

Modelle mit Kontexteffekt von X (mit zufälligen Regressionsgewichten)

Modell mit Zentrierung von *X* am Gruppenmittelwert (»group-mean centering«)

$$y_{mi} = \gamma_{00} + \gamma_{10} \cdot (x_{mi} - \mu_{\bullet i}) + \gamma_{01} \cdot \mu_{\bullet i} + \upsilon_{0i} + \upsilon_{0i} + \upsilon_{1i} \cdot (x_{mi} - \mu_{\bullet i}) + \varepsilon_{mi}$$

$$\mathbf{\Sigma}_\upsilon = \begin{bmatrix} \sigma^2_{\upsilon_0} & \sigma_{\upsilon_0\upsilon_1} \\ \sigma_{\upsilon_1\upsilon_0} & \sigma^2_{\upsilon_1} \end{bmatrix}$$

Die konzeptuelle Bedeutung der Effekte entspricht den Modellen mit Kontexteffekten ohne zufällige Regressionsgewichte.

Modelle mit Cross-Level-Interaktionseffekt

Level-1-Modell

$$y_{mi} = \beta_{0i} + \beta_{1i} \cdot x_{mi} + \varepsilon_{mi}$$

Level-2-Modell

$$\beta_{0i} = \gamma_{00} + \gamma_{01} \cdot z_i + \upsilon_{0i}$$
$$\beta_{1i} = \gamma_{10} + \gamma_{11} \cdot z_i + \upsilon_{1i}$$

γ_{11}: Regressionsgewicht für den Cross-Level-Interaktionseffekt $X \cdot Z$

Gesamtmodell

$$y_{mi} = \gamma_{00} + \gamma_{10} \cdot x_{mi} + \gamma_{01} \cdot z_i + \gamma_{11} \cdot x_{mi} \cdot z_i + \upsilon_{0i} + \upsilon_{1i} \cdot x_{mi} + \varepsilon_{mi}$$

mit $\mathbf{\Sigma}_\upsilon = \begin{bmatrix} \sigma^2_{\upsilon_0} & \sigma_{\upsilon_0\upsilon_1} \\ \sigma_{\upsilon_1\upsilon_0} & \sigma^2_{\upsilon_1} \end{bmatrix}$

Hypothesenüberprüfung

Anwendungsgebiet Statistische Absicherung einzelner Modellparameter in einem Hierarchischen Linearen Modell

Voraussetzungen siehe oben (abhängig vom Modell)

Hypothesen

Nullhypothesen

zweiseitig: z.B. H_0: $\gamma_{00} = 0$; H_0: $\gamma_{10} = 0$; H_0: $\gamma_{01} = 0$ etc.

einseitig: z.B. H_0: $\gamma_{00} \geq 0$; H_0: $\gamma_{10} \geq 0$; H_0: $\gamma_{01} \geq 0$ etc. oder
z.B. H_0: $\gamma_{00} \leq 0$; H_0: $\gamma_{10} \leq 0$; H_0: $\gamma_{01} \leq 0$ etc.

Alternativhypothesen

zweiseitig: z.B. H_1: $\gamma_{00} \neq 0$; H_1: $\gamma_{10} \neq 0$; H_1: $\gamma_{01} \neq 0$ etc.

einseitig: z.B. H_1: $\gamma_{00} < 0$; H_1: $\gamma_{10} < 0$; H_1: $\gamma_{01} < 0$ etc. oder
z.B. H_1: $\gamma_{00} > 0$; H_1: $\gamma_{10} > 0$; H_1: $\gamma_{01} > 0$ etc.

Prüfgrößen für feste Modellparameter

Wald-Test

$$Z = \frac{\hat{\Gamma}}{\hat{\sigma}_{\hat{\Gamma}}}$$

$\hat{\Gamma}$: Geschätzter Modellparameter, der im konkreten Fall getestet werden soll (z. B. $\hat{\gamma}_{00}$, $\hat{\gamma}_{10}$, $\hat{\gamma}_{01}$ etc.)

$\hat{\sigma}_{\hat{\Gamma}}$: Standardfehler des jeweiligen Modellparameters (muss je nach Modell bestimmt werden; Beispiele s. u.)

Diese Prüfgröße ist approximativ standardnormalverteilt.

Bestimmung der Standardfehler (Beispiele)

für $\hat{\gamma}_{j0}$ in einem Modell ohne zufällige Regressionsgewichte

$$\hat{\sigma}_{\hat{\gamma}_{j0}} = \sqrt{\frac{\hat{\sigma}_{\varepsilon}^2}{n \cdot \hat{\sigma}_X^2}}$$

n: Anzahl Untersuchungsobjekte (bei gleichen Gruppengrößen also $n_{\text{Level-1}} \cdot n_{\text{Level-2}}$)

für $\hat{\gamma}_{j0}$ in einem Modell mit zufälligen Regressionsgewichten

$$\hat{\sigma}_{\hat{\gamma}_{j0}} = \sqrt{\frac{n_{\text{Level-1}} \cdot \hat{\sigma}_{\upsilon_1}^2 \cdot \hat{\sigma}_X^2 + \hat{\sigma}_{\varepsilon}^2}{n \cdot \hat{\sigma}_X^2}}$$

für $\hat{\gamma}_{0j}$ in einem Modell ohne zufällige Regressionsgewichte

$$\hat{\sigma}_{\hat{\gamma}_{0j}} = \sqrt{\frac{n_{\text{Level-1}} \cdot \hat{\sigma}_{\upsilon_0}^2 + \hat{\sigma}_{\varepsilon}^2}{n \cdot \hat{\sigma}_Z^2}}$$

Devianztest

$$\Delta Dev = Dev_1 - Dev_2$$

Dev_1: Devianz des restriktiveren Modells (Modell 1)

Dev_2: Devianz des weniger restriktiven Modells (Modell 2)

Diese Prüfgröße ist approximativ χ^2-verteilt mit $df = q_2 - q_1$

q_1: Anzahl der zu schätzenden Modellparameter in Modell 1

q_2: Anzahl der zu schätzenden Modellparameter in Modell 2

Bestimmung der Devianz eines Modells aus der Likelihood: $Dev = -2 \cdot \ln(L)$

Prüfgrößen für Varianzen und Kovarianzen der zufälligen Modellparameter

Zufällige Achsenabschnitte

$$\Delta Dev = Dev_1 - Dev_2$$

Dev_1: Devianz eines Modells, in dem die Varianz der zufälligen Achsenabschnitte auf 0 gesetzt wurde (Modell 1)

Dev_2: Devianz eines Modells, in dem die Varianz der zufälligen Achsenabschnitte nicht restringiert wurde (Modell 2)

Diese Prüfgröße ist approximativ χ^2-verteilt mit $df = 1$. Der kritische Wert ist das $(1-2\cdot\alpha)$-Quantil.

Zufällige Regressionsgewichte

Schritt 1: Bestimmung der Devianz eines Modells, das nur zufällige Achsenabschnitte enthält (Dev_1)

Schritt 2: Bestimmung der Devianz eines Modells, das auch zufällige Regressionsgewichte enthält (Dev_2)

Schritt 3: Bestimmung der Differenz der Devianzen dieser beiden Modelle: $\Delta Dev = Dev_1 - Dev_2$

Schritt 4a: Betrachtung einer χ_1^2-Verteilung mit df_1 Freiheitsgraden (wobei df_1 der Anzahl zufälliger Regressionsgewichte, deren Varianz überprüft werden soll, entspricht)

Schritt 4b: Betrachtung einer χ_2^2-Verteilung mit df_2 Freiheitsgraden (mit $df_2 = df_1 + 1$)

Schritt 5: Bildung einer »gemischten« $\bar{\chi}^2$-Verteilung aus

$$\bar{\chi}^2 = \frac{\chi_1^2 + \chi_2^2}{2}$$

Schritt 6: Bestimmung des kritischen Wertes der $\bar{\chi}^2$-Verteilung. Verwerfung der Nullhypothese, falls $\Delta Dev \geq$ kritischer Wert

Kritische Werte unter der gemischten $\bar{\chi}^2$-Verteilung bei $\alpha = 0{,}05$

Bei einem zufälligen Regressionsgewicht: $\bar{\chi}^2_{\text{krit}} = 5{,}14$

Bei zwei zufälligen Regressionsgewichten: $\bar{\chi}^2_{\text{krit}} = 7{,}05$

Bei drei zufälligen Regressionsgewichten: $\bar{\chi}^2_{\text{krit}} = 8{,}76$

Modellvergleich über Informationskriterien

AIC

$AIC = Dev + 2\cdot q$

Dev: Devianz eines Modells ($Dev = -2\cdot\ln(L)$)

q: Anzahl der zu schätzenden Modellparameter

BIC

$BIC = Dev + q\cdot\ln(n)$

n: Stichprobengröße

Power-Analyse (Beispiele)

Absicherung des festen Regressionsgewichts einer Level-1-Prädiktorvariablen X_j gegen 0	$\frac{\gamma_{j0}}{\sigma_{\hat{\gamma}_{j0}}} \approx z_{\left(1-\frac{\alpha}{2}\right)} + z_{(1-\beta)}$ (für den zweiseitigen Wald-Test; beim einseitigen Test wird $\frac{\alpha}{2}$ durch α ersetzt) γ_{j0}: Regressionsgewicht von X_j in der Population $\sigma_{\hat{\gamma}_{j0}}$: Standardfehler des geschätzten Regressionsgewichts (s. o.) n ist optimalerweise so zu wählen, dass der linke Quotient mindestens der rechten Summe entspricht.
Bestimmung der optimalen Stichprobengröße über den Designeffekt	$n_{DE} = n \cdot DE = n \cdot \left(1 + \left(n_{\text{Level-1}} - 1\right) \cdot \hat{\rho}\right)$ n: Ermittelte Stichprobengröße einer A-priori-Poweranalyse aus einer »herkömmlichen« multiplen Regression (S. 186) DE: Designeffekt (siehe unten) $\hat{\rho}$: geschätzte Intraklassenkorrelation
Bestimmung des Designeffekts in einem Modell ohne zufällige Regressionsgewichte	$DE = 1 + \left(n_{\text{Level-1}} - 1\right) \cdot \hat{\rho}$
Bestimmung des Designeffekts in einem Modell mit zufälligen Regressionsgewichten	$DE = \frac{n_{\text{Level-1}} \cdot \hat{\sigma}^2_{\upsilon_1} \cdot \hat{\sigma}^2_X + \hat{\sigma}^2_\varepsilon}{\hat{\sigma}^2_{\upsilon_1} \cdot \hat{\sigma}^2_X + \hat{\sigma}^2_{\upsilon_0} + \hat{\sigma}^2_\varepsilon}$

Effektgrößen/Varianzaufklärung

Varianzaufklärung eines Level-1-Prädiktors

Über die anteilige Reduktion der Level-1-Residualvarianz	$R^2_X = \frac{\hat{\sigma}^2_{\varepsilon\_1} - \hat{\sigma}^2_{\varepsilon\_2}}{\hat{\sigma}^2_{\varepsilon\_1}}$ $\hat{\sigma}^2_{\varepsilon\_1}$: Geschätzte Level-1-Residualvarianz eines Modells, das den fraglichen Level-1-Prädiktor X_j nicht mit einschließt $\hat{\sigma}^2_{\varepsilon\_2}$: Geschätzte Level-1-Residualvarianz eines Modells, das den fraglichen Level-1-Prädiktor X_j mit einschließt

Über die anteilige Reduktion der Gesamtresidualvarianz

$$R_X^{2\prime} = \frac{\left(\hat{\sigma}^2_{\upsilon_0\_1} + \hat{\sigma}^2_{\varepsilon\_1}\right) - \left(\hat{\sigma}^2_{\upsilon_0\_2} + \hat{\sigma}^2_{\varepsilon\_2}\right)}{\hat{\sigma}^2_{\upsilon_0\_1} + \hat{\sigma}^2_{\varepsilon\_1}}$$

$\hat{\sigma}^2_{\upsilon_0\_1}$: Geschätzte Varianz der zufälligen Achsenabschnitte eines Modells, das den Prädiktor nicht mit einschließt

$\hat{\sigma}^2_{\upsilon_0\_2}$: Geschätzte Varianz der zufälligen Achsenabschnitte eines Modells, das den Prädiktor mit einschließt

---

Varianzaufklärung eines Level-2-Prädiktors

Über die anteilige Reduktion der Level-2-Residualvarianz

$$R_Z^2 = \frac{\hat{\sigma}^2_{\upsilon_0\_1} - \hat{\sigma}^2_{\upsilon_0\_2}}{\hat{\sigma}^2_{\upsilon_0\_1}}$$

$\hat{\sigma}^2_{\upsilon_0\_1}$: Geschätzte Varianz der zufälligen Achsenabschnitte eines Modells, das den Prädiktor nicht mit einschließt

$\hat{\sigma}^2_{\upsilon_0\_2}$: Geschätzte Varianz der zufälligen Achsenabschnitte eines Modells, das den Prädiktor mit einschließt (aber keine zufälligen Regressionsgewichte zulässt)

Über die anteilige Reduktion der Gesamtresidualvarianz

$$R_Z^{2\prime} = \frac{\left(\hat{\sigma}^2_{\upsilon_0\_1} + \frac{\hat{\sigma}^2_{\varepsilon\_1}}{n_{\text{Level-1}}}\right) - \left(\hat{\sigma}^2_{\upsilon_0\_2} + \frac{\hat{\sigma}^2_{\varepsilon\_2}}{n_{\text{Level-1}}}\right)}{\hat{\sigma}^2_{\upsilon_0\_1} + \frac{\hat{\sigma}^2_{\varepsilon\_1}}{n_{\text{Level-1}}}}$$

Bei ungleichen Gruppengrößen muss $n_{\text{Level-1}}$ in der Formel durch die gepoolte Gruppengröße $\tilde{n}_{\text{Level-1}}$ ersetzt werden:

$$\tilde{n}_{\text{Level-1}} = \frac{n_{\text{Level-2}}}{\sum_{i=1}^{n_{\text{Level-2}}} \frac{1}{n_i}}$$

Varianzaufklärung durch einen Cross-Level-Interaktionseffekt

$$R_{X \times Z}^2 = \frac{\hat{\sigma}^2_{\upsilon_1\_1} - \hat{\sigma}^2_{\upsilon_1\_2}}{\hat{\sigma}^2_{\upsilon_1\_1}}$$

$\hat{\sigma}^2_{\upsilon_1\_1}$: Geschätzte Varianz der zufälligen Regressionsgewichte in einem Modell ohne Cross-Level-Interaktion

$\hat{\sigma}^2_{\upsilon_1\_2}$: Geschätzte Varianz der zufälligen Regressionsgewichte in einem Modell mit Cross-Level-Interaktion

Modelle der Veränderungsmessung

Anwendungsgebiet	Modellierung (und Erklärung) von Veränderungen in *Y* über die Zeit hinweg
Voraussetzungen	(1) Unabhängigkeit der Residuen (Level-1-Residuen und Level-2-Residuen) innerhalb der jeweiligen Ebene (2) Unabhängigkeit der Residuen zwischen den beiden Ebenen (3) Stetiges Merkmal *Y* (4) Normalverteilung der Level-1- sowie der Level-2-Residuen (5) Homoskedastizität
Überprüfung der Voraussetzungen	(1) Durch Untersuchungsplanung sicherstellen (2) Durch Untersuchungsplanung sicherstellen (3) Durch Untersuchungsplanung sicherstellen (4) Histogramm der Residuen; Probability-Probability-Plot (5) Residuenplots
Umgang mit Voraussetzungsverletzungen	(1) Falls die Nicht-Unabhängigkeit auf eine zusätzliche Ebene in der Datenstruktur zurückzuführen ist: diese zusätzliche Ebene in das Modell mit einführen (2) Modell ist so nicht anwendbar. (3) Modelle für andere Variablen (s. Snijders & Bosker, 2012) (4) Bei Abweichungen von der Normalverteilung: (a) Modelle sind bei großen Stichproben relativ robust gegenüber Verletzungen der Normalverteilungsannahme. (b) Falls Verletzung auf Fehlspezifikation zurückführbar, muss diese behoben werden. (c) Transformation der Variablen (d) Robuste Standardfehler (bei symmetrischer Verteilung und ausreichender Anzahl Level-2-Einheiten) (5) Bei Heteroskedastizität: (a) Modellierung der Heteroskedastizität durch Aufnahme derjenigen Variablen, die diese hervorrufen, in das Modell (b) Falls Heteroskedastizität auf Fehlspezifikation des Modells zurückführbar, muss diese behoben werden. (c) Transformation der Variablen (z. B. logarithmische Transformation)

Indizes	$m = 1, \ldots, c$ für Messzeitpunkte $i = 1, \ldots, n$ für Personen

Lineares Trendmodell ohne Veränderungsprädiktor

Level-1-Modell

$$y_{mi} = \beta_{0i} + \beta_{1i} \cdot x_{mi} + \varepsilon_{mi}$$

β_{0i}: personenspezifischer Achsenabschnitt einer Person i

β_{1i}: personenspezifisches Regressionsgewicht einer Person i

X: Variable zur Codierung der Messzeitpunkte

ε_{mi}: Level-1-Residuum

Codierung der Messzeitpunkte:

MZP	1	2	...	m	...	c
$x_m =$	0	1	...	$m-1$	...	$c-1$

Level-2-Modell

$$\beta_{0i} = \gamma_{00} + \upsilon_{0i}$$
$$\beta_{1i} = \gamma_{10} + \upsilon_{1i}$$

υ_{0i}: zufälliger Achsenabschnitt einer Person i

υ_{1i}: zufälliges Regressionsgewicht einer Person i

Gesamtmodell

$$y_{mi} = \gamma_{00} + \gamma_{10} \cdot x_{mi} + \upsilon_{0i} + \upsilon_{1i} \cdot x_{mi} + \varepsilon_{mi}$$

Lineares Trendmodell mit Veränderungsprädiktor (Z)

Level-1-Modell

$$y_{mi} = \beta_{0i} + \beta_{1i} \cdot x_{mi} + \varepsilon_{mi}$$

Level-2-Modell

$$\beta_{0i} = \gamma_{00} + \gamma_{01} \cdot z_i + \upsilon_{0i}$$
$$\beta_{1i} = \gamma_{10} + \gamma_{11} \cdot z_i + \upsilon_{1i}$$

γ_{01}: Regressionsgewicht für den Veränderungsprädiktor Z

γ_{11}: Regressionsgewicht für den Cross-Level-Interaktionseffekt $X \cdot Z$

Gesamtmodell

$$y_{mi} = \gamma_{00} + \gamma_{10} \cdot x_{mi} + \gamma_{01} \cdot z_i + \gamma_{11} \cdot x_{mi} \cdot z_i + \upsilon_{0i} + \upsilon_{1i} \cdot x_{mi} + \varepsilon_{mi}$$

Mehrebenenmodell mit Zeitkontrasten, ohne Veränderungsprädiktor

Level-1-Modell

$$y_{mi} = \beta_{0i} + \sum_{m}^{c-1} \beta_{mi} \cdot D_m$$

β_{0i}: personenspezifischer Achsenabschnitt einer Person i

β_{mi}: personenspezifisches Regressionsgewicht einer Dummy-Variablen D_m (je nach Hypothese zu spezifizieren, s. u.) für eine Person i

Level-2-Modell

$$\beta_{0i} = \gamma_{00} + \upsilon_{0i}$$
$$\beta_{mi} = \gamma_{m0} + \upsilon_{mi}$$

υ_{0i}: zufälliger Achsenabschnitt einer Person i

υ_{mi}: zufälliges Regressionsgewicht einer Dummy-Variablen D_m (je nach Hypothese zu spezifizieren, s. u.) für eine Person i

Gesamtmodell

$$y_{mi} = \gamma_{00} + \sum_{m}^{c-1} \gamma_{m0} \cdot D_m + \upsilon_{0i} + \sum_{m}^{c-1} \upsilon_{mi} \cdot D_m$$

Spezifizierung der Dummy-Variablen

Beispiel: im Falle von 4 Messzeitpunkten

Einfache Kontraste (Abweichung vom ersten Messzeitpunkt)

MZP	1	2	3	4
D_1 =	0	1	0	0
D_2 =	0	0	1	0
D_3 =	0	0	0	1

Wiederholte Kontraste (Abweichung zwischen benachbarten Messzeitpunkten)

MZP	1	2	3	4
D_1 =	-1	1	0	0
D_2 =	0	-1	1	0
D_3 =	0	0	-1	1

Helmert-Kontraste (Abweichung vom Durchschnitt aller nachfolgenden Messzeitpunkte)

MZP	1	2	3	4
D_1 =	-3	1	1	1
D_2 =	0	-2	1	1
D_3 =	0	0	-1	1

Mehrebenenmodell mit Zeitkontrasten, mit Veränderungsprädiktor

Level-1-Modell

$$y_{mi} = \beta_{0i} + \sum_{m}^{c-1} \beta_{mi} \cdot D_m$$

Level-2-Modell

$$\beta_{0i} = \gamma_{00} + \gamma_{01} \cdot z_i + v_{0i}$$

$$\beta_{mi} = \gamma_{m0} + \gamma_{m1} \cdot z_i + v_{mi}$$

γ_{01}: Regressionsgewicht für den Veränderungsprädiktor Z

γ_{m1}: Regressionsgewicht für den Cross-Level-Interaktionseffekt zwischen einer Dummy-Variablen D_m und dem Veränderungsprädiktor Z

Gesamtmodell

$$y_{mi} = \gamma_{00} + \sum_{m}^{c-1} \gamma_{m0} \cdot D_m + \gamma_{01} \cdot z_i + \sum_{m}^{c-1} \gamma_{m1} \cdot D_m \cdot z_i$$

$$+ v_{0i} + \sum_{m}^{c-1} v_{mi} \cdot D_m$$

21 Log-lineare Modelle und Logit-Modelle

Log-lineare Modelle: Grundlagen

Anwendungsgebiet — Multivariate Analyse von kategorialen Variablen; Analyse von bedingten Zusammenhängen; Aufdecken von Scheinzusammenhängen und maskierten Zusammenhängen

---

Voraussetzungen — Nominalskalierte Variablen

Erhebungsschemata

Multinomiales Erhebungsschema — Es wird eine Stichprobe vorgegebener Größe gezogen und die Häufigkeiten in den einzelnen Zellen bestimmt.

Produkt-multinomiales Erhebungsschema — Die Randverteilung einer Variablen kann nicht frei variieren. Man zieht Stichproben vorgegebener Größen für die verschiedenen Ausprägungen der Variablen, deren Randverteilung festgelegt ist.

Poisson-Erhebungsschema — Die Größe der Stichprobe liegt vorher nicht fest, sondern ist das Ergebnis einer Untersuchung, bei der man in einem Zeitabschnitt Daten erhebt.

Indizes

Kategorien der Variablen — $i = 1, \ldots, I; j = 1, \ldots, J; k = 1, \ldots, K$

Log-lineares Modell für eine 2 × 2-Kontingenztabelle

Multiplikatives Modell

Modellgleichung

Population — $\pi_{ij} = \gamma^{*} \cdot \gamma_i^{A} \cdot \gamma_j^{B} \cdot \gamma_{ij}^{AB}$; π_{ij}: Wahrscheinlichkeit der Zelle (i, j)

Stichprobe — $n_{ij} = \hat{\gamma} \cdot \hat{\gamma}_i^{A} \cdot \hat{\gamma}_j^{B} \cdot \hat{\gamma}_{ij}^{AB}$; n_{ij}: absolute Häufigkeit der Zelle (i, j)

Koeffizienten

Population
$$\gamma^* = \sqrt[4]{\pi_{11} \cdot \pi_{12} \cdot \pi_{21} \cdot \pi_{22}}$$

Stichprobe
$$\hat{\gamma} = \sqrt[4]{\prod_{i=1}^{2} \prod_{j=1}^{2} n_{ij}} = \sqrt[4]{n_{11} \cdot n_{12} \cdot n_{21} \cdot n_{22}}$$

Population
$$\gamma_i^A = \frac{\sqrt[2]{\pi_{i1} \cdot \pi_{i2}}}{\sqrt[4]{\pi_{11} \cdot \pi_{12} \cdot \pi_{21} \cdot \pi_{22}}}$$

Stichprobe
$$\hat{\gamma}_i^A = \frac{\sqrt[2]{n_{i1} \cdot n_{i2}}}{\sqrt[4]{n_{11} \cdot n_{12} \cdot n_{21} \cdot n_{22}}}$$

Population
$$\gamma_j^B = \frac{\sqrt[2]{\pi_{1j} \cdot \pi_{2j}}}{\sqrt[4]{\pi_{11} \cdot \pi_{12} \cdot \pi_{21} \cdot \pi_{22}}}$$

Stichprobe
$$\hat{\gamma}_j^B = \frac{\sqrt[2]{n_{1j} \cdot n_{2j}}}{\sqrt[4]{n_{11} \cdot n_{12} \cdot n_{21} \cdot n_{22}}}$$

Population
$$\gamma_{ij}^{AB} = \frac{\pi_{ij}}{\gamma^* \cdot \gamma_i^A \cdot \gamma_j^B}$$

$$\gamma_{11}^{AB} = \frac{\pi_{11}}{\gamma^* \cdot \gamma_1^A \cdot {}_1^B} = \sqrt[4]{\frac{\pi_{11} \cdot \pi_{22}}{\pi_{12} \cdot \pi_{21}}} = \sqrt[4]{\frac{\frac{\pi_{11}}{\pi_{12}}}{\frac{\pi_{21}}{\pi_{22}}}}$$

Stichprobe
$$\hat{\gamma}_{ij}^{AB} = \frac{n_{ij}}{\hat{\gamma} \cdot \hat{\gamma}_i^A \cdot \hat{\gamma}_j^B}$$

$$\hat{\gamma}_{11}^{AB} = \frac{n_{11}}{\hat{\gamma} \cdot \hat{\gamma}_1^A \cdot \hat{\gamma}_1^B} = \sqrt[4]{\frac{n_{11} \cdot n_{22}}{n_{12} \cdot n_{21}}} = \sqrt[4]{\frac{\frac{n_{11}}{n_{12}}}{\frac{n_{21}}{n_{22}}}}$$

Additives Modell

Modellgleichung

Population
$$\begin{aligned} \ln(\varepsilon_{ij}) &= \ln(n \cdot \pi_{ij}) = \ln(\gamma \cdot \gamma_i^A \cdot \gamma_j^B \cdot \gamma_{ij}^{AB}) \\ &= \ln(\gamma) + \ln(\gamma_i^A) + \ln(\gamma_j^B) + \ln(\gamma_{ij}^{AB}) \\ &= \lambda + \lambda_i^A + \lambda_j^B + \lambda_{ij}^{AB} \end{aligned}$$

ε_{ij}: erwartete Häufigkeit der Zelle (i, j)

γ: $n \cdot \gamma^*$

Stichprobe	$m_{ij} = \ln(n_{ij}) = \ln(\hat{\gamma}) + \ln(\hat{\gamma}_i^A) + \ln(\hat{\gamma}_j^B) + \ln(\hat{\gamma}_{ij}^{AB})$	
Koeffizienten		
Berechnung mittels Koeffizienten des multiplikativen Modells	$m_{ij} = \ln(n_{ij})$	$\hat{\lambda} = \ln(\hat{\gamma})$
	$\hat{\lambda}_i^A = \ln(\hat{\gamma}_i^A)$	$\hat{\lambda}_j^B = \ln(\hat{\gamma}_j^B)$
	$\hat{\lambda}_{ij}^{AB} = \ln(\hat{\gamma}_{ij}^{AB})$	
Alternative Formeln	$\hat{\lambda}_i^A = \frac{(m_{i1} + m_{i2})}{2} - \hat{\lambda}$	
	$\hat{\lambda}_j^B = \frac{(m_{1j} + m_{2j})}{2} - \hat{\lambda}$	
	$\hat{\lambda}_{ij}^{AB} = m_{ij} - \left(\hat{\lambda} + \hat{\lambda}_i^A + \hat{\lambda}_j^B\right)$	
	$\hat{\lambda}$: Mittelwert der logarithmierten Zellhäufigkeiten	

Modell mit Referenzkategorie

Modellgleichung (Stichprobe)	$\ln(n_{ij}) = \hat{\delta} + \hat{\delta}_i^A + \hat{\delta}_j^B + \hat{\delta}_{ij}^{AB}$
Koeffizienten, falls Kategorie 2 als Referenz gewählt wird	$\hat{\delta} = \ln(n_{22})$
	$\hat{\delta}_1^A = \ln(n_{12}) - \ln(n_{22}) = m_{12} - m_{22}$
	$\hat{\delta}_1^B = \ln(n_{21}) - \ln(n_{22}) = m_{21} - m_{22}$
	$\hat{\delta}_{11}^{AB} = \ln\left(\frac{n_{11} \cdot n_{22}}{n_{12} \cdot n_{21}}\right)$

Hypothesenüberprüfung: Einzelne Parameter

Anwendungsgebiet	Statistische Absicherung eines Koeffizienten gegen 0

Hypothesen

Nullhypothesen	$H_0: \lambda_{ij}^{AB} = 0$	$H_0: \lambda_i^A = 0$	$H_0: \lambda_j^B = 0$
	$H_0: \lambda_{ij}^{AB} \leq 0$	$H_0: \lambda_i^A \leq 0$	$H_0: \lambda_j^B \leq 0$
	$H_0: \lambda_{ij}^{AB} \geq 0$	$H_0: \lambda_i^A \geq 0$	$H_0: \lambda_j^B \geq 0$

Alternativhypothesen	$H_1: \lambda_{ij}^{AB} \neq 0$ $\quad H_1: \lambda_i^A \neq 0$ $\quad H_1: \lambda_j^B \neq 0$ $H_1: \lambda_{ij}^{AB} > 0$ $\quad H_1: \lambda_i^A > 0$ $\quad H_1: \lambda_j^B > 0$ $H_1: \lambda_{ij}^{AB} < 0$ $\quad H_1: \lambda_i^A < 0$ $\quad H_1: \lambda_j^B < 0$
Prüfgröße	
Approximativ standardnormalverteilte Prüfgrößen	$z_{ij}^{AB} = \frac{\hat{\lambda}_{ij}^{AB}}{\hat{\sigma}_{\hat{\Lambda}_{ij}^{AB}}}$ $\quad z_i^A = \frac{\hat{\lambda}_i^A}{\hat{\sigma}_{\hat{\Lambda}_i^A}}$ $\quad z_j^B = \frac{\hat{\lambda}_j^B}{\hat{\sigma}_{\hat{\Lambda}_j^B}}$
Standardfehler von λ (setzt Poisson-Erhebungsschema voraus)	$\hat{\sigma}_{\hat{\Lambda}} = \sqrt{\left(\frac{1}{4}\right)^2 \cdot \left(\frac{1}{n_{11}} + \frac{1}{n_{12}} + \frac{1}{n_{21}} + \frac{1}{n_{22}}\right) - \frac{1}{n}}$
Standardfehler der anderen Parameter	$\hat{\sigma}_{\hat{\Lambda}_i^A} = \hat{\sigma}_{\hat{\Lambda}_j^B} = \hat{\sigma}_{\hat{\Lambda}_{ij}^{AB}} = \sqrt{\left(\frac{1}{4}\right)^2 \cdot \left(\frac{1}{n_{11}} + \frac{1}{n_{12}} + \frac{1}{n_{21}} + \frac{1}{n_{22}}\right)}$
Konfidenzintervall (für die anderen Parameter analog bestimmbar)	$\left[\left(\hat{\lambda} - z_{(1-\alpha/2)} \cdot \sigma_{\hat{\Lambda}}\right); \left(\hat{\lambda} + z_{(1-\alpha/2)} \cdot \sigma_{\hat{\Lambda}}\right)\right]$

Hypothesenüberprüfung: Modelle

Anwendungsgebiet	Statistische Überprüfung von Modellen anhand der Abweichung der beobachteten Häufigkeiten von den aufgrund des Modells implizierten erwarteten Häufigkeiten
Voraussetzungen	Erwartete Häufigkeiten der Zellen sollten mindestens 5 betragen.
Umgang mit Voraussetzungsverletzungen	Exakte Tests
Hypothesen	
Nullhypothesen	Die erwarteten Häufigkeiten ε_{ij} in der Population werden durch das Modell erklärt.
Alternativhypothesen	Die erwarteten Häufigkeiten ε_{ij} in der Population werden durch das Modell nicht erklärt.

Pearson-χ^2-Test	$PE = \sum_{i=1}^{I}\sum_{j=1}^{J}\frac{\left(n_{ij}-e_{ij}\right)^2}{e_{ij}}$ $e_{ij} = \hat{\varepsilon}_{ij} = n \cdot \hat{\pi}_{ij}$
Likelihood-Ratio-Test	$LR = 2\sum_{i=1}^{I}\sum_{j=1}^{J} n_{ij} \cdot \ln\frac{n_{ij}}{e_{ij}}$
Effektgröße für Pearson-χ^2-Test	
Population	$\omega = \sqrt{\sum_{i=1}^{2}\sum_{j=1}^{2}\frac{(\pi_{ij}-\pi_{ij0})^2}{\pi_{ij0}}}$
Stichprobe	$\hat{\omega} = \sqrt{\frac{PE}{n}}$
Effektgröße für Likelihood-Ratio-Test	
Population	$\omega_{LR} = \sqrt{2\sum_{i=1}^{I}\sum_{j=1}^{J}\pi_{ij} \cdot \ln\frac{\pi_{ij}}{\pi_{ij0}}}$
Stichprobe	$\hat{\omega}_{LR} = \sqrt{\frac{LR}{n}}$
Konfidenzintervalle Effektgrößen	Siehe S. 96
Optimale Stichprobengröße	Siehe S. 96

Hypothesenüberprüfung: Modellvergleiche

Anwendungsgebiet	Statistischer Vergleich zweier geschachtelter Modelle
Voraussetzungen	Es müssen geschachtelte Modelle vorliegen.
Hypothesen	
Nullhypothesen	Beide Modelle sind in der Population identisch.
Alternativhypothesen	Beide Modelle unterscheiden sich in der Population.

Prüfgröße	$LR_{\text{Diff}} = LR_S - LR_A$ LR_{Diff} folgt approximativ einer χ^2-Verteilung mit den Freiheitsgraden $df_{\text{Diff}} = df_S - df_A$ LR_S: Likelihood-Ratio-Statistik des spezifischeren Modells LR_A: Likelihood-Ratio-Statistik des allgemeineren Modells df_S: Freiheitsgrade des spezifischeren Modells df_A: Freiheitsgrade des allgemeineren Modells

Spezielle Modelle

Gleichverteilungsmodell	Alle Zellen haben gleiche Wahrscheinlichkeiten.
Unabhängigkeitsmodell	Die Variablen sind stochastisch unabhängig.
Saturiertes Modell	Alle Modellparameter werden zugelassen.
Hierarchisches log-lineares Modell	Befindet sich ein Parameter im Modell, der sich auf eine spezifische Variable bezieht, so sind alle Parameter niedrigerer Ordnung ebenfalls im Modell enthalten, die sich auf diese Variable beziehen.
Nicht-hierarchisches log-lineares Modell	Befindet sich ein Parameter im Modell, der sich auf eine spezifische Variable bezieht, so sind nicht alle Parameter niedrigerer Ordnung im Modell enthalten, die sich auf diese Variable beziehen.

Log-lineares Modell für eine 2 × 2 × 2-Kontingenztabelle

Multiplikatives Modell

Modellgleichung

Stichprobe $\quad n_{ijk} = \hat{\gamma} \cdot \hat{\gamma}_i^A \cdot \hat{\gamma}_j^B \cdot \hat{\gamma}_k^C \cdot \hat{\gamma}_{ij}^{AB} \cdot \hat{\gamma}_{jk}^{BC} \cdot \hat{\gamma}_{ik}^{AC} \cdot \hat{\gamma}_{ijk}^{ABC}$

Schätzung der Koeffizienten

$$\hat{\gamma}_{111}^{ABC} = \sqrt[8]{\frac{\dfrac{n_{111} \cdot n_{221}}{n_{121} \cdot n_{211}}}{\dfrac{n_{112} \cdot n_{222}}{n_{122} \cdot n_{212}}}}$$

$$\hat{\gamma}_{11}^{AB} = \sqrt[8]{\prod_{k=1}^{2} \frac{n_{11k} \cdot n_{22k}}{n_{12k} \cdot n_{21k}}} = \sqrt[8]{\frac{n_{111} \cdot n_{221}}{n_{121} \cdot n_{211}} \cdot \frac{n_{112} \cdot n_{222}}{n_{122} \cdot n_{212}}}$$

$$\hat{\gamma}_1^A = \sqrt[8]{\prod_{j=1}^{2}\prod_{k=1}^{2}\frac{n_{1jk}}{n_{2jk}}} = \sqrt[8]{\frac{n_{111}}{n_{211}}\cdot\frac{n_{112}}{n_{212}}\cdot\frac{n_{121}}{n_{221}}\cdot\frac{n_{122}}{n_{222}}}$$

$$\hat{\gamma} = \sqrt[8]{\prod_{i=1}^{2}\prod_{j=1}^{2}\prod_{k=1}^{2} n_{ijk}}$$
$$= \sqrt[8]{n_{111}\cdot n_{112}\cdot n_{121}\cdot n_{122}\cdot n_{211}\cdot n_{212}\cdot n_{221}\cdot n_{222}}$$

Additives Modell

Modellgleichung

Stichprobe

$$\begin{aligned} m_{ijk} &= \ln(n_{ijk}) \\ &= \ln(\hat{\gamma}\cdot\hat{\gamma}_i^A\cdot\hat{\gamma}_j^B\cdot\hat{\gamma}_k^C\cdot\hat{\gamma}_{ij}^{AB}\cdot\hat{\gamma}_{jk}^{BC}\cdot\hat{\gamma}_{ik}^{AC}\cdot\hat{\gamma}_{ijk}^{ABC}) \\ &= \ln(\hat{\gamma})+\ln(\hat{\gamma}_i^A)+\ln(\hat{\gamma}_j^B)+\ln(\hat{\gamma}_k^C)+\ln(\hat{\gamma}_{ij}^{AB}) \\ &\quad +\ln(\hat{\gamma}_{jk}^{BC})+\ln(\hat{\gamma}_{ik}^{AC})+\ln(\hat{\gamma}_{ijk}^{ABC}) \\ &= \hat{\lambda}+\hat{\lambda}_i^A+\hat{\lambda}_j^B+\hat{\lambda}_k^C+\hat{\lambda}_{ij}^{AB}+\hat{\lambda}_{jk}^{BC}+\hat{\lambda}_{ik}^{AC}+\hat{\lambda}_{ijk}^{ABC} \end{aligned}$$

Log-lineares Modell für eine *I* x *J* x *K*-Kontingenztabelle

Multiplikatives Modell

Modellgleichung

Stichprobe $\quad n_{ijk} = \hat{\gamma}\cdot\hat{\gamma}_i^A\cdot\hat{\gamma}_j^B\cdot\hat{\gamma}_k^C\cdot\hat{\gamma}_{ij}^{AB}\cdot\hat{\gamma}_{jk}^{BC}\cdot\hat{\gamma}_{ik}^{AC}\cdot\hat{\gamma}_{ijk}^{ABC}$

Schätzung der Koeffizienten

$$\hat{\gamma}_{ijk}^{ABC} = \frac{n_{ijk}}{\hat{\gamma}\cdot\hat{\gamma}_i^A\cdot\hat{\gamma}_j^B\cdot\hat{\gamma}_k^C\cdot\hat{\gamma}_{ij}^{AB}\cdot\hat{\gamma}_{jk}^{BC}\cdot\hat{\gamma}_{ik}^{AC}}$$

$$\hat{\gamma}_{ij}^{AB} = \frac{\sqrt[K]{\prod_{k=1}^{K} n_{ijk}}}{\hat{\gamma}\cdot\hat{\gamma}_i^A\cdot\hat{\gamma}_j^B}$$

$$\hat{\gamma}_i^A = \frac{\sqrt[J\cdot K]{\prod_{j=1}^{J}\prod_{k=1}^{K} n_{ijk}}}{\hat{\gamma}}$$

$$\hat{\gamma} = \sqrt[I\cdot J\cdot K]{\prod_{i=1}^{I}\prod_{j=1}^{J}\prod_{k=1}^{K} n_{ijk}}$$

Logit-Modell

Anwendungsgebiet	Analyse der Variation einer kategorialen abhängigen Variable in Abhängigkeit von einer oder mehreren kategorialen unabhängigen Variablen
Modellgleichung (2 x 2 x 2-Kontingenztabelle)	$\ln\frac{\pi_{i1k}}{\pi_{i2k}}=\ln\frac{\varepsilon_{i1k}}{\varepsilon_{i2k}}=\ln(\pi_{i1k})-\ln(\pi_{i2k})=\omega_1^B+\omega_{i1}^{AB}+\omega_{1k}^{BC}+\omega_{i1k}^{ABC}$ $\omega_1^B=(\lambda_1^B-\lambda_2^B)$, $\omega_{i1}^{AB}=(\lambda_{i1}^{AB}-\lambda_{i2}^{AB})$, $\omega_{1k}^{BC}=(\lambda_{1k}^{BC}-\lambda_{2k}^{BC})$ und $\omega_{i1k}^{ABC}=(\lambda_{i1k}^{ABC}-\lambda_{i2k}^{ABC})$

22 Logistische Regression

Logistische Regression

Anwendungsgebiet	Erklärung bzw. Vorhersage der Ausprägungen einer kategorialen abhängigen Variablen durch eine oder mehrere unabhängige Variablen
Voraussetzungen	(1) Korrekte Spezifikation des Modells (2) Bedingte Binomialverteilung der abhängigen Variablen gegeben die Ausprägungen der unabhängigen Variablen (3) Unabhängigkeit der Beobachtungen voneinander
Überprüfung der Voraussetzungen	(1) Devianztest, Hosmer-Lemeshow-Test, Identifikation von Ausreißerwerten und einflussreichen Datenpunkten (2) Überprüfung auf Über- und Unterdispersion, Vergleich der beobachteten mit der erwarteten Varianz (3) Durch Versuchsplanung sicherstellen
Umgang mit Voraussetzungsverletzungen	(1) Korrekte Spezifikation: Die logistische Regression ist relativ robust gegen Verletzungen der funktionalen Form. (2) Modelle, die Dispersionsabweichungen direkt berücksichtigen (3) Hierarchische logistische Regression (Mehrebenenanalyse), sofern die Abhängigkeit auf ein mehrstufiges Auswahlverfahren zurückzuführen ist

Indizes	
Unabhängige Variablen	$j = 1, \ldots, k$
Kategorien der Variablen	$i = 0, \ldots, c-1$
Personen	$m = 1, \ldots, n$

Modellgleichung der einfachen logistischen Regression (Populationsschreibweise)

Darstellung in Form bedingter Wahrscheinlichkeiten	$P(Y=1 \mid X) = \dfrac{e^{\beta_0+\beta_1 \cdot X}}{1+e^{\beta_0+\beta_1 \cdot X}}$
Darstellung in Form des Wettquotienten	$\dfrac{P(Y=1 \mid X)}{1-P(Y=1 \mid X)} = e^{\beta_0+\beta_1 \cdot X} = e^{\beta_0} \cdot e^{\beta_1 \cdot X} = e^{\beta_0} \cdot (e^{\beta_1})^X$
Darstellung in Form des Logits	$\ln\left(\dfrac{P(Y=1 \mid X)}{1-P(Y=1 \mid X)}\right) = \beta_0 + \beta_1 \cdot X$
Bedeutung von e^{β_0}	$e^{\beta_0} = \dfrac{P(Y=1 \mid X=0)}{1-P(Y=1 \mid X=0)}$
Bedeutung von e^{β_1}: Wettquotientenverhältnis	$e^{\beta_1} = \dfrac{\dfrac{P(Y=1 \mid X=1)}{1-P(Y=1 \mid X=1)}}{\dfrac{P(Y=1 \mid X=0)}{1-P(Y=1 \mid X=0)}}$

Modellgleichung der multiplen logistischen Regression (Populationsschreibweise)

Darstellung in Form bedingter Wahrscheinlichkeiten	$P(Y=1 \mid X_1, \ldots, X_k) = \dfrac{e^{\beta_0+\beta_1 \cdot X_1+\beta_2 \cdot X_2+\ldots+\beta_k \cdot X_k}}{1+e^{\beta_0+\beta_1 \cdot X_1+\beta_2 \cdot X_2+\ldots+\beta_k \cdot X_k}}$
Darstellung in Form des Wettquotienten	$\dfrac{P(Y=1 \mid X_1,\ldots,X_k)}{1-P(Y=1 \mid X_1,\ldots,X_k)} = e^{\beta_0+\beta_1 \cdot X_1+\beta_2 \cdot X_2+\ldots+\beta_k \cdot X_k}$
Darstellung in Form des Logits	$\ln\left(\dfrac{P(Y=1 \mid X_1,\ldots,X_k)}{1-P(Y=1 \mid X_1,\ldots,X_k)}\right) = \beta_0 + \beta_1 \cdot X_1 + \beta_2 \cdot X_2 + \ldots + \beta_k \cdot X_k$
Analyse nominalskalierter unabhängiger Variablen	Darstellung in Form von Codiervariablen (s. S. 192)
Analyse ordinalskalierter unabhängiger Variablen	Behandlung als nominalskalierte oder metrische unabhängige Variablen

Moderierte logistische Regression	Aufnahme von Produktvariablen (s. S. 190)
Polynomiale Beziehungen	Aufnahme von potenzierten unabhängigen Variablen (s. S. 191)

Hypothesenüberprüfung: Einzelne Parameter

Anwendungsgebiet	Statistische Absicherung eines Koeffizienten der Regressionsgleichung gegen 0	
Hypothesen		
Nullhypothesen	$H_0: \beta_0 = 0$	$H_0: \beta_j = 0$
	$H_0: \beta_0 \leq 0$	$H_0: \beta_j \leq 0$
	$H_0: \beta_0 \geq 0$	$H_0: \beta_j \geq 0$
Alternativhypothesen	$H_1: \beta_0 \neq 0$	$H_1: \beta_j \neq 0$
	$H_1: \beta_0 > 0$	$H_1: \beta_j > 0$
	$H_1: \beta_0 < 0$	$H_1: \beta_j < 0$
z-Test	$z = \frac{b_0}{\hat{\sigma}_{B_0}}$	$z = \frac{b_j}{\hat{\sigma}_{B_j}}$
Wald-Test	$z^2 = \frac{b_0^2}{\hat{\sigma}_{B_0}^2}$	$z^2 = \frac{b_j^2}{\hat{\sigma}_{B_j}^2}$
Likelihood-Ratio-Test	Vergleich der Modellgültigkeit des Modells mit und ohne der betreffenden unabhängigen Variablen (s. S. 222)	
Konfidenzintervall für Koeffizienten β_0 bzw. β_j	$\left[b_0 - z_{\left(1-\frac{\alpha}{2}\right)} \cdot \hat{\sigma}_{B_0}; b_0 + z_{\left(1-\frac{\alpha}{2}\right)} \cdot \hat{\sigma}_{B_0}\right]$ $\left[b_j - z_{\left(1-\frac{\alpha}{2}\right)} \cdot \hat{\sigma}_{B_j}; b_j + z_{\left(1-\frac{\alpha}{2}\right)} \cdot \hat{\sigma}_{B_j}\right]$	
Konfidenzintervall für Koeffizienten e^{β_0} bzw. $e^{\beta j}$	$\left[e^{b_0} - e^{b_0 - z_{\left(1-\frac{\alpha}{2}\right)} \cdot \hat{\sigma}_{B_0}}; e^{b_0} + e^{b_0 + z_{\left(1-\frac{\alpha}{2}\right)} \cdot \hat{\sigma}_{B_0}}\right]$ $\left[e^{b_j} - e^{b_j - z_{\left(1-\frac{\alpha}{2}\right)} \cdot \hat{\sigma}_{B_j}}; e^{b_j} + e^{b_j + z_{\left(1-\frac{\alpha}{2}\right)} \cdot \hat{\sigma}_{B_j}}\right]$	

Optimale Stichprobengröße

Überprüfung eines Regressionsgewichts bei einfacher logistischer Regression und z-Test (nach Hsieh, 1989)

$$n = \frac{\left(z_\alpha + z_\beta \cdot e^{-\frac{\tau^2}{4}}\right)^2 \cdot \left(1 + 2 \cdot P(Y=1 \mid X = E(X)) \cdot \delta\right)}{P(Y=1 \mid X = E(X)) \cdot \tau^2}$$

$$\tau = \ln\left(\frac{P(Y=1 \mid X = E(X))}{P(Y=1 \mid X = E(X) + \sigma_X)}\right)$$

$$\delta = \frac{\left(1 + \left(1+\tau^2\right) \cdot e^{\frac{5\tau^2}{4}}\right)}{1 + e^{-\frac{\tau^2}{4}}}$$

(einseitiger Test; bei zweiseitigem Test: $\frac{\alpha}{2}$)

Überprüfung eines Regressionsgewichts bei multipler logistischer Regression und z-Test

Division der Bestimmungsgleichung für n der einfachen logistischen Regression durch $(1 - R^2)$; R^2: Quadrierte multiple Korrelation der interessierenden unabhängigen Variablen mit allen anderen unabhängigen Variablen; Bestimmung der bedingten Wahrscheinlichkeit von $Y = 1$ gegeben die Erwartungswerte aller unabhängigen Variablen

Neuere Ansätze

In Computerprogrammen zur Bestimmung der optimalen Stichprobengröße integriert

Faustregeln zur Sicherstellung der asymptotischen Eigenschaften der Maximum-Likelihood-Schätzer

(1) Mindestens $n = 100$
(2) Diejenige Kategorie der abhängigen Variablen, die geringer besetzt ist, sollte mindestens zehnmal so viele Untersuchungseinheiten umfassen, wie das Modell Parameter enthält.

Kleine Stichproben

Exakte Schätz- und Testmethoden

Hypothesenüberprüfung: Mehrere Parameter

Anwendungsgebiet

Statistischer Vergleich zweier geschachtelter Modelle zur Überprüfung eines Sets von unabhängigen Variablen

Hypothesen

Nullhypothese

Es wird angenommen, dass die Regressionsgewichte aller unabhängigen Variablen des betrachteten Sets in der Population gleich 0 sind.

Alternativhypothese	Es wird angenommen, dass mindestens ein Regressionsgewicht der unabhängigen Variablen in der Population von 0 verschieden ist.
Likelihood-Ratio-Test	$LR = -2 \cdot \ln\left(\frac{L_e}{L_u}\right) = -2 \cdot \left[\ln(L_e) - \ln(L_u)\right]$ L_u: Likelihood des uneingeschränkten Modells L_e: Likelihood des eingeschränkten Modells. Es enthält die Variablen des betrachteten Sets nicht.
Zerlegung der Likelihood-Ratio-Teststatistik	Wenn: M_u: $\ln\left(\frac{P(Y=1 \mid X_1, X_2, X_3, X_4)}{1-P(Y=1 \mid X_1, X_2, X_3, X_4)}\right) = \beta_0 + \beta_1 \cdot X_1 + \beta_2 \cdot X_2 + \beta_3 \cdot X_3 + \beta_4 \cdot X_4$ M_{e1}: $\ln\left(\frac{P(Y=1 \mid X_1, X_2, X_3)}{1-P(Y=1 \mid X_1, X_2, X_3)}\right) = \beta_0 + \beta_1 \cdot X_1 + \beta_2 \cdot X_2 + \beta_3 \cdot X_3$ M_{e2}: $\ln\left(\frac{P(Y=1 \mid X_1, X_2)}{1-P(Y=1 \mid X_1, X_2)}\right) = \beta_0 + \beta_1 \cdot X_1 + \beta_2 \cdot X_2$ M_{e3}: $\ln\left(\frac{P(Y=1 \mid X_1)}{1-P(Y=1 \mid X_1)}\right) = \beta_0 + \beta_1 \cdot X_1$ M_{e4}: $\ln\left(\frac{P(Y=1)}{1-P(Y=1)}\right) = \beta_0$ dann gilt: $LR(M_u - M_{e4}) = LR(M_u - M_{e1}) + LR(M_{e1} - M_{e2}) + LR(M_{e2} - M_{e3}) + LR(M_{e3} - M_{e4})$
Effektgrößen	
McFadden-Index	$MF = \frac{\ln(L_M) - \ln(L_0)}{\ln(L_S) - \ln(L_0)} = \frac{\ln(L_0) - \ln(L_M)}{\ln(L_0)}$ L_M: Likelihood des Modells, das alle UV enthält L_0: Likelihood des Modells, das nur die Regressionskonstante, aber keine UV enthält L_S: Likelihood des saturierten Modells
Cox-Snell-Index	$CS = 1 - \left(\frac{L_0}{L_M}\right)^{\frac{2}{n}}$

	L_0: Likelihood des Modells, das nur den Parameter β_0, aber keine UV enthält
	L_M : Likelihood des Modells, das die k UV enthält
Nagelkerke-Index	$NK = \frac{CS}{CS_{max}}$
	$CS_{max} = 1 - \left(L_0\right)^{\frac{2}{n}}$

Hypothesenüberprüfung: Korrekte Modellspezifikation

Anwendungsgebiet	Statistischer Test zur Überprüfung, ob die bedingte Wahrscheinlichkeitsfunktion korrekt spezifiziert wurde
Hypothesen	
Nullhypothese	Bedingte Wahrscheinlichkeitsfunktion folgt dem spezifizierten Modell.
Alternativhypothese	Bedingte Wahrscheinlichkeitsfunktion folgt dem spezifizierten Modell nicht.
Devianztest	$D_M = -2 \cdot (\ln(L_M) - \ln(L_S))$ L_M : spezifiziertes Modell L_S: saturiertes Modell D_M folgt asymptotisch einer χ^2-Verteilung $df = n - k - 1$
Hosmer-Lemeshow-Test	$\chi^2_{HL} = \sum_{q=1}^{g} \frac{(o_q - e_q)^2}{e_q \cdot (1 - \hat{\bar{\pi}}_q)}$ $df = g - 2$ g : Anzahl der Gruppen (z.B. zehn Gruppen) o_q: Anzahl der Personen aus Gruppe q, die die Kategorie mit dem Wert 1 angegeben haben e_q: erwartete Anzahl der Personen aus Gruppe q, die die Kategorie mit dem Wert 1 angegeben haben. Berechnung über $e_q = n_q \cdot \hat{\bar{\pi}}_q$ $\hat{\bar{\pi}}_q$: geschätzte mittlere Wahrscheinlichkeit, die Kategorie 1 zu wählen

Klassifikation

Ziel	Zuweisung einer Person zu einer Kategorie der abhängigen Variablen aufgrund ihrer Ausprägungen auf den unabhängigen Variablen
Zuweisungsregel	Zuweisung zu der Kategorie, für die die vorhergesagte Wahrscheinlichkeit maximal ist
Klassifikationsgüte	Trefferquote: Prozentualer Anteil der richtig Klassifizierten

Nullzellenproblem

Nullzelle	Kategorie der abhängigen Variablen ist für eine Wertekombination der unabhängigen Variablen nicht besetzt.
Vollständige Separierbarkeit	(1) Einfache logistische Regression: Alle Personen bis zu einem spezifischen Wert der unabhängigen Variablen wählen eine Kategorie der abhängigen Variablen, alle Personen über dem spezifischen Wert wählen die andere Kategorie. In diesem Fall können die Regressionsparameter nicht geschätzt werden. (2) Multiple logistische Regression: Für jede Wertekombination der unabhängigen Variablen ist eine der beiden Kategorien der abhängigen Variablen nicht besetzt. Die Regressionsparameter können geschätzt werden, nehmen aber extrem große Werte an. Auch die Standardfehler nehmen sehr große Werte an.
Quasi-vollständige Separierbarkeit	Separierbarkeit besteht nur für einen Teil der Wertekombinationen der unabhängigen Variablen, d. h. für einen Teil der Wertekombinationen ist eine Kategorie der abhängigen Variablen nicht besetzt. Kann große geschätzte Parameterwerte und Standardfehler zur Folge haben.
Überprüfung	Ausgabe einer Kontingenztabelle, in der die Ausprägungen der abhängigen Variablen gegen alle vorkommenden Wertekombinationen der unabhängigen Variablen tabelliert sind
Konsequenzen	Parameterschätzwerte können nicht interpretiert werden.
Umgang mit dem Problem	(1) Vergrößerung der Stichprobe (2) Reduktion der Anzahl der unabhängigen Variablen

Logistische Regression bei mehrkategorialen nominalskalierten abhängigen Variablen

Anwendungsgebiet	Logistische Regression, wenn die abhängige Variable mehrere ungeordnete Kategorien aufweist (nominalskalierte abhängige Variable)
Voraussetzungen	(1) Korrekte Spezifikation des Modells (2) Bedingte Multinomialverteilung der abhängigen Variablen (3) Unabhängigkeit der Untersuchungseinheiten voneinander
Überprüfung der Voraussetzungen	(1) und (2) Modellgeltungstest anhand des Vergleichs der beobachteten mit den vom Modell erwarteten Häufigkeiten mittels eines Likelihood-Ratio-Tests oder eines Pearson-χ^2-Tests (s. S. 214) (3) Durch Untersuchungsplanung sicherstellen
Umgang mit Voraussetzungsverletzungen	(1) und (2) Modellmodifikation (3) Hierarchische logistische Regressionsanalyse (Mehrebenenmodell), sofern die Abhängigkeit auf ein mehrstufiges Auswahlverfahren zurückzuführen ist
Regressionsmodell bei vier Kategorien und einer unabhängigen Variablen	$\ln\left(\frac{P(Y=1\mid X)}{P(Y=0\mid X)}\right)=\beta_{0(1,0)}+\beta_{1(1,0)}\cdot X$ $\ln\left(\frac{P(Y=2\mid X)}{P(Y=0\mid X)}\right)=\beta_{0(2,0)}+\beta_{1(2,0)}\cdot X$ $\ln\left(\frac{P(Y=3\mid X)}{P(Y=0\mid X)}\right)=\beta_{0(3,0)}+\beta_{1(3,0)}\cdot X$ $Y=0$ wird als Referenzkategorie verwendet.
Effektgrößen	McFadden-Index, Cox-Snell-Index, Nagelkerke-Index (s. S. 222)
Parameterschätzung und Hypothesenüberprüfung	Analog zum Modell für dichotome Variablen. Zusätzlich kann simultan überprüft werden, ob eine unabhängige Variable über die verschiedenen Kategorien der abhängigen Variablen hinweg einen bedeutsamen Einfluss hat.

Logistische Regression bei ordinalskalierten abhängigen Variablen: Proportional-Odds-Modell

Anwendungsgebiet	Logistische Regression, wenn die Kategorien einer polytomen abhängigen Variablen geordnet sind
Voraussetzungen	(1) Das Regressionsgewicht ist für alle bedingten Wahrscheinlichkeitsfunktionen gleich (daraus folgt, dass die bedingten Logit-Funktionen parallel sind).
Überprüfung der Voraussetzungen	(1) Überprüfung der Parallelitätsannahme mit einem Likelihood-Ratio-Test (»Parallelitätstest«)
Umgang mit Voraussetzungsverletzungen	(1) Bei Verletzung der Parallelitätsannahme: (a) Eigene logistische Regression für jede bedingte Logit-Funktion (»nested dichotomies approach«) (b) Modell für nominalskalierte Variablen (s. S. 225)
Einfaches Regressionsmodell	$\ln\left(\frac{P(Y \leq i \mid X)}{P(Y > i \mid X)}\right) = \beta_{0i} + \beta_1 \cdot X; \quad 0 \leq i \leq c-2$
Multiples Regressionsmodell	$\ln\left(\frac{P(Y \leq i \mid X_1, \ldots, X_k)}{P(Y > i \mid X_1, \ldots, X_k)}\right) = \beta_{0i} + \beta_1 \cdot X_1 + \ldots + \beta_k \cdot X_k; \quad 0 \leq i \leq c-2$

23 Messfehlertheorie und Klassische Testtheorie

Klassische Testtheorie: Grundlagen

Indizes

Variablen	$i = 1, \ldots, p$, auch: j
Personen	$m = 1, \ldots, n$

Grundgleichung der Messfehlertheorie

Variablendarstellung	$Y_i = \tau_i + \varepsilon_i$ Y_i: beobachtete Variable τ_i: True-Score-Variable ε_i: Messfehlervariable
Merkmalsträger-darstellung	$y_{mi} = \tau_{mi} + \varepsilon_{mi}$
Varianzzerlegung	$Var(Y_i) = Var(\tau_i) + Var(\varepsilon_i)$

Eigenschaften der Messfehler- und True-Score-Variablen

(1) Der Erwartungswert einer Messfehlervariablen ist für jede Ausprägung einer True-Score-Variablen gleich 0: $E(\varepsilon_i \mid \tau_j) = 0$

(2) Der unbedingte Erwartungswert einer Messfehlervariablen ist gleich 0: $E(\varepsilon_i) = 0$

(3) Messfehler- und True-Score-Variablen sind unkorreliert: $Cov(\varepsilon_i, \tau_j) = 0$

(4) Die Varianz einer beobachteten Messwertvariablen lässt sich additiv zerlegen in die Varianz der True-Score-Variablen und die Varianz der Messfehlervariablen: $Var(Y_i) = Var(\tau_i) + Var(\varepsilon_i)$

Reliabilität

$$Rel(Y_i) = \frac{Var(\tau_i)}{Var(Y_i)} = \frac{Var(\tau_i)}{Var(\tau_i) + Var(\varepsilon_i)} = \left[Kor(\tau_i, Y_i)\right]^2$$

Methoden zur mehrmaligen Erfassung eines Merkmals

(1) Paralleltestmethode: Verschiedene Messinstrumente werden zur Messung desselben Merkmals eingesetzt.

(2) Testhalbierungs-/Testunterteilungsmethode: Ein Fra-

gebogen oder Test zur Messung eines Merkmals wird in zwei oder mehrere unterschiedliche Subskalen oder Subtests aufgeteilt.

(3) Testwiederholungsmethode: Das Merkmal wird wiederholt mit demselben Verfahren gemessen.

Unreliabilität

$$URel(Y_i) = \frac{Var(\varepsilon_i)}{Var(Y_i)} = \frac{Var(\varepsilon_i)}{Var(\tau_i) + Var(\varepsilon_i)}$$

Eindimensionale Messmodelle

Modell essenziell τ-äquivalenter Variablen

Annahmen

(1) $\tau_i = \eta + \alpha_i \qquad Y_i = \alpha_i + \eta + \varepsilon_i$
η : gemeinsame latente Variable
α_i : Leichtigkeitsparameter

(2) Unkorreliertheit der Messfehlervariablen:
$Cov(\varepsilon_i, \varepsilon_j) = 0, \; i \neq j$

Beziehung der True-Score-Variablen zueinander

$\tau_i = \tau_j + \alpha_{ij}$

Leichtigkeitsparameter

$\alpha_{ij} = \tau_i - \tau_j$

Normierung der latenten Variablen

(1) Fixierung des Erwartungswerts $E(\eta)$ von η auf einen bestimmten Wert. Dann sind alle α_i eindeutig bestimmt: $\alpha_i = E(Y_i) - E(\eta)$. Bei $E(\eta) = 0$ gilt: $\alpha_i = E(Y_i)$

(2) Fixierung eines Parameters α_i auf einen bestimmten Wert. Dann ist der Erwartungswert $E(\eta)$ eindeutig bestimmt: $E(\eta) = E(Y_i) - \alpha_i$
Bei $\alpha_1 = 0$ gilt: $E(\eta) = E(Y_1)$

Reliabilitätsbestimmung

$$Var(\tau_i) = Var(\eta)$$

$$Rel(Y_i) = \frac{Var(\tau_i)}{Var(Y_i)} = \frac{Var(\eta)}{Var(Y_i)} = \frac{Cov(Y_i, Y_j)}{Var(Y_i)}, \; i \neq j$$

Reliabilität der Gesamtskala

Gesamtskala (Summenskala)	$S = \sum_{i=1}^{p} Y_i$
Reliabilität (Cronbachs Alpha)	$\alpha = Rel(S) = \frac{p}{p-1} \cdot \left(1 - \frac{\sum_{i=1}^{p} Var(Y_i)}{Var(S)}\right)$
Testbare Konsequenzen	Gleichheit der Kovarianzen zwischen den beobachteten Variablen: $Cov(Y_i, Y_j) = Var(\eta),\ i \neq j$

Modell essenziell τ-paralleler Variablen

Annahmen

(1) $\tau_i = \eta + \alpha_i \qquad Y_i = \alpha_i + \eta + \varepsilon_i$

(2) Unkorreliertheit der Messfehlervariablen $Cov(\varepsilon_i, \varepsilon_j) = 0,\ i \neq j$

(3) Gleichheit der Messfehler bei allen beobachteten Variablen: $Var(\varepsilon_i) = Var(\varepsilon_j) = Var(\varepsilon),\ i \neq j$

Reliabilitätsbestimmung

$$Rel(Y_i) = \frac{Cov(Y_i, Y_j)}{Var(Y_i)} = \frac{Cov(Y_i, Y_j)}{\sqrt{Var(Y_i) \cdot Var(Y_j)}}$$
$$= Kor(Y_i, Y_j),\ i \neq j$$

Reliabilität der Gesamtskala

Spearman-Brown-Formel der Testverlängerung

$$Rel(S) = \frac{p \cdot Rel(Y_i)}{1 + (p-1) \cdot Rel(Y_i)}$$

Testbare Konsequenzen

(1) Gleichheit der Kovarianzen der beobachteten Variablen: $Cov(Y_i, Y_j) = Var(\eta),\ i \neq j$

(2) Gleichheit der Varianzen der beobachteten Variablen: $Var(Y_i) = Var(Y_j)$

Modell τ-äquivalenter Variablen

Annahmen

(1) $\tau = \eta \qquad Y_i = \eta + \varepsilon_i$

(2) Unkorreliertheit der Messfehlervariablen $Cov(\varepsilon_i, \varepsilon_j) = 0,\ i \neq j$

Reliabilitätsbestimmung

$$Rel(Y_i) = \frac{Var(\tau_i)}{Var(Y_i)} = \frac{Var(\eta)}{Var(Y_i)} = \frac{Cov(Y_i, Y_j)}{Var(Y_i)},\ i \neq j$$

Testbare Konsequenzen

(1) Gleichheit aller Erwartungswerte der beobachteten Variablen: $E(Y_i) = E(Y_j),\ i \neq j$

(2) Gleichheit der Kovarianzen der beobachteten Variablen: $Cov(Y_i, Y_j) = Var(\eta),\ i \neq j$

Modell τ-paralleler Variablen

Annahmen

(1) $\tau = \eta \qquad Y_i = \eta + \varepsilon_i$

(2) Unkorreliertheit der Messfehlervariablen $Cov(\varepsilon_i, \varepsilon_j) = 0,\ i \neq j$

(3) Gleichheit der Messfehler bei allen beobachteten Variablen: $Var(\varepsilon_i) = Var(\varepsilon_j) = Var(\varepsilon),\ i \neq j$

Reliabilitätsbestimmung

$$Rel(Y_i) = \frac{Cov(Y_i, Y_j)}{Var(Y_i)} = \frac{Cov(Y_i, Y_j)}{\sqrt{Var(Y_i) \cdot Var(Y_j)}}$$
$$= Kor(Y_i, Y_j),\ i \neq j$$

Testbare Konsequenzen

(1) Gleichheit aller Erwartungswerte der beobachteten Variablen: $E(Y_i) = E(Y_j),\ i \neq j$

(2) Gleichheit der Kovarianzen der beobachteten Variablen: $Cov(Y_i, Y_j) = Var(\eta),\ i \neq j$

(3) Gleichheit der Varianzen der beobachteten Variablen: $Var(Y_i) = Var(Y_j)$

Modell τ-kongenerischer Variablen

Annahmen

(1) $\tau_i = \alpha_i + \lambda_i \cdot \eta \qquad Y_i = \alpha_i + \lambda_i \cdot \eta + \varepsilon_i$
α_i: Achsenabschnitt, Leichtigkeitsparameter
λ_i: Diskriminationsparameter, Steigungsparameter

(2) Unkorreliertheit der Messfehlervariablen $Cov(\varepsilon_i, \varepsilon_j) = 0,\ i \neq j$

Beziehung der True-Score-Variablen zueinander

$\tau_i = \alpha_{ij} + \lambda_{ij} \cdot \tau_j$

Normierung der latenten Variablen

(1) Fixierung des Erwartungswerts $E(\eta)$ von η auf einen bestimmten Wert (z.B. 0) oder Fixierung eines α_i auf einen bestimmten Wert (z.B. 0)

(2) Fixierung der Varianz $Var(\eta)$ von η auf einen positiven Wert (z.B. 1) oder Fixierung eines λ_i auf einen positiven Wert (z.B. 1)

Bestimmung der Parameter

Bestimmung des Diskriminationsparameters

Für mindestens drei beobachtete Variablen im Falle einer standardisierten Variable η:

$$\lambda_i = \sqrt{\frac{Cov(Y_i, Y_j) \cdot Cov(Y_i, Y_k)}{Cov(Y_j, Y_k)}}; \; i \neq j, j \neq k, i \neq k$$

Allgemein: $\dfrac{\lambda_i}{\lambda_j} = \dfrac{Cov(Y_i, Y_k)}{Cov(Y_j, Y_k)}; \; i \neq j, j \neq k, i \neq k$

Fixierung eines λ-Parameters auf einen positiven Wert notwendig

Bestimmung der Varianz von η

$$Var(\eta) = \frac{Cov(Y_i, Y_j)}{\lambda_i \cdot \lambda_j}$$

Bestimmung der Fehlervarianz

$$Var(\varepsilon_i) = Var(Y_i) - \lambda_i^2 \cdot Var(\eta)$$

Bestimmung der Leichtigkeitsparameter

$$\alpha_i = E(Y_i) - \lambda_i \cdot E(\eta)$$

Bestimmung des Erwartungswerts $E(\eta)$

$$E(\eta) = \frac{E(Y_1) - \alpha_1}{\lambda_1}$$, falls α_1 normiert wurde

Reliabilitätsbestimmung

$$Rel(Y_i) = \frac{Var(\tau_i)}{Var(Y_i)} = \frac{\lambda_i^2 \cdot Var(\eta)}{Var(Y_i)}$$

Reliabilität der Gesamtskala

McDonalds Omega

$$\omega = Rel(S) = \frac{\left(\sum_{i=1}^{p} \lambda_i\right)^2}{\left(\sum_{i=1}^{p} \lambda_i\right)^2 + \sum_{i=1}^{p} Var(\varepsilon_i)}$$

Testbare Konsequenzen

Spezielle vom Modell implizierte Kovarianzstruktur (eindimensionales Modell der Faktorenanalyse)

Schätzung der latenten Merkmalsausprägungen

Faktorwerte

$$\hat{\eta}_m = \hat{E}(\eta) + \sum_{i=1}^{p} \hat{\kappa}_i \cdot \left[y_{mi} - \left(\hat{\alpha}_i + \hat{\lambda}_i \cdot \hat{E}(\eta) \right) \right]$$

Konfidenzintervall für Faktorwerte

$$\left[\left(\hat{\eta}_m + z_{\frac{\alpha}{2}} \cdot \hat{\sigma}_{\hat{\eta}_m} \right); \left(\hat{\eta}_m - z_{\frac{\alpha}{2}} \cdot \hat{\sigma}_{\hat{\eta}_m} \right) \right]$$

24 Mehrdimensionale Messmodelle und konfirmatorische Faktorenanalyse

Konfirmatorische Faktorenanalyse für metrische Variablen

Anwendungsgebiet Analyse latenter Variablen (Faktoren), die manifesten Variablen zugrunde liegen

---

Voraussetzungen
(1) Metrische latente Variablen (Faktoren)
(2) Weitere Voraussetzungen je nach Schätz- und Testmethode

Indizes

Beobachtete (manifeste) Variablen $i = 1, \dots, p$

Latente Variablen (Faktoren) $j = 1, \dots, k$

Personen $m = 1, \dots, n$

Anzahl zu schätzender Modellparameter t

Faktoranalytisches Modell

Modellgleichung $Y_i = \alpha_i + \lambda_{i1} \cdot \eta_1 + \ldots + \lambda_{ij} \cdot \eta_j + \ldots + \lambda_{ik} \cdot \eta_k + \varepsilon_i$ bzw.

$$Y_i = \alpha_i + \sum_{j=1}^{k} \lambda_{ij} \cdot \eta_j + \varepsilon_i$$

Leichtigkeitsparameter α_i

Faktorladung λ_{ij}

Faktor η_j

Residualvariable ε_i

Matrixalgebraische Darstellung

Modellgleichung

$$\mathbf{y} = \boldsymbol{\alpha} + \boldsymbol{\Lambda} \cdot \boldsymbol{\eta} + \boldsymbol{\varepsilon}$$

$\mathbf{y}$: Vektor der beobachteten Variablen Y vom Typ $p \times 1$

$\boldsymbol{\alpha}$: Vektor der Leichtigkeitsparameter vom Typ $p \times 1$

$\boldsymbol{\Lambda}$: Faktorladungsmatrix vom Typ $p \times k$

$\boldsymbol{\eta}$: Vektor der Faktoren vom Typ $k \times 1$

$\boldsymbol{\varepsilon}$: Vektor der Residualvariablen vom Typ $p \times 1$

Zerlegung der Populationskovarianzmatrix Σ

$$\boldsymbol{\Sigma} = \boldsymbol{\Lambda} \cdot \boldsymbol{\Phi} \cdot \boldsymbol{\Lambda}' + \boldsymbol{\Theta}$$

$\boldsymbol{\Sigma}$: Populationskovarianzmatrix der manifesten Variablen

$\boldsymbol{\Phi}$: Kovarianzmatrix der Faktoren

$\boldsymbol{\Theta}$: Kovarianzmatrix der Residualvariablen

---

Varianzzerlegung

$$Var(Y_i) = Var\left(\sum_{j=1}^{k} \lambda_{ij} \cdot \eta_j\right) + Var(\varepsilon_i)$$

$Kor(\eta_j, \varepsilon_i) = 0$ für alle $j = 1, \ldots, k$ und $i = 1, \ldots, p$

Kommunalität

$$H(Y_i) = \frac{Var\left(\sum_{j=1}^{k} \lambda_{ij} \cdot \eta_j\right)}{Var(Y_i)} - 1 - \frac{Var(\varepsilon_i)}{Var(Y_i)}$$

Die Kommunalität ist der durch die gemeinsamen Faktoren erklärte Varianzanteil einer beobachteten Variablen.

Anzahl der Varianzen und Kovarianzen der manifesten Variablen

$$\frac{p \cdot (p+1)}{2}$$

Grundfragen

(1) Ist das Modell korrekt spezifiziert?
(2) Ist das Modell identifiziert?
(3) Wie können die Modellparameter geschätzt werden?
(4) Ist das Modell gültig?

Identifizierbarkeit

Grundfrage	Können alle Parameter eines Modells anhand der verfügbaren Informationen (Erwartungswerte, Varianzen, Kovarianzen) eindeutig bestimmt werden?
Notwendige, aber nicht hinreichende Bedingung	Anzahl zu bestimmender Paramater $\leq \frac{p\cdot(p+1)}{2}+p$

Identifikationsstatus

unteridentifiziert	Es können nicht alle Parameter eindeutig bestimmt werden.
identifiziert	Es können alle Parameter eindeutig bestimmt werden.
überidentifiziert	Es können alle Parameter eindeutig bestimmt werden und es stehen mehr Informationen zur Verfügung, als für die Parameterbestimmung benötigt werden (das Modell hat testbare Konsequenzen).

Schätzmethoden: Kovarianzstruktur

Grundidee	Die vom Modell implizierte Kovarianzmatrix $\Sigma(\hat{\theta})$ soll unter Geltung der Restriktionen der empirischen Kovarianzmatrix S so ähnlich wie möglich sein. $\hat{\theta}$: Vektor der geschätzten Modellparameter
Unterscheidungsmerkmale von Schätzmethoden	(1) Minimierung der Diskrepanzfunktionen, in denen die Abweichung zwischen $\Sigma(\hat{\theta})$ und S definiert wird (2) Voraussetzungen (z. B. Verteilungsannahmen) (3) Schätzeigenschaften

Maximum-Likelihood-Verfahren

Voraussetzungen	(1) Multivariate Normalverteilung der beobachteten Variablen (2) Unabhängigkeit der Beobachtungseinheiten voneinander (3) Analyse von Kovarianzmatrizen (keine Korrelationsmatrizen)
Überprüfung der Voraussetzungen	(1) Test von Mardia (1970) (2) Durch Untersuchungsplanung sicherstellen (3) Durch Datenanalyse sicherstellen

Umgang mit Voraussetzungsverletzungen

(1) Relative Robustheit bei geringen Abweichungen. Bei größeren Abweichungen der einzelnen Variablen von der Normalverteilung (Schiefe $>|2|$, Exzess $>|7|$) bzw. im Falle eines multivariaten Exzesses, der größer als 3 ist, werden zur inferenzstatistischen Absicherung folgende Methoden empfohlen: Asymptotisch verteilungsfreie (ADF)-Methoden, robuste Maximum-Likelihood-Schätzung (MLR), Satorra-Bentler-Korrektur und vergleichbare Korrekturen, Bootstrap-Verfahren
(2) Mehrebenenmodelle der konfirmatorischen Faktorenanalyse, sofern die Stichprobe anhand eines mehrstufigen Auswahlverfahrens gewonnen wurde
(3) Asymptotisch verteilungsfreie Verfahren

Diskrepanzfunktion

$$F_{\mathrm{ML}} = \ln|\Sigma(\hat{\theta})| - \ln|\mathrm{S}| + \mathrm{tr}\left[\mathrm{S}\cdot\Sigma(\hat{\theta})^{-1}\right] - p$$

$|\mathbf{X}|$: Determinante einer Matrix $\mathbf{X}$

$\mathrm{tr}\left[\mathbf{X}\right]$: Spur einer Matrix $\mathbf{X}$

Generalized-Least-Squares-Verfahren (GLS)

Voraussetzungen

Siehe Maximum-Likelihood-Verfahren

Diskrepanzfunktion

$$F_{\mathrm{GLS}} = \frac{1}{2}\cdot \mathrm{tr}\left\{[\mathrm{S} - \Sigma(\hat{\theta})]\cdot \mathrm{S}^{-1}\right\}^2$$

Asymptotisch verteilungsfreie Verfahren (ADF-Methoden)

Voraussetzungen

(1) Unabhängigkeit der Beobachtungen
(2) Sehr große Stichproben

Umgang mit Voraussetzungsverletzungen

(1) Mehrebenenmodelle der konfirmatorischen Faktorenanalyse, sofern die Stichprobe anhand eines mehrstufigen Auswahlverfahrens gewonnen wurde
(2) Robuste WLS-Schätzverfahren

Diskrepanzfunktion der Weighted-Least-Squares-Methode (WLS)

$$F_{\mathrm{WLS}} = [\mathrm{s} - \sigma(\hat{\theta})]' \cdot \mathrm{W}^{-1} \cdot [\mathrm{s} - \sigma(\hat{\theta})]$$

s: Vektor, der als Elemente die empirischen Varianzen und Kovarianzen enthält und von jeder Kovarianz, die in der vollständigen Matrix doppelt vorkommt, nur eine enthält

$\sigma(\hat{\theta})$: Vektor der korrespondierenden, nicht redundanten Elemente der vom Modell implizierten Kovarianzmatrix

$\mathbf{W}^{-1}$:	Inverse einer Gewichtsmatrix, die die asymptotischen Varianzen und Kovarianzen der Stichprobenvarianzen und -kovarianzen enthält

Unweighted-Least-Squares-Methode (ULS)

Voraussetzungen	(1) Unabhängigkeit der Beobachtungen (2) Inferenzstatistische Absicherung nur bei multivariater Normalverteilung der Variablen möglich
Diskrepanzfunktion	$F_{\text{ULS}} = \frac{1}{2} \cdot \text{tr}\left[\mathbf{S} - \Sigma(\hat{\theta})\right]^2$

Andere Schätzmethoden

Full-Information-Maximum-Likelihood-Methode	Falls fehlende Werte vorkommen. Fehlende Werte müssen »missing at random« oder »missing completely at random« sein.

Beurteilung der Modellanpassungsgüte: Detailmaße

Residuen

Ziel	Abweichungen des Modells von den Daten können in Bezug auf einzelne Varianzen und Kovarianzen untersucht werden.
Unstandardisierte Residuen	$\mathbf{R} = \mathbf{S} - \Sigma(\hat{\theta})$ $\mathbf{R}$: Matrix der Residuen
Standardisierte Residuen	Residuen, geteilt durch ihren Standardfehler; bedeutsame Abweichungen des Modells von den Daten: $\pm 2{,}58$ (kritische z-Werte für $\alpha = 0{,}01$, zweiseitig)

Beurteilung der Modellanpassungsgüte: Gesamtanpassung

Residuen

Ziel	Abweichungen des Modells von den Daten werden in Bezug auf alle Residuen global untersucht.
Root Mean Square Residual (RMR)	$\text{RMR} = \sqrt{\frac{\sum_{i=1}^{p}\sum_{j=1}^{i}\left(s_{ij} - \hat{\sigma}_{ij}\right)^2}{p(p+1)/2}}$ s_{ij}: Elemente der empirischen Kovarianzmatrix $\mathbf{S}$ $\hat{\sigma}_{ij}$: Elemente der vom Modell implizierten Kovarianzmatrix $\Sigma(\hat{\theta})$

Standardisiertes Root Mean Square Residual (SRMR)	RMR auf Grundlage standardisierter Ausgangsvariablen; bedeutsame Abweichungen des Modells von den Daten: SRMR > 0,08

χ^2-Test

Ziel	Überprüft Hypothese des perfekten Modellfits in der Population
Hypothesen	
Nullhypothese	$H_0\!:\Sigma = \Sigma(\theta)$
Alternativhypothese	$H_1\!:\Sigma \neq \Sigma(\theta)$
Prüfgröße	$\chi^2(df) = (n-1) \cdot F[\mathrm{S}, \Sigma(\hat{\theta})]$ *df*: Freiheitsgrade; Differenz zwischen (a) Anzahl der Varianzen und Kovarianzen in der analysierten Kovarianzmatrix und (b) Anzahl der zu schätzenden Parameter $F[\mathrm{S}, \Sigma(\hat{\theta})]$: Diskrepanzfunktion Signifikantes Ergebnis zeigt bedeutsame Abweichung des Modells von den Daten an.

Root Mean Square Error of Approximation (RMSEA)

Ziel	Überprüft Hypothese der approximativen Modellgültigkeit (»closeness of fit«)
Hypothesen	
Nullhypothese	$H_0: \varepsilon_a \leq 0{,}05$
Alternativhypothese	$H_1: \varepsilon_a \leq 0{,}05$
Prüfgröße	$\hat{\varepsilon}_a = \sqrt{\max\left\{\left(\frac{F[\mathrm{S}, \Sigma(\hat{\theta})]}{df} - \frac{1}{n-1}\right), 0\right\}}$ $\hat{\varepsilon}_a \leq 0{,}05$ impliziert gute approximative Modellanpassung. Signifikantes Ergebnis zeigt an, dass die Nullhypothese der approximativen Modellpassung verworfen werden muss.

Modellvergleiche

Likelihood-Ratio-Differenztest

Ziel
Modellvergleich zweier geschachtelter Modelle

Voraussetzungen
(1) Geschachtelte Modelle, d.h. ein Modell ist ein Spezialfall eines allgemeineren Modells, das durch Restriktionen auf den Modellparametern aus diesem hervorgeht
(2) Im restriktiveren Modell werden die Werte eines Parameters nicht auf die Grenzwerte seines Wertebereichs fixiert.

Überprüfung der Voraussetzungen
(1) Durch Planung sicherstellen
(2) Durch Planung sicherstellen

Umgang mit Voraussetzungsverletzungen
(1) Informationstheoretische Maße
(2) Schätzung der korrekten Prüfverteilung

Hypothesen

Nullhypothese
Die von beiden Modellen implizierten Populations-Kovarianzmatrizen sind identisch:

$$H_0 : \Sigma\left(\theta_{\text{restringiert}}\right) = \Sigma\left(\theta_{\text{unrestringiert}}\right)$$

Alternativhypothese
Die von beiden Modellen implizierten Populations-Kovarianzmatrizen unterscheiden sich:

$$H_1 : \Sigma\left(\theta_{\text{restringiert}}\right) \neq \Sigma\left(\theta_{\text{unrestringiert}}\right)$$

Prüfgröße

$$\chi^2_{\text{diff}} = \chi^2_{\text{restringiert}} - \chi^2_{\text{unrestringiert}}$$

$$\chi^2_{\text{restringiert}} = (n-1) \cdot F[\text{S}, \Sigma(\hat{\theta}_{\text{restringiert}})]$$

$$\chi^2_{\text{unrestringiert}} = (n-1) \cdot F[\text{S}, \Sigma(\hat{\theta}_{\text{unrestringiert}})]$$

$$df_{\text{diff}} = df_{\text{restringiert}} - df_{\text{unrestringiert}}$$

Informationstheoretische Maße

Ziel
Vergleich zweier Modelle, die nicht ineinander geschachtelt sein müssen, hinsichtlich Sparsamkeit und Modellanpassungsgüte

Akaike Information Criterion
$$\text{AIC} = \chi^2 + 2 \cdot t$$

Bayesian Information Criterion	$\mathrm{BIC} = \chi^2 + t \cdot \ln n$
Bayesian Information Criterion (sample-size adjusted)	$\mathrm{BIC} = \chi^2 + t \cdot \ln\left(\frac{n+2}{24}\right)$
Consistent Akaike Information Criterion	$\mathrm{CAIC} = \chi^2 + (1 + \ln n) \cdot t$
Expected Cross Validation Index	$\mathrm{ECVI} = F[\mathrm{S}, \Sigma(\hat{\theta})] + \frac{2 \cdot t}{n-1}$

Incremental-Fit-Indizes

Ziel	Vergleich der Anpassungsgüte eines Modells mit einem Baseline-Modell, üblicherweise dem Unabhängigkeitsmodell
Normed Fit Index	$\mathrm{NFI} = \frac{\chi_\mathrm{i}^2 - \chi_\mathrm{t}^2}{\chi_\mathrm{i}^2}$ χ_i^2: χ^2-Wert des Unabhängigkeitsmodells (»independence model«) χ_t^2: χ^2-Wert des betrachteten Modells (»target model«)
Parsimony Normed Fit Index	$\mathrm{PNFI} = \frac{df_\mathrm{t}}{df_\mathrm{i}} \cdot \mathrm{NFI}$
Nonnormed Fit Index (Tucker-Lewis Index, TLI)	$\mathrm{NNFI} = \frac{\frac{\chi_\mathrm{i}^2}{df_\mathrm{i}} - \frac{\chi_\mathrm{t}^2}{df_\mathrm{t}}}{\frac{\chi_\mathrm{i}^2}{df_\mathrm{i}} - 1}$
Comparative Fit Index	$\mathrm{CFI} = 1 - \frac{\max[\chi_\mathrm{t}^2 - df_\mathrm{t}, 0]}{\max[(\chi_\mathrm{t}^2 - df_\mathrm{t}), (\chi_\mathrm{i}^2 - df_\mathrm{i}), 0]}$ gute Modellanpassung: CFI > 0,97

Schätz- und Testmethoden: Erwartungswertstruktur

Vorgehen	Die Parameter der Erwartungswertstruktur werden so geschätzt, dass die Diskrepanz zwischen den beobachteten Mittelwerten und den vom Modell implizierten Mittelwerten minimiert wird. Die Modellanpassungsgüte wird über diese Diskrepanz geprüft; die Gütekoeffizienten der Kovarianzstruktur werden entsprechend erweitert.

Bestimmung der optimalen Stichprobengröße

Vorgehen — Ausführliche Beschreibung in Eid et al. (2015)

Statistische Überprüfung einer Hypothese in Bezug auf einen Parameter

(1) Bestimmung des Populationsmodells auf Grundlage erwarteter Modellparameter und Generierung der modellkonformen Erwartungswerte und Kovarianzmatrix der beobachteten Variablen
(2) Festlegung der Modellparameter in einem weiteren Modell auf den postulierten Wert unter der Nullhypothese (z.B. 0)
(3) Überprüfung des Modells mit festgelegtem Parameter anhand der generierten Erwartungswerte und der Kovarianzmatrix aus Schritt (1) für eine festgelegte Stichprobengröße
(4) χ^2-Wert des Modelltests ist ein approximativer Nonzentralitätsparameter. Anhand des Nonzentralitätsparameters und des kritischen χ^2-Wertes können der β-Fehler und die Power mittels der nonzentralen χ^2-Verteilung bestimmt werden.
(5) Durch die systematische Variation der Stichprobengröße kann die zu einer a priori festgelegten Power passende Stichprobengröße gefunden werden.

Benötigte Stichprobengröße, damit asymptotische Eigenschaften der Schätz- und Testmethoden erfüllt sind — Monte-Carlo-Simulationsstudien

Zweidimensionales Modell mit Methodenfaktor

Modellgleichung und Varianzkomponenten

Modellgleichung

$$Y_i = \alpha_i + \lambda_{i1} \cdot \eta_1 + \lambda_{i2} \cdot \eta_2 + \varepsilon_i,\ Cov(\eta_1, \eta_2) = 0$$

Varianzzerlegung

$$Var(Y_i) = \lambda_{i1}^2 \cdot Var(\eta_1) + \lambda_{i2}^2 \cdot Var(\eta_2) + Var(\varepsilon_i)$$

Konsistenz

$$Con(Y_i) = \frac{\lambda_{i1}^2 \cdot Var(\eta_1)}{Var(Y_i)}$$

Methodenspezifität

$$MS(Y_i) = \frac{\lambda_{i2}^2 \cdot Var(\eta_2)}{Var(Y_i)}$$

Reliabilität

$$Rel(Y_i) = \frac{\lambda_{i1}^2 \cdot Var(\eta_1) + \lambda_{i2}^2 \cdot Var(\eta_2)}{Var(Y_i)}$$

Unreliabilität

$$URel(Y_i) = \frac{Var(\varepsilon_i)}{Var(Y_i)}$$

Faktorenanalyse für ordinale Variablen

Anwendungsgebiet

Faktorenanalyse, wenn beobachtete Variablen kategoriale Variablen sind, die geordnete Antwortkategorien aufweisen

---

Annahme

(1) Jeder der kategorialen beobachteten Variablen Y_i liegt eine nicht direkt beobachtbare kontinuierliche Variable Y_i^* zugrunde.

(2) Die Variablen Y_i^* sind normalverteilt.

Faktoranalytisches Modell

$$Y_i^* = \alpha_i + \sum_{j=1}^{k} \lambda_{ij} \cdot \eta_j + \varepsilon_i$$

Die Varianz der Variablen Y_i^* wird üblicherweise auf 1 und ihr Mittelwert auf 0 fixiert. Hieraus folgt, dass die Parameter α_i gleich 0 sein müssen. Das Modell reduziert sich dann zu:

$$Y_i^* = \sum_{j=1}^{k} \lambda_{ij} \cdot \eta_j + \varepsilon_i$$

Schwellenwert-beziehung

Eine Variable Y_i, die c verschiedene Kategorien aufweist, welche von 0 bis $c-1$ durchnummeriert sind, ist durch folgende Schwellenwertbeziehung mit ihrer Variablen Y_i^* verknüpft:

$Y_i = 0$, falls $Y_i^* \leq \kappa_{i1}$

$Y_i = s$, falls $\kappa_{is} < Y_i^* \leq \kappa_{i(s+1)}$, für $0 < s < c-1$

$Y_i = c-1$, falls $\kappa_{i(c-1)} < Y_i^*$

κ_{is}: Schwellenparameter, die die Kategorien voneinander trennen. Im Falle von c Kategorien gibt es $c-1$ Schwellenparameter.

25 Exploratorische Faktorenanalyse und Hauptkomponentenanalyse

Exploratorische Faktorenanalyse

Anwendungsgebiet

Aufdeckung von Faktoren, die Zusammenhänge zwischen beobachteten Variablen erklären können

Faktoranalytisches Modell

$Y_i = \alpha_i + \lambda_{i1} \cdot \eta_1 + \ldots + \lambda_{ij} \cdot \eta_j + \ldots + \lambda_{ik} \cdot \eta_k + \varepsilon_i$ bzw.

$$Y_i = \alpha_i + \sum_{j=1}^{k} \lambda_{ij} \cdot \eta_j + \varepsilon_i$$

α_i: Achsenabschnitt

λ_{ij}: Faktorladung

η_j: Faktor

ε_i: Residualvariable

Kommunalität

Anteil der Varianz einer beobachteten Variablen, der durch alle Faktoren gemeinsam erklärt wird

Indizes

Beobachtete (manifeste) Variablen	$i = 1, \ldots, p$
Latente Variablen (Faktoren)	$j = 1, \ldots, k$
Personen	$m = 1, \ldots, n$

Schritte bei der Durchführung

(1) Bestimmung der Anzahl der Faktoren
(2) Interpretation der Anfangslösung
(3) Rotation (Transformation der Ladungen und Faktoren)

Maximum-Likelihood-Faktorenanalyse

Voraussetzungen	(1) Beobachtete Variablen sind multivariat normalverteilt. (2) Erwartungswerte der Faktoren und der Residualvariablen sind 0. (3) Residualvariablen sind untereinander unkorreliert. (4) Faktoren und Residualvariablen sind unkorreliert.
Überprüfung der Voraussetzungen	(1) Test von Mardia (1970)
Umgang mit Voraussetzungsverletzungen	Schätzverfahren für nicht-normalverteilte Variablen bzw. für dichotome oder ordinalskalierte Variablen (s. auch Kap. 24)
Identifizierbarkeitsbedingung	Für die Anfangslösung: (1) Annahme standardisierter und unkorrelierter Faktoren (2) $\Lambda' \cdot \Theta^{-1} \cdot \Lambda$ ist eine Diagonalmatrix Λ: Faktorladungsmatrix Θ: Kovarianzmatrix der Residualvariablen
Bestimmung der Anzahl der Faktoren	Anhand statistischer Modelltests (entsprechen Modelltests der konfirmatorischen Faktorenanalyse, s. Kap. 24). Modellgütekoeffizienten verschiedener Modelle, die sich in der Anzahl der Faktoren unterscheiden, werden bestimmt und miteinander verglichen. Es wird das Modell ausgewählt, dass anhand der Modellgütekoeffizienten nicht verworfen werden muss (Modellanpassungsgüte), die geringste (oder vergleichsweise geringe) Anzahl von Faktoren aufweist (Sparsamkeitsprinzip) und theoretisch sinnvoll interpretierbar ist. Weitere Möglichkeiten: Rückgriff auf Kriterien der Hauptkomponentenanalyse (s. u.)
Heywood-Fälle	Negative Varianzen von Residualvariablen. Zurückzuführen auf Überfaktorisierung bzw. darauf, dass zu wenige Indikatoren (beobachtete Variablen) für einen Faktor vorliegen
Tests auf Korreliertheit der beobachteten Variablen	Faktorenanalyse ist nur sinnvoll, wenn beobachtete Variablen Korrelationen aufweisen, die von 0 verschieden sind.
Unabhängigkeitsmodell	Nimmt an, dass alle Kovarianzen der beobachteten Variablen gleich 0 sind (sog. »Nullmodell«). Überprüfung mit χ^2-Test, Freiheitsgrade: $df = p \cdot (p-1)/2$
Bartlett-Test auf Sphärizität	Sphärizität: Beobachtete Variablen sind unkorreliert und weisen gleiche Varianzen auf.

Hauptkomponentenanalyse

Anwendungsgebiet	Statistische Methode der Datenreduktion auf der Basis der Kovarianzmatrix bzw. Korrelationsmatrix
Vorgehen	(1) Bildung von Linearkombinationen (Hauptkomponenten) der beobachteten Variablen. Die erste Hauptkomponente wird so gebildet, dass sie maximale Varianz aufweist. Die weiteren Hauptkomponenten werden so konstruiert, dass sie sukzessive so viel Varianz wie möglich repräsentieren. (2) In einem ersten Schritt werden so viele Hauptkomponenten wie beobachtete Variablen betrachtet. In einem zweiten Schritt wird die Anzahl der Hauptkomponenten nach bestimmten Kriterien reduziert, um die Information, die in den beobachteten Variablen enthalten ist, durch eine geringere Anzahl von Hauptkomponenten zu repräsentieren.

Beispiel: Zwei standardisierte beobachtete Variablen

Zerlegung der beobachteten Variablen

$$Z_1 = \lambda_{11} \cdot H_1 + \lambda_{12} \cdot H_2$$

$$Z_2 = \lambda_{21} \cdot H_1 + \lambda_{22} \cdot H_2$$

Z_1, Z_2: standardisierte beobachtete Variablen

H_1, H_2: Hauptkomponenten

λ_{ij}: Ladungen

Zerlegung der Hauptkomponenten

$$H_1 = \gamma_{11} \cdot Z_1 + \gamma_{12} \cdot Z_2$$

$$H_2 = \gamma_{21} \cdot Z_1 + \gamma_{22} \cdot Z_2$$

γ_{ji}: Gewichtungskoeffizienten

Matrixalgebraische Bestimmung der Gewichtungskoeffizienten

Eigenwertproblem

$$\mathbf{R} \cdot \boldsymbol{\gamma} - \delta \cdot \boldsymbol{\gamma} = \mathbf{0}$$

$$(\mathbf{R} - \delta \cdot \mathbf{I}) \cdot \boldsymbol{\gamma} = \mathbf{0}$$

$\mathbf{R}$: Korrelationsmatrix der beobachteten Variablen

δ: Eigenwert, entspricht der Varianz einer Hauptkomponente

$\boldsymbol{\gamma}$: Eigenvektor

$\mathbf{I}$: Einheitsmatrix

Bestimmung der Eigenwerte und der dazugehörigen Eigenvektoren

Kriterien zur Bestimmung der relevanten Hauptkomponenten	
Kaiser-Kriterium	Auswahl derjenigen Hauptkomponenten, deren Eigenwert größer 1 ist
Scree-Test	Graphische Darstellung des Eigenwerteverlaufs der Hauptkomponenten. Es werden diejenigen Hauptkomponenten extrahiert, deren Eigenwerte links von einem Knick im Eigenwertverlauf liegen.
Parallelanalyse	Vergleich der Eigenwerte, die man für eine bestimmte Stichprobenkorrelationsmatrix erhalten hat, mit den Eigenwerten von Korrelationsmatrizen für Stichproben gleicher Größe, die man zufällig aus einer Grundgesamtheit gezogen hat, in der die Variablen unkorreliert sind. Auswahl derjenigen Hauptkomponenten, deren Eigenwerte (a) größer sind als die Mittelwerte der entsprechenden Eigenwerte der Zufallskorrelationsmatrizen oder (b) die über dem 0,95-Perzentil der Verteilung der korrespondierenden Eigenwerte der Zufallskorrelationsmatrizen liegen.
Hauptachsenanalyse	
Ziel	(1) Bereinigung der Korrelationsmatrix der beobachteten Variablen um spezifische Einflüsse und Messfehlereinflüsse (2) Hauptkomponentenanalyse der bereinigten Korrelationsmatrix Durch das Vorgehen erhält man Ergebnisse, die eher im Einklang mit der Faktorenanalyse stehen.
Kommunalitätenproblem	Bestimmung der Kommunalitäten vor Durchführung der Hauptkomponentenanalyse, um die Korrelationsmatrix von spezifischen Anteilen befreien zu können
Hauptkomponentenanalyse mit Kommunalitäteniteration	Iteratives Verfahren zur Bestimmung der Kommunalitäten: (1) Hauptdiagonale der Korrelationsmatrix wird durch die quadrierten multiplen Korrelationskoeffizienten einer manifesten Variablen mit allen anderen manifesten Variablen ersetzt. Die quadrierten multiplen Korrelationskoeffizienten stellen Anfangsschätzungen der Kommunalitäten dar.

(2) Die reduzierte Korrelationsmatrix mit den quadrierten multiplen Korrelationen auf der Hauptdiagonalen wird einer Hauptkomponentenanalyse unterzogen, wodurch die Kommunalitäten der um spezifische Varianzanteile und Messfehler bereinigten Korrelationsmatrix geschätzt werden.
(3) Die Anfangsschätzungen der Kommunalitäten werden nun durch die neuen Kommunalitätenschätzungen ersetzt.
(4) Die Korrelationsmatrix mit den neuen Kommunalitätenschätzungen wird wiederum einer Hauptkomponentenanalyse unterzogen, wodurch abermals neue Kommunalitätenschätzungen resultieren, welche die alten Kommunalitätenschätzungen ersetzen.
(5) Dieses Verfahren wird so lange fortgesetzt, bis die Unterschiede in den Kommunalitätenschätzungen zwischen zwei aufeinanderfolgenden Iterationsschritten kleiner als ein Konvergenzkriterium sind.
(6) Die Korrelationsmatrix mit den im letzten Iterationsschritt geschätzten Kommunalitäten auf der Hauptdiagonalen liefert dann die Basis zur Extraktion der endgültigen Hauptkomponenten und zur Bestimmung ihrer Ladungskoeffizienten.

Faktorrotation

Anwendungsgebiet	Mittels Rotationsoperationen kann die Anfangslösung so transformiert werden, dass gewisse Optimalitätskriterien erfüllt werden und die Interpretation der Faktoren erleichtert wird.
Einfachstruktur	Einfachstruktur liegt vor, wenn eine manifeste Variable nicht auf allen Faktoren substanzielle Ladungen aufweist, sondern auf einem oder mehreren Faktoren Ladungen von 0 vorliegen.
Orthogonale Rotation	Bei orthogonalen Rotationen bleiben die rotierten Faktoren unkorreliert.
Varimax-Rotation	Die Faktoren werden so rotiert, dass sie mit einigen manifesten Variablen hoch, mit anderen jedoch niedrig zusammenhängen. Die Varianz der quadrierten Ladungen wird maximiert.

Oblique Rotation	Bei obliquen Rotationen werden Korrelationen zwischen den Faktoren zugelassen.
Promax-Rotation	(1) Es wird zunächst eine orthogonale Varimax-Rotation durchgeführt. (2) Die Ladungen der orthogonalen Varimax-Rotation werden dann mit einem geraden Exponenten potenziert, um den Unterschied zwischen großen und kleinen Ladungen zu verstärken. Für die Wahl des Exponenten gibt es keine festen Regeln, üblicherweise wird der Wert 4 gewählt. (3) Diese potenzierten Ladungen werden dann mit ihren ursprünglichen Vorzeichen versehen und stellen Elemente einer Ziel-Ladungsmatrix dar. (4) Die Faktoren und ursprünglichen Ladungen der Varimax-rotierten Lösung werden dann so transformiert, dass die Abweichung der Ziel-Ladungsmatrix von der rotierten Ladungsmatrix minimal wird. (5) Die transformierte Ladungsmatrix und die dazugehörigen Faktoren stellen dann die Lösung der Promax-Rotation dar.
Direkte Oblimin-Rotation	Minimierung der Kovarianz der quadrierten Ladungen, die zu verschiedenen Faktoren gehören. Hierzu muss ein Wert (δ) festgelegt werden, der die Stärke der Korrelation zwischen den Faktoren steuert.
Direkte Quartimin-Rotation	Direkte Oblimin-Rotation mit $\delta = 0$
Mustermatrix	Matrix der oblique rotierten Ladungen
Strukturmatrix	Matrix der Korrelationen der Faktoren mit den beobachteten Variablen
Prokrustes-Rotation	Ladungskoeffizienten und Faktoren werden so rotiert, dass sie einer vorher festgelegten Zielmatrix so ähnlich wie möglich sind.

Weitere faktorenanalytische Modelle	
Faktorenanalyse für dichotome und ordinale Variablen	Faktorenanalyse auf Grundlage der tetrachorischen Korrelationen (dichotome Variablen) bzw. der polychorischen Korrelationen (ordinale Variablen) (s. Kap. 24)
Einzelfall-Faktorenanalyse und dynamische Faktorenanalyse	Faktorenanalyse auf Grundlage der Daten einer Person, die man durch wiederholte Messungen (im Längsschnitt) erhalten hat. Bei der dynamischen Faktorenanalyse wird die zeitliche Abhängigkeit der Daten berücksichtigt.

26 Pfadanalyse und lineare Strukturgleichungsmodelle

Pfadanalyse

Anwendungsgebiet — Analyse komplexer Zusammenhangs- und Beeinflussungsstrukturen, bei denen eine Variable sowohl abhängige als auch unabhängige Variable sein kann

---

Voraussetzungen des Maximum-Likelihood-Verfahrens

Voraussetzungen

(1) Multivariate Normalverteilung der beobachteten Variablen
(2) Unabhängigkeit der Beobachtungseinheiten voneinander
(3) Analyse von Kovarianzmatrizen (keine Korrelationsmatrizen)
(4) Messfehlerfreiheit der Messungen

Überprüfung der Voraussetzungen

(1) Test von Mardia (1970)
(2) Durch Untersuchungsplanung sicherstellen
(3) Durch Datenanalyse sicherstellen
(4) Bestimmung des Messfehlereinflusses (Unreliabilität)

Umgang mit Voraussetzungsverletzungen

(1) Relative Robustheit bei geringen Abweichungen. Bei größeren Abweichungen der einzelnen Variablen von der Normalverteilung (Schiefe $>|2|$, Exzess $>|7|$) bzw. im Falle eines multivariaten Exzesses, der größer als 3 ist, werden zur inferenzstatistischen Absicherung folgende Methoden empfohlen: Asymptotisch verteilungsfreie (ADF)-Methoden, robuste Maximum-Likelihood-Schätzung (MLR), Satorra-Bentler-Korrektur und vergleichbare Korrekturen, Bootstrap-Verfahren
(2) Mehrebenenmodelle der Pfadanalyse, sofern die Stichprobenziehung auf einem mehrstufigen Auswahlverfahren basiert
(3) Asymptotisch verteilungsfreie Verfahren
(4) Lineare Strukturgleichungsmodelle

Typen von Modellen	
Nicht-rekursive Modelle	Modelle mit Rückkopplungen, in denen sich zwei Variablen wechselseitig beeinflussen können
Rekursive Modelle	Modelle ohne Rückkopplungen, in denen sich zwei Variablen nicht wechselseitig beeinflussen können
Typen von Variablen	
Exogene Variablen	Unabhängige Variablen, die im Modell nicht erklärt werden
Endogene Variablen	Abhängige Variablen, die im Modell erklärt werden
Mediatorvariablen	Vermittelnde Variablen, die in einer Kausalkette zwischen anderen Variablen stehen und somit unabhängige und abhängige Variablen zugleich sind
Typen von Effekten	
Direkter Effekt	Direkter Einfluss, den eine Variable auf eine andere Variable hat, ohne dass dieser durch weitere Variablen vermittelt, beeinflusst oder erklärt wird. Er entspricht dem Pfadkoeffizienten (Regressionsgewicht), der beide Variablen direkt verbindet.
Indirekter Effekt	Indirekter Einfluss, den eine unabhängige Variable vermittelt über eine oder mehrere weitere Variablen auf eine abhängige Variable hat
Spezifischer indirekter Effekt	Einzelner indirekter Effekt, den eine unabhängige Variable auf eine andere Variable hat. Er entspricht dem Produkt aller Pfadkoeffizienten, die auf dem spezifischen Weg zwischen der unabhängigen und der abhängigen Variablen liegen.
Totaler indirekter Effekt	Summe aller spezifischen indirekten Effekte, den eine spezifische unabhängige Variable auf eine spezifische abhängige Variable hat
Totaler Effekt	Gesamteffekt, den eine spezifische unabhängige Variable auf eine spezifische abhängige Variable hat. Er entspricht der Summe des totalen indirekten Effekts und des direkten Effekts.

Pfadanalyse als System von Regressionsmodellen	Ein pfadanalytisches Modell lässt sich als ein System von Regressionsmodellen darstellen, bei dem für jede abhängige Variable eine Regressionsgleichung erstellt wird, in der die abhängige Variable auf alle unabhängigen Variablen zurückgeführt wird, die sie im Modell direkt beeinflussen.
Beispiel: Zwei abhängige Variablen	$Y_2 = \beta_{20} + \beta_{21} \cdot Y_1 + \beta_{23} \cdot Y_3 + \varepsilon_2$ $Y_1 = \beta_{10} + \beta_{13} \cdot Y_3 + \varepsilon_1$
Mediatorvariable	In diesem Beispiel ist die Variable Y_1 eine Mediatorvariable, da sie eine abhängige Variable für Y_3 und eine unabhängige Variable für Y_2 ist.
Indirekter Effekt	Der indirekte Effekt von Y_3 auf Y_2 entspricht $\beta_{21} \cdot \beta_{13}$. Dies ist ein spezifischer indirekter Effekt, der in diesem Beispiel dem totalen indirekten Effekt entspricht.
Totaler Effekt	Der totale Effekt von Y_3 auf Y_2 entspricht $\beta_{21} \cdot \beta_{13} + \beta_{23}$.
Parameterschätzung	Schätzung auf Grundlage des Mittelwertsvektors und der Kovarianzmatrix anhand der in Kapitel 24 beschriebenen Methoden
Modellüberprüfung	Auf Grundlage des Vergleichs der empirischen Mittelwerte und Kovarianzen mit den vom Modell implizierten Mittelwerten und Kovarianzen anhand der in Kapitel 24 beschriebenen Methoden

Überprüfung indirekter Effekte

Sobel-Test

Voraussetzungen	Stichprobenkennwerteverteilung des Produkts zweier Pfadkoeffizienten ist normalverteilt
Beispiel: Indirekter Effekt $b_{32} \cdot b_{21}$ als Produkt zweier Pfadkoeffizienten	Nullhypothese: $H_0: \beta_{32} \cdot \beta_{21} = 0$ Prüfgröße: $z = \frac{b_{32} \cdot b_{21}}{s_{B_{32} \cdot B_{21}}}$ Standardfehler: $s_{B_{32} \cdot B_{21}} = \sqrt{b_{32}^2 \cdot s_{B_{21}}^2 + b_{21}^2 \cdot s_{B_{32}}^2}$ Konfidenzintervall: $\left[\left(b_{32} \cdot b_{21} - z_{\left(\frac{\alpha}{2}\right)} \cdot s_{B_{32} \cdot B_{21}}\right); \left(b_{32} \cdot b_{21} + z_{\left(\frac{\alpha}{2}\right)} \cdot s_{B_{32} \cdot B_{21}}\right)\right]$

Problem	Folgen die Stichprobenkennwerteverteilungen der einzelnen Pfadkoeffizienten einer Normalverteilung, dann kann die Stichprobenkennwerteverteilung ihres Produkts nicht mehr normalverteilt sein.
Bootstrapping-basierte Verfahren	(1) Perzentil-Methode: Bestimmung der Intervallgrenzen eines $(1-\alpha)$-Konfidenzintervalls, indem als obere Grenze das $(1-\alpha/2)$-Perzentil und als untere Grenze das $(\alpha/2)$-Perzentil anhand der in den verschiedenen Bootstrapping-Stichproben geschätzten indirekten Effekte bestimmt wird (2) Bias-korrigiertes Bootstrapping-Verfahren: Korrektur der Ergebnisse der Bootstrapping-Methode in Bezug auf eine Verschätzung, die sich ergeben kann, wenn der wahre Wert des indirekten Effekts nicht dem Median der Verteilung der indirekten Effekte entspricht, die man durch das Bootstrapping-Verfahren erhält Verwerfung der Nullhypothese, wenn die Null nicht im Konfidenzintervall liegt

Lineare Strukturgleichungsmodelle

Anwendungsgebiet	Analyse komplexer Zusammenhangs- und Beeinflussungsstrukturen unter Berücksichtigung der Messfehlerabhängigkeit der Messungen
Teilmodelle	
Messmodell	Spezifikation der Beziehungen zwischen den beobachteten und den latenten Variablen. Als Messmodelle können Modelle der konfirmatorischen Faktorenanalyse sowohl für metrische als auch für ordinale Variablen herangezogen werden.
Strukturmodell	Spezifikation der Beziehungen der latenten Variablen untereinander, z. B. anhand von Modellen der Pfadanalyse
Parameterschätzung	Schätzung auf Grundlage des Mittelwertvektors und der Kovarianzmatrix anhand der in Kapitel 24 beschriebenen Methoden
Modellüberprüfung	Auf Grundlage des Vergleichs der empirischen Mittelwerte und Kovarianzen mit den vom Modell implizierten Mittelwerten und Kovarianzen anhand der in Kapitel 24 beschriebenen Methoden

Anhang Matrixalgebra

Matrix

Definition

Als Matrix bezeichnet man eine regelmäßige Anordnung von Zahlen oder auch anderen Symbolen. Matrizen können mehrere Dimensionen umfassen. Zweidimensionale Matrizen sind die häufigsten Matrizen in der Statistik. Zweidimensionale Matrizen bestehen aus Spalten und Zeilen. Die Spalten verlaufen vertikal, die Zeilen horizontal. Matrizen werden mit fetten Großbuchstaben bezeichnet:

$$\mathbf{X} = \begin{pmatrix} x_{11} & \cdots & x_{1k} \\ \vdots & \ddots & \vdots \\ x_{n1} & \cdots & x_{nk} \end{pmatrix}$$

Typ einer Matrix

Hat eine Matrix n Zeilen und k Spalten, ist sie vom Typ $n \times k$. Es werden also immer zuerst die Zeilen gezählt, dann die Spalten.

Zellen

Die Schnittpunkte von Zeilen und Spalten nennt man Zellen. Sie enthalten die Elemente der Matrix. Elemente einer Matrix werden mit Kleinbuchstaben symbolisiert (nicht fett). Zu ihrer eindeutigen Kennzeichnung werden Elemente mit zwei Indizes versehen: x_{ij} mit i, i=1, …,n, und j, j = 1, …, k. Wird auf ein konkretes Element Bezug genommen, werden die Indexsymbole durch natürliche Zahlen ersetzt, die die genaue Position des Elements bestimmen. Das Element x_{32} steht also in der dritten Zeile und der zweiten Spalte. Statt x_{32} kann man auch $x_{3,2}$ schreiben, um eindeutig zu machen, dass die Zahlenfolge 32 nicht die Zahl 32 bedeutet.

Vektor

Definition

Eine Matrix, die nur aus einer Zeile oder einer Spalte besteht, heißt Vektor. Symbolisiert werden Vektoren mit fetten Kleinbuchstaben.

Spaltenvektor

$$\mathbf{x} = \begin{bmatrix} x_1 \\ \vdots \\ x_n \end{bmatrix}$$

Zeilenvektor

$$\mathbf{y}' = \begin{bmatrix} y_1 & \cdots & y_k \end{bmatrix}$$

Zeilenvektoren werden mit einem hochgestellten Strich versehen. Wenn es sich bei den Vektoren um Ausschnitte aus einer Matrix handelt, werden die Zeilen- bzw. Spaltennummern als Indizes mitgeteilt.

Grundlegende Rechenoperationen mit Matrizen

Addition und Subtraktion

Matrizen können nur addiert oder subtrahiert werden, wenn sie vom gleichen Typ sind. Es werden die korrespondierenden Elemente addiert oder subtrahiert. Bei der Addition gilt das Kommutativgesetz: Die Matrizen können vertauscht werden. Bei der Subtraktion gilt das Kommutativgesetz nicht.

Beispiele

$$\begin{bmatrix} 3 & -2 \\ 1 & 4 \\ 2 & 3 \end{bmatrix} + \begin{bmatrix} 4 & 3 \\ 6 & 8 \\ 5 & 7 \end{bmatrix} = \begin{bmatrix} 7 & 1 \\ 7 & 12 \\ 7 & 10 \end{bmatrix}$$

$$\mathbf{X} + \mathbf{Y} = \mathbf{Z}$$

$$\begin{bmatrix} 3 & -2 \\ 1 & 4 \\ 2 & 3 \end{bmatrix} - \begin{bmatrix} 4 & 3 \\ 6 & 8 \\ 5 & 7 \end{bmatrix} = \begin{bmatrix} -1 & -5 \\ -5 & -4 \\ -3 & -4 \end{bmatrix}$$

$$\mathbf{X} - \mathbf{Y} = \mathbf{Z}$$

Transponieren einer Matrix

Eine Matrix wird transponiert, indem ihre Spalten zu Zeilen und ihre Zeilen zu Spalten werden. Wenn **X** vom Typ $n \times k$ ist, ist die transponierte Matrix vom Typ $k \times n$. Die transponierte Matrix wird mit dem gleichen Buchstaben und einem hochgestellten Strich symbolisiert.

Beispiele

$$\mathbf{X} = \begin{bmatrix} 3 & -2 \\ 1 & 4 \\ 2 & 3 \end{bmatrix}$$

$$\mathbf{X}' = \begin{bmatrix} 3 & 1 & 2 \\ -2 & 4 & 3 \end{bmatrix}$$

Multiplikation einer Matrix mit einem Skalar

Wird eine Matrix mit einem Skalar c, d. h. einer einfachen Zahl, multipliziert, wird jedes Element der Matrix mit dem Skalar multipliziert.

Beispiel

$$\underset{c}{2} \cdot \underset{\mathbf{X}}{\begin{bmatrix} 4 & 3 \\ 6 & 8 \\ 5 & 7 \end{bmatrix}} = \underset{\mathbf{Y}}{\begin{bmatrix} 8 & 6 \\ 12 & 16 \\ 10 & 14 \end{bmatrix}}$$

Multiplikation zweier Matrizen

Nur zueinander passende Typen von Matrizen können multipliziert werden. Die Anzahl der Spalten der ersten Matrix muss gleich der Anzahl der Zeilen der zweiten Matrix sein. **Z** sei das Produkt von **X** und **Y**. Dann lautet die Multiplikationsregel: Berechne das Element z_{ij} als Produktsumme des Zeilenvektors $\mathbf{x}_i'$ von **X** mit dem Spaltenvektor $\mathbf{y}_j$ von **Y**. Als Ergebnis ergibt sich ein neuer Typ von Matrix. Wenn **X** vom Typ $n \times m$ und **Y** vom Typ $m \times o$ ist, ist **Z** vom Typ $n \times o$. Als Eselsbrücke kann man sich zwei einfache Regeln merken: Die beiden benachbarten Indizes müssen gleich sein, sonst können die Matrizen nicht multipliziert werden. Die beiden äußeren Indizes ergeben den Typ der Produktmatrix. Aus den Regeln folgt, dass bei der Matrizenmultiplikation anders als bei der Multiplikation von Zahlen das Kommutativgesetz nicht gilt. Die Reihenfolge der Matrizen ist also erheblich. Im gewählten Beispiel kann zwar **X** mit **Y** multipliziert werden, nicht aber **Y** mit **X**:

$$\underset{\mathbf{X}}{\begin{bmatrix} 2 & 1 \\ 3 & 2 \\ 4 & 3 \\ 1 & 1 \end{bmatrix}} \cdot \underset{\mathbf{Y}}{\begin{bmatrix} 2 & 4 & 2 \\ 3 & 2 & 5 \end{bmatrix}} = \underset{\mathbf{Z}}{\begin{bmatrix} 7 & 10 & 9 \\ 12 & 16 & 16 \\ 17 & 22 & 23 \\ 5 & 6 & 7 \end{bmatrix}}$$

Das Element z_{11} erhält man somit wie folgt:

$$z_{11} = x_{11} \cdot y_{11} + x_{12} \cdot y_{21} = 2 \cdot 2 + 1 \cdot 3 = 4 + 3 = 7$$

Multiplikation zweier Vektoren

Die beschriebenen Multiplikationsregeln gelten auch für Vektoren. Auch dort ist die Reihenfolge von Bedeutung. Die Multiplikation eines Zeilenvektors mit einem Spaltenvektor ergibt ein Skalarprodukt (eine einzige Zahl), die Multiplikation eines Spaltenvektors mit einem Zeilenvektor eine Matrix.

Multiplikation eines Zeilenvektors mit einem Spaltenvektor

$$\begin{bmatrix} 2 & 3 & 4 & 5 & 1 & 6 \end{bmatrix} \cdot \begin{bmatrix} 0 \\ 1 \\ 2 \\ 4 \\ 1 \\ 2 \end{bmatrix} = \begin{bmatrix} 44 \end{bmatrix}$$

$$\mathbf{x}' \cdot \mathbf{y} = \mathbf{z}$$

Multiplikation eines Spaltenvektors mit einem Zeilenvektor

$$\begin{bmatrix} 2 \\ 3 \\ 1 \\ 4 \\ 5 \\ 2 \end{bmatrix} \cdot \begin{bmatrix} 2 & 1 & 2 \end{bmatrix} = \begin{bmatrix} 4 & 2 & 4 \\ 6 & 3 & 6 \\ 2 & 1 & 2 \\ 8 & 4 & 8 \\ 10 & 5 & 10 \\ 4 & 2 & 4 \end{bmatrix}$$

$$\mathbf{x} \cdot \mathbf{y}' = \mathbf{Z}$$

Division einer Matrix durch einen Skalar

Da man jede Division als Multiplikation mit dem Kehrwert des Divisors darstellen kann, folgt aus der Multiplikationsregel, dass man jedes Element der Matrix durch den Skalar dividieren muss.

Division einer Matrix durch eine andere

Dies ist die komplizierteste Matrixoperation, die man nur bei kleinen Matrizen von Hand lösen kann und bei der man ansonsten auf Computerprogramme zurückgreift. Wir werden daher die komplizierte Berechnung nicht erläutern, sondern nur ihre Grundidee. Zunächst muss der Begriff der Inversen eingeführt werden. **X** sei eine quadratische Matrix (siehe unten: Spezielle Matrizen). Wenn sich zu **X** eine Matrix **C** vom gleichen Typ finden lässt, welche die Gleichung erfüllt: $\mathbf{X} \cdot \mathbf{C} = \mathbf{C} \cdot \mathbf{X} = \mathbf{I}$ (Einheitsmatrix, siehe unten: Spezielle Matrizen), dann ist **C** die Inverse von **X**. Sie wird mit $\mathbf{X}^{-1}$ bezeichnet. **X** muss quadratisch sein, weil nur in diesem Fall $\mathbf{X} \cdot \mathbf{C}$ vom gleichen Typ wie $\mathbf{C} \cdot \mathbf{X}$ sein kann. Es gilt: Die Division einer Matrix **Y** durch eine Matrix **X** erfolgt durch

Multiplikation von **Y** mit $\mathbf{X}^{-1}$. Die mathematische Konzeption der Inversen entspricht damit den bekannten Rechenregeln der Algebra: Die Multiplikation einer Zahl mit ihrem Kehrwert ergibt 1. Entsprechend gilt matrixalgebraisch: Die Multiplikation einer Matrix mit ihrer Inversen ergibt eine Einheitsmatrix. Die Division einer Zahl *a* durch eine Zahl *b* entspricht der Multiplikation von *a* mit dem Kehrwert von *b*.

Verknüpfungsregeln

Häufig ist es notwendig, die grundlegenden Operationen des Transponierens, Addierens und Multiplizierens miteinander zu verknüpfen. Hierbei sind folgende Regeln zu beachten.

Transponieren – Transponieren

Wird eine Matrix **A** zweimal hintereinander transponiert, erhält man wieder die Matrix **A**:

$$(\mathbf{A}')' = \mathbf{A}$$

Addieren – Addieren

Es gilt das Assoziativgesetz:

$$(\mathbf{A}+\mathbf{B})+\mathbf{C} = \mathbf{A}+(\mathbf{B}+\mathbf{C}) = \mathbf{A}+\mathbf{B}+\mathbf{C}$$

Es gilt das Kommutativgesetz:

$$\mathbf{A}+\mathbf{B} = \mathbf{B}+\mathbf{A}$$

Multiplizieren – Multiplizieren

Es gilt das Assoziativgesetz:

$$(\mathbf{A}\cdot\mathbf{B})\cdot\mathbf{C} = \mathbf{A}\cdot(\mathbf{B}\cdot\mathbf{C}) = \mathbf{A}\cdot\mathbf{B}\cdot\mathbf{C}$$

Transponieren – Addieren

Die Transponierte einer Summe ist gleich der Summe der Transponierten:

$$(\mathbf{A}+\mathbf{B})' = \mathbf{A}'+\mathbf{B}'$$

Transponieren – Multiplizieren

Ein Matrizenprodukt wird transponiert, indem man die Matrizen einzeln transponiert und die Produktmatrix in umgekehrter Reihenfolge bildet:

$$(\mathbf{A}\cdot\mathbf{B})' = \mathbf{B}'\cdot\mathbf{A}'$$

Addieren – Multiplizieren

Es gilt das Distributivgesetz:

$$(\mathbf{A}+\mathbf{B})\cdot\mathbf{C} = \mathbf{A}\cdot\mathbf{C}+\mathbf{B}\cdot\mathbf{C}$$
$$\mathbf{D}\cdot(\mathbf{A}+\mathbf{B}) = \mathbf{D}\cdot\mathbf{A}+\mathbf{D}\cdot\mathbf{B}$$

Spezielle Matrizen

Quadratische Matrix

Bei einer quadratischen Matrix ist die Anzahl von Zeilen und Spalten gleich, z. B.:

$$\mathbf{X} = \begin{bmatrix} 2 & 1 & 4 \\ 3 & 2 & 3 \\ 4 & 3 & 2 \end{bmatrix}$$

Spur

Die Spur (engl. trace) $\mathrm{tr}\left[\mathbf{X}\right]$ einer quadratischen Matrix **X** vom Typ $n \times n$ ist die Summe ihrer Diagonalelemente:

$$\mathrm{tr}\left[\mathbf{X}\right] = \sum_{i=1}^{n} x_{ii}$$

Im vorliegenden Beispiel: $\mathrm{tr}\left[\mathbf{X}\right] = 2 + 2 + 2 = 6$

Determinante

Die Determinante $\left|\mathbf{X}\right|$ einer Matrix **X** ist eine Funktion, die einer quadratischen Matrix einen Wert (Skalar) zuordnet. Die Determinante $\left|\mathbf{X}\right|$ einer Matrix vom Typ 2×2 lässt sich leicht berechnen, indem das Produkt der Elemente der Nebendiagonalen vom Produkt der Elemente der Hauptdiagonalen subtrahiert wird:

$$\left|\mathbf{X}\right| = \left|\begin{bmatrix} x_{11} & x_{12} \\ x_{21} & x_{22} \end{bmatrix}\right| = x_{11} \cdot x_{22} - x_{12} \cdot x_{21}$$

Beispiel:

$$\left|\mathbf{X}\right| = \left|\begin{bmatrix} 8 & 4 \\ 6 & 5 \end{bmatrix}\right| = 8 \cdot 5 - 4 \cdot 6 = 40 - 24 = 16$$

Die Berechnung der Determinante für größere Matrizen ist komplizierter und soll nicht im Detail behandelt werden.

Einheitsmatrix

Die Einheitsmatrix ist eine quadratische Matrix, deren Diagonalelemente 1 betragen. Alle anderen Elemente betragen 0. Einheitsmatrizen werden mit **I** symbolisiert, z. B.:

$$\mathbf{I} = \begin{bmatrix} 1 & 0 & 0 \\ 0 & 1 & 0 \\ 0 & 0 & 1 \end{bmatrix}$$

Symmetrische Matrix	Die Matrix und ihre Transponierte sind gleich. Ein typisches Beispiel sind Korrelationsmatrizen, z. B.: $$\mathbf{R} = \begin{bmatrix} 1 & 0{,}4 & 0{,}2 \\ 0{,}4 & 1 & 0{,}3 \\ 0{,}2 & 0{,}3 & 1 \end{bmatrix}$$
Diagonalmatrix	Eine quadratische Matrix heißt Diagonalmatrix, wenn alle nicht auf der Hauptdiagonalen liegenden Elemente 0 betragen, z. B.: $$\mathbf{D} = \begin{bmatrix} 1 & 0 & 0 \\ 0 & 2 & 0 \\ 0 & 0 & 3 \end{bmatrix}$$
Skalarmatrix	Eine Diagonalmatrix ist eine Skalarmatrix, wenn alle Diagonalelemente den gleichen Wert haben, z. B.: $$\mathbf{D} = \begin{bmatrix} 2 & 0 & 0 \\ 0 & 2 & 0 \\ 0 & 0 & 2 \end{bmatrix}$$
Einheitsvektoren	Einheitsvektoren sind Spaltenvektoren (**u**) oder Zeilenvektoren (**u′**), deren Elemente 1 betragen, z. B.: $$\mathbf{u} = \begin{bmatrix} 1 \\ 1 \\ 1 \end{bmatrix}$$ $$\mathbf{u}' = \begin{bmatrix} 1 & 1 & 1 \end{bmatrix}$$
Dreiecksmatrix	Alle Elemente über oder unter der Hauptdiagonalen sind vom Betrag 0. Symmetrische Matrizen wie die Korrelationsmatrix werden häufig als Dreiecksmatrizen dargestellt, weil die beiden Dreiecke redundant sind. Es ist bei der Darstellung von Dreiecksmatrizen üblich, die Werte vom Betrag 0 nicht aufzuführen, z. B.: $$\mathbf{D} = \begin{bmatrix} 3 & & \\ 3 & 3 & \\ 1 & 1 & 2 \end{bmatrix}$$

Demonstration der Berechnung einiger statistischer Kennwerte mittels Matrixalgebra

Arithmetisches Mittel

Matrix der Rohwerte

$$\mathbf{X} = \begin{bmatrix} 3 & 1 \\ 7 & 4 \\ 5 & 7 \end{bmatrix}$$

Mittelwertevektor

$$\bar{\mathbf{x}}' = \frac{\mathbf{u}' \cdot \mathbf{X}}{n}$$

Demonstration

$$\begin{bmatrix} 1 & 1 & 1 \end{bmatrix} \cdot \begin{bmatrix} 3 & 1 \\ 7 & 4 \\ 5 & 7 \end{bmatrix} = \begin{bmatrix} 15 & 12 \end{bmatrix}$$

$$\mathbf{u}' \quad \cdot \quad \mathbf{X}$$

$$\begin{bmatrix} 15 & 12 \end{bmatrix} \cdot \frac{1}{3} = \begin{bmatrix} 5 & 4 \end{bmatrix}$$

$$\mathbf{u}' \cdot \mathbf{X} \cdot \frac{1}{3} = \bar{\mathbf{x}}'$$

Varianz-Kovarianz-Matrix C

Matrix der Rohwerte

$$\mathbf{X} = \begin{bmatrix} 3 & 1 \\ 7 & 4 \\ 5 & 7 \end{bmatrix}$$

Schritt 1: Berechnung des Mittelwertevektors (s. o.)

$$\bar{\mathbf{x}}' = \frac{\mathbf{u}' \cdot \mathbf{X}}{n}$$

$$\bar{\mathbf{x}}' = \begin{bmatrix} 5 & 4 \end{bmatrix}$$

Schritt 2: Berechnung der Mittelwertematrix $\bar{\mathbf{X}}$

$$\begin{bmatrix} 1 \\ 1 \\ 1 \end{bmatrix} \cdot \begin{bmatrix} 5 & 4 \end{bmatrix} = \begin{bmatrix} 5 & 4 \\ 5 & 4 \\ 5 & 4 \end{bmatrix}$$

$$\mathbf{u} \cdot \bar{\mathbf{x}}' = \bar{\mathbf{X}}$$

Schritt 3: Berechnung der Matrix der Abweichungswerte A

$$\mathbf{A} = \mathbf{X} - \bar{\mathbf{X}}$$

$$\begin{bmatrix} 3 & 1 \\ 7 & 4 \\ 5 & 7 \end{bmatrix} - \begin{bmatrix} 5 & 4 \\ 5 & 4 \\ 5 & 4 \end{bmatrix} = \begin{bmatrix} -2 & -3 \\ 2 & 0 \\ 0 & 3 \end{bmatrix}$$

$$\mathbf{X} \quad - \quad \bar{\mathbf{X}} \quad = \quad \mathbf{A}$$

Schritt 4: Berechnung der Varianz-Kovarianz-Matrix

$$\mathbf{C} = \frac{\mathbf{A}' \cdot \mathbf{A}}{n}$$

$$\underset{\mathbf{A}'}{\begin{bmatrix} -2 & 2 & 0 \\ -3 & 0 & 3 \end{bmatrix}} \cdot \underset{\mathbf{A}}{\begin{bmatrix} -2 & -3 \\ 2 & 0 \\ 0 & 3 \end{bmatrix}} \cdot \frac{1}{3} = \begin{bmatrix} 8 & 6 \\ 6 & 18 \end{bmatrix} \cdot \frac{1}{3} = \underset{\mathbf{C}}{\begin{bmatrix} \frac{8}{3} & 2 \\ 2 & 6 \end{bmatrix}}$$

Korrelationsmatrix R

Zur Bestimmung der Korrelationsmatrix wird die Varianz-Kovarianz-Matrix von oben übernommen.

Schritt 1: Berechnung der Diagonalmatrix S der Standardabweichungen

$$\mathbf{S} = \left(\text{diag}\left(\mathbf{C}\right)\right)^{1/2}$$

$$\mathbf{S} = \begin{bmatrix} \sqrt{\frac{8}{3}} & 0 \\ 0 & \sqrt{6} \end{bmatrix}$$

Schritt 2: Bildung der Inversen von S

In diesem einfachen Fall einer 2×2-Diagonalmatrix bildet man die Inverse $\mathbf{S}^{-1}$, indem man die Diagonalelemente durch ihren Kehrwert ersetzt.

$$\mathbf{S}^{-1} = \begin{bmatrix} \sqrt{\frac{3}{8}} & 0 \\ 0 & \sqrt{\frac{1}{6}} \end{bmatrix}$$

Schritt 3: Berechnung der Matrix Z der z-Werte

$$\mathbf{Z} = \mathbf{A} \cdot \mathbf{S}^{\ 1}$$

$$\underset{\mathbf{A}}{\begin{bmatrix} -2 & -3 \\ 2 & 0 \\ 0 & 3 \end{bmatrix}} \cdot \underset{\mathbf{S}^{-1}}{\begin{bmatrix} \sqrt{\frac{3}{8}} & 0 \\ 0 & \sqrt{\frac{1}{6}} \end{bmatrix}} = \underset{\mathbf{Z}}{\begin{bmatrix} -\sqrt{\frac{3}{2}} & -\sqrt{\frac{3}{2}} \\ \sqrt{\frac{3}{2}} & 0 \\ 0 & \sqrt{\frac{3}{2}} \end{bmatrix}}$$

Schritt 4: Berechnung der Korrelationsmatrix R

$$\mathbf{R} = \frac{\mathbf{Z}' \cdot \mathbf{Z}}{n}$$

$$\begin{bmatrix} -\sqrt{\frac{3}{2}} & \sqrt{\frac{3}{2}} & 0 \\ -\sqrt{\frac{3}{2}} & 0 & \sqrt{\frac{3}{2}} \end{bmatrix} \cdot \begin{bmatrix} -\sqrt{\frac{3}{2}} & -\sqrt{\frac{3}{2}} \\ \sqrt{\frac{3}{2}} & 0 \\ 0 & \sqrt{\frac{3}{2}} \end{bmatrix}$$

$$\mathbf{Z}' \quad \cdot \quad \mathbf{Z}$$

$$\begin{bmatrix} 3 & 1,5 \\ 1,5 & 3 \end{bmatrix} \cdot \frac{1}{3} = \begin{bmatrix} 1 & 0,5 \\ 0,5 & 1 \end{bmatrix}$$

$$\mathbf{Z}' \cdot \mathbf{Z} \cdot \frac{1}{3} = \mathbf{R}$$

Multiple Regression: Bestimmung der Regressionskoeffizienten

Vektor y der Werte der abhängigen Variablen *Y*

$$\mathbf{y} = \begin{bmatrix} y_1 \\ \vdots \\ y_m \end{bmatrix}$$

Matrix X der Werte der unabhängigen Variablen *X*

$$\mathbf{X} = \begin{bmatrix} 1 & x_{11} & \cdots & x_{1k} \\ \vdots & \vdots & \ddots & \vdots \\ 1 & x_{n1} & \cdots & x_{nk} \end{bmatrix}$$

Die Matrix hat $k+1$ Spalten, d.h. eine Spalte mehr, als es unabhängige Variablen gibt. Die erste Spalte enthält in allen Zellen den Wert 1. Die erste Spalte wird benötigt, um den Achsenabschnitt zu bestimmen.

Vektor b der Regressionskoeffizienten

$$\mathbf{b} = \begin{bmatrix} b_0 \\ b_1 \\ \vdots \\ b_k \end{bmatrix}$$

Vektor e der Werte der Residualvariablen

$$\mathbf{e} = \begin{bmatrix} e_1 \\ \vdots \\ e_m \end{bmatrix}$$

Gleichung der multiplen Regressionsanalyse

$$\mathrm{y} = \mathrm{X} \cdot \mathrm{b} + \mathrm{e}$$

Bestimmung der Regressionskoeffizienten

$$\mathrm{b} = (\mathrm{X}' \cdot \mathrm{X})^{-1} \cdot \mathrm{X}' \cdot \mathrm{y}$$

Literaturverzeichnis

Bortz, J. & Lienert, G. A. (2008). Kurzgefasste Statistik für die klinische Forschung: Leitfaden für die verteilungsfreie Analyse kleiner Stichproben (3. Aufl.). Berlin: Springer.

Box, G. E. P. (1949). A general distribution theory for a class of likelihood criteria. Biometrika, 36, 317–346.

Cohen, J., Cohen, P., West, S. G. & Aiken, L. S. (2003). Applied multiple regression/correlation analysis for the behavioral sciences. Mahwah, NJ: Erlbaum.

Conger, A. (1974). A revised definition for suppressor variables: A guide to their identification and interpretation. Educational and Psychological Measurement, 34, 35–46.

Ebuh, G. U. & Oyeka, I. C. A. (2012) A nonparametric method for estimating partial correlation coefficient. Journal of Biometrics and Biostatistics, 3,156.

Eid, M., Gollwitzer, M. & Schmitt, M. (2015). Statistik und Forschungsmethoden (4. Auflage). Weinheim: Beltz.

Fahrmeir, L., Hamerle, A. & Tutz, G. (Hrsg.) (1996). Multivariate statistische Verfahren (2. Aufl.). Berlin: de Gruyter.

Hartung, J., Elpelt, B. & Klösener, K.-H. (2009). Statistik. Lehr- und Handbuch der angewandten Statistik (15. Aufl.). München: Oldenbourg.

Hothorn, T. & Hornik, T. (2014). Package ›exactRankTests‹ – Exact distribution for rank and permutation tests. Reference manual.

Hsieh, F. Y. (1989). Sample size tables for logistic regression. Statistics in Medicine, 8, 795–802.

Kaplan, D. (2009). Structural equation modeling: Foundations and extensions. Newbury Park, CA: Sage.

Kim, S. (2015). ppcor: An R package for a fast calculation to semi-partial correlation coefficients. Communications for Statistical Applications and Methods, 22, 665–674.

Krauth, J. (1973). Nichtparametrische Ansätze zur Auswertung von Verlaufskurven. Biometrische Zeitschrift, 15, 557-566.

Lüpsen, H. (2015). Varianzanalysen – Prüfen der Voraussetzungen und nichtparametrische Methoden sowie praktische Anwendungen mit R und SPSS. Version 1.1 (2.3.2015). Köln: Regionales Rechenzentrum, Universität zu Köln.

Mardia, K. V. (1970). Measures of multivariate skewness and kurtosis with applications. Biometrika, 57, 519–530.

Snijders, T. A. B. & Bosker, R. J. (2012). Multilevel Analysis: An introduction to basic and advanced multilevel modeling. London: Sage.

Velicer, W. F. (1978). Suppressor variables and the semipartial correlation coefficient. Educational and Psychological Measurement, 38, 953–958.

Wilcox, R. R. (2003). Applying contemporary statistical techniques. San Diego, CA: Academic Press.

Wilcox, R. R. (2012). Introduction to robust estimation and hypothesis testing (3rd ed.). San Diego, CA: Academic Press.